国家新闻出版改革发展项目库入库项目
物联网工程专业教材丛书
普通高等教育“十三五”规划教材

物联网与嵌入式系统

袁学光 张锦南 张阳安 黄伟佳 编著

北京邮电大学出版社
www.buptpress.com

内 容 简 介

本书以嵌入式系统为核心内容，结合物联网相关技术，介绍了嵌入式系统的基本概念、原理、软硬件结构和其在物联网中的实际应用。重点内容包括：嵌入式系统概述、嵌入式处理器、ARM 嵌入式微处理器、总线和外设接口、嵌入式系统的软件体系结构、嵌入式操作系统、物联网操作系统、AliOS Things 操作系统、嵌入式系统的物联网应用等。本书结合了国家物联网专业人才培养的需求及物联网新兴产业的发展现状，从面向实际应用及培养大学生实践能力的目的出发，由浅入深地讲解了嵌入式系统的基本概念、原理、软硬件结构和其在物联网中的实际应用。本书可作为普通高等学校物联网工程及其相关专业的教材，也可供从事物联网及其相关行业的人士阅读。

图书在版编目(CIP)数据

物联网与嵌入式系统 / 袁学光等编著. -- 北京：北京邮电大学出版社，2020.1
ISBN 978-7-5635-5976-3

Ⅰ. ①物… Ⅱ. ①袁… Ⅲ. ①互联网络—应用②智能技术—应用③微控制器 Ⅳ. ①TP393.4 ②TP18③TP368.1

中国版本图书馆 CIP 数据核字（2019）第 293468 号

书　　名：物联网与嵌入式系统
作　　者：袁学光　张锦南　张阳安　黄伟佳
责任编辑：王晓丹　左佳灵
出版发行：北京邮电大学出版社
社　　址：北京市海淀区西土城路 10 号(100876)
发 行 部：电话：010-62282185　传真：010-62283578
E-mail：publish@bupt.edu.cn
经　　销：各地新华书店
印　　刷：保定市中画美凯印刷有限公司
开　　本：787 mm×1 092 mm　1/16
印　　张：13.25
字　　数：325 千字
版　　次：2020 年 1 月第 1 版　2020 年 1 月第 1 次印刷

ISBN 978-7-5635-5976-3　　定价：38.00 元

物联网工程专业教材丛书

前 言

物联网的崛起，已成为科技产业最引人注目的新发展，也是国家经济发展的新动力，是推动产业升级和经济结构调整的新抓手，因此，社会对物联网人才的需求也日益急迫。嵌入式系统已经成为物联网行业的关键技术，嵌入式系统综合了计算机软硬件技术、传感器技术、集成电路技术和电子应用技术为一体。嵌入式系统作为物联网应用的重要组成部分，是物联网人才的必修课。对嵌入式系统的学习，有助于人们深刻、全面地理解物联网的本质。

本书结合国家物联网专业人才培养的需求及物联网新兴产业的发展现状，从面向实际应用及培养大学生实践能力的目的出发，旨在培养学生掌握嵌入式系统的基础知识，了解最新的物联网技术，并能够运用嵌入式系统结合物联网技术去解决现实问题，去开发物联网创新应用，有助于培养学生的创新意识、开阔学生的研究视野、提高学生的创新能力，为学生的进一步深造打下基础。

在本书出版之前，国内已经出版了多部关于嵌入式系统的教材和书籍。这些书籍中有些侧重技术理论基础，但仅停留在技术理论的描述和探讨层面；有些侧重实验和实践工程，对具体的嵌入式系统和技术进行了描述，但适用面较窄。这些书籍的理论和案例大部分都基于传统的嵌入式系统，出版时间较早，在嵌入式系统中没有考虑到物联网应用的特性，缺乏对新的嵌入式系统架构、物联网操作系统、物联网应用等内容的讲解。本书对嵌入式系统知识结构进行了梳理，在保留传统嵌入式系统知识的基础上，结合物联网工程及其相关专业的教学情况，考虑到物联网应用的特性，增加了物联网操作系统、物联网应用开发等方面的内容，同时，强调理论与实践并重，以浅显易懂的叙述，带领读者进入物联网的智慧时代，从嵌入式系统的视角更深刻、全面地理解物联网的本质。

本书一共分为 9 章，较全面地介绍了嵌入式系统的基本概念、原理、软硬件结构和其在物联网中的实际应用。

第 1 章为嵌入式系统概述。这一章首先介绍了嵌入式系统的基本概念，回顾了嵌入式系统的发展历史，总结了其发展趋势，介绍了嵌入式系统的应用，然后介绍了嵌入式系统的组成和分类，最后分析了物联网与嵌入式系统的关系，指出嵌入式系统已经成为物联网行业的关键技术。

第 2 章为嵌入式处理器。这一章主要介绍了嵌入式系统的核心——嵌入式处理器，包括嵌入式处理器的分类、指令集、体系结构、存储系统和编址方式等，然后对一些应用广泛的典型嵌入式处理器进行了介绍。

第 3 章为 ARM 嵌入式微处理器。这一章详细介绍了 ARM 嵌入式微处理。包括 ARM 体系架构、工作模式、寄存器组、数据类型、寻址方式、存储管理、异常处理和具体的指令集等。

第 4 章为总线和外设接口。这一章主要介绍了嵌入式系统硬件层的总线和外设接口，具体内容包括物联网和嵌入式系统中经常使用到的 GPIO、UART、I^2C、SPI、CAN、以太网、无线通信、A/D 和 D/A 接口。

第 5 章为嵌入式系统的软件体系结构。这一章首先对嵌入式系统的软件体系结构做了总体介绍，体现了软件的分层思想，然后介绍了中间驱动层的基础、功能和设计，并针对软件驱动层中系统引导加载程序做了具体介绍，包括其工作模式、启动方法和启动流程，这是运行嵌入式操作系统和应用软件的基础。

第 6 章为嵌入式操作系统。这一章首先介绍了嵌入式系统软件的核心——嵌入式操作系统，包括嵌入式操作系统的基本概念、特点和分类，然后介绍了嵌入式操作系统的内核、任务管理、同步与通信、时钟和中断等，最后对常见的嵌入式操作系统进行了简要介绍。

第 7 章为物联网操作系统。在物联网领域，存在一个“碎片化”的问题，需要一个合适的、更加轻量级的、相对标准化的和运行效率更高的专为物联网打造的操作系统。这一章将着重介绍物联网操作系统，包括物联网操作系统的基本概念、发展、分类，同时对典型的物联网操作系统进行简要介绍。

第 8 章为 AliOS Things 操作系统。本章详细介绍了 AliOS Things 物联网操作系统，包括 AliOS Things 的架构、内核和各种组件，以便加深读者对物联网操作系统的理解和认识。

第 9 章为嵌入式系统的物联网应用。本章以 AliOS Things 和 MXCHIP MK3080 为例介绍了嵌入式系统在物联网中的应用开发，包括开发编译环境的搭建、基于 AliOS Things 的应用开发步骤和 MK3080 开发板简介，最后给出一个物联网应用开发的实例。

本书部分内容取材于北京邮电大学物联网工程专业本科生课程，还有部分内容取材于实际工程科研项目，本书实现了理论与实践相结合。本书既可以作为普通高等学校物联网工程及其相关专业的本科高年级专业课教材，又可以作为研究生相关课程的参考材料，还可供从事物联网及其相关专业的人士阅读。

本书的编写得到了深圳华兰特科技开发有限公司、深圳市前海澳威智控科技有限责任公司的大力支持。本书在编写过程中，还得到了肖振宇、孙钰莹、林威、郜政、陈桂琛、刘梦雅、徐婷婷、刘楚清等同学的支持和帮助，在此一并感谢，同时，也对所列参考文献的作者深表谢意。

感谢北京邮电大学出版社姚顺编辑、刘纳新编辑对本书出版给予的大力支持。

作为在物联网工程领域从事科研和教学的教师，由于在专业知识的深度和广度上的局限性使得本书存在不足之处，热忱欢迎广大读者反馈意见和建议，我们将随着物联网工程专业课程的建设，不断改进本书的质量。

袁学光
北京邮电大学

目 录

第1章 嵌入式系统概述

1.1 嵌入式系统的基本概念

嵌入式系统(embedded system),是一种完全嵌入受控器件内部,为特定应用而设计的专用计算机系统。根据电气和电子工程师协会(IEEE,Institute of Electrical and Electronics Engineers)的定义,嵌入式系统为控制、监视或辅助设备、机器或用于工厂运作的设备。国内普遍认同的嵌入式系统定义为,以应用为中心,以计算机技术为基础,软硬件可裁剪,适应于对功能、可靠性、成本、体积、功耗等严格要求的专用计算机系统。实际上,嵌入式系统本身是一个外延极广的名词,凡是与产品结合在一起的具有嵌入式特点的控制系统都可以称为嵌入式系统。

嵌入式系统融合了计算机软硬件技术、通信技术和半导体微电子技术,他的应用无处不在,使用嵌入式系统的电子产品有:手机、PDA、智能玩具、网络家电、智能家电、车载电子设备等。在工业和服务领域中,大量嵌入式系统也已经被应用于工业控制、数控机床、智能工具、工业机器人、服务机器人等各个行业,正在逐渐改变着传统的工业生产和服务方式。

通常,嵌入式系统是一个控制程序存储在存储器中的嵌入式处理器控制板,一般由嵌入式微处理器、外围硬件设备、嵌入式应用程序等部分组成,用于实现对其他设备的控制、监视或管理等功能。与个人计算机这样的通用计算机系统不同,嵌入式系统通常执行的是带有特定要求的预先定义的任务。由于嵌入式系统只针对一项或几项特殊的任务,设计人员能够对它进行优化,减小尺寸,降低成本。嵌入式系统通常进行大量生产,所以单个成本的节约力度,会随着产量的增加而成百上千地放大。

嵌入式系统具有下面几个重要特征。

1) 专用性强

除了一些用于研发和教学的通用嵌入式系统(开发板)以外,嵌入式系统通常都是面向某个特定应用进行定制的,所以其具有非常强的专用性,其中软件系统和硬件的结合非常紧密,一般要针对硬件进行系统的移植,即使在同一品牌、同一系列的产品中也需要根据系统硬件的变化和增减不断进行修改,同时针对不同的任务,往往需要对系统进行较大更改,程序的编译下载要和系统相结合,这种修改和通用软件的“升级”完全是两个概念。其优点是可以非常契合面向的应用,缺点是很难转移到另外一个应用场合,如ATM机中使用的嵌入式系统就基本上不可能直接应用于汽车控制。

2) 系统精简

由于嵌入式系统一般是应用于小型电子装置的,是专用的定制型的系统,人们在设计中通常会根据目标应用的实际需求来增加或者减少系统中的软硬件模块,达到量体裁衣,不会有太多软硬件资源富余,所以嵌入式系统资源相对有限。嵌入式系统一般没有系统软件和应用软件的明显区分,不要求其功能设计过于复杂,这样一方面有利于控制系统成本,同时也有利于实现系统安全。如果采用操作系统,则其内核比传统操作系统的内核要小得多。例如,embOS嵌入式系统,其内核只有1.1 K~1.6 K字节大小。

3) 实时性高

高实时性是嵌入式系统的基本要求。工业等场合的控制系统常常需要能对事件作出及时的响应,通用计算机系统由于功能较多所以很难达到合格的响应指标,而嵌入式系统由于其具有很强的专用性,而且系统负担较小,通常可以达到比较完美的实时性要求,同时,嵌入式软件通常要求固态存储,以提高速度。例如,在一个高速实时风力测量系统中,需要实现1 km范围内多个采集点每秒上万次的数据采集,使用普通的计算机很难满足这样的需求,而使用嵌入式系统则能比较容易地实现这个目标。

4) 可靠性高

由于嵌入式系统可以去除不必要的软硬件模块以减少出错的几率,并且还可以在定制中使用冗余技术来保证系统在出问题之后能继续运行,所以具有较高的可靠性,可以更好地应用于涉及产品质量、人身设备安全、国家机密等重大事务或工作中长时间无人值守的场合,如危险系数高的工业环境中、内嵌有嵌入式系统的仪器、仪表中、人际罕至的气象检测系统中,以及用于侦察敌方行动的小型智能装置中等。

5) 软件固化

为了提高运行速度和系统可靠性,嵌入式系统中的软件一般都固化在存储器芯片或单片机本身中,而不是存储于磁盘中。

6) 集成度高,功耗低

由于嵌入式系统的专用性,所以其通常可以集成在系统内部,隐蔽而不易被发现,如冰箱、POS机等应用中的嵌入式系统。嵌入式系统的硬件模块通常功耗都很低,加上其具有良好的专用性和可裁剪性,可以去掉不必要的功耗模块,所以系统整体功耗非常低,非常适合应用于电池供电等对供电功率有要求的场合。

7) 生命周期长

嵌入式系统与具体应用有机结合在一起,升级换代也是同步进行的,因此,嵌入式系统产品一旦进入市场,就会具有较长的生命周期。

8) 专用的开发工具和环境

嵌入式应用的开发需要开发工具和环境。由于嵌入式系统本身不具备自主开发能力,即使设计完成以后用户通常也是不能对其中的程序功能进行修改的,必须有一套开发工具和环境才能进行开发,这些工具和环境一般是以通用计算机上的软硬件设备以及各种测试仪器等为基础的。开发时往往有主机和目标机的概念,主机用于程序的开发,目标机作为最后的执行机,开发时需要交替结合进行。

1.2 嵌入式系统的发展

嵌入式系统的发展

1.2.1 嵌入式系统的发展历史

从 20 世纪 70 年代单片机的出现到各式各样的嵌入式微处理器、微控制器的大规模应用,嵌入式系统已经有了近 50 年的发展历史。我国的嵌入式技术发展起步较晚,早在 1990 年,世界就召开了首届 Embedded RTOS 在物理学应用大会,而在 2000 年,中国首届 RTOS 应用大会才在京举行,经过近 20 年的飞速发展,已经取得了突飞猛进的成果。随着电子和计算机技术的飞速发展,嵌入式系统也逐步成熟,纵观嵌入式系统的发展历程,主要经历了以下 4 个阶段:

1. 无操作系统阶段

嵌入式系统的出现最初基于单片机,该阶段以以单片机为核心的可编程控制器的形式存在。20 世纪 70 年代单片机的出现,使得汽车、家电、工业机器、通信装置,以及成千上万种产品可以通过内嵌电子装置来获得更佳的使用性能:更便利、更高效、更便宜。这些装置已经初步具备了嵌入式的应用特点,但是这时的应用只是使用 8 位的芯片去执行一些单线程的程序,还谈不上“系统”的概念,更没有操作系统的支持,只能通过汇编语言对系统进行直接控制,完成诸如监测、伺服、设备指示等功能。系统结构和功能相对单一,处理效率较低,存储容量较小,而且几乎没有用户接口。

此阶段嵌入式设备中没有操作系统,其主要原因是:首先,诸如洗衣机、微波炉、电冰箱这样的设备仅仅需要一个简单的控制程序,以管理数量有限的按钮和指示灯,没有使用操作系统的必要;其次,其硬件资源相对有限,不足以支持一个操作系统。这种嵌入式系统操作简单、价格低廉,因而曾经在工业控制领域中得到了非常广泛的应用,但已逐渐无法满足现今对执行效率、存储容量都有较高要求的信息家电等领域的需求。

最早的单片机是 Intel 公司的 8048,它出现在 1976 年。与此同时 Motorola 推出了 68HC05,Zilog 公司推出了 Z80 系列,这些早期的单片机均含有 256 字节的 RAM(random access memory)、4 K 的 ROM(read-only memory)、4 个 8 位并口、1 个全双工串行口、两个 16 位定时器。之后,在 20 世纪 80 年代初,Intel 又进一步完善了 8048,在它的基础上成功研制了 8051,这在单片机的历史上是值得纪念的一页,迄今为止,51 系列的单片机仍然是最为成功的单片机芯片,有着非常广泛的应用。Z80 系列和 51 系列单片机的实物如图 1-1 所示。

2. 简单操作系统阶段

20 世纪 80 年代,随着微电子工艺水平的提高,IC 制造商开始把嵌入式应用中所需要的微处理器、I/O 接口、串行接口,以及 RAM、ROM 等部件集成在一片 VLSI(very large scale integration)中,制造面向 I/O 设计的微控制器。与此同时,出现了一些简单的操作系统,形成以嵌入式微处理器为基础,以简单的操作系统为核心的初级嵌入式系统。嵌入式系统的程序员也开始基于操作系统去开发嵌入式应用软件,大大缩短了开发周期,提高了开发效率。

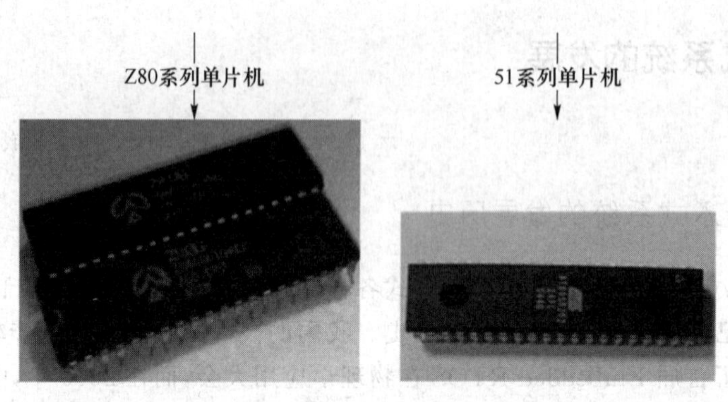

图 1-1　Z80 系列和 51 系列单片机实物

这一阶段嵌入式系统的主要特点是出现了大量高可靠性、低功耗、低成本的嵌入式处理器,但其通用性较弱。各种简单的嵌入式操作系统开始出现并得到迅速发展,此时的嵌入式操作系统虽然还比较简单,但已经初步具备了一定的兼容性和扩展性,内核精巧且效率高,主要用来控制负载以及控制应用程序的运行。

3. 实时操作系统阶段

20 世纪 90 年代,在人们对分布控制、数字化通信和信息家电等的巨大需求的牵引下,嵌入式系统进一步飞速发展,而面向实时信号处理算法的 DSP 产品则向着高速度、高精度、低功耗的方向发展。嵌入式系统的程序员开始用商业级的"操作系统"编写嵌入式应用软件,这使得开发周期更短、开发资金更低、开发效率更高,由此,"嵌入式系统"真正出现了。随着人们对硬件实时性要求的提高,嵌入式系统的软件规模也在不断扩大,逐渐形成了实时多任务操作系统,并开始成为嵌入式系统的主流。

这一阶段嵌入式系统的主要特点是操作系统的实时性得到了很大改善,已经能够运行在各种不同类型的微处理器上,具有高度的模块化和扩展性。此时的嵌入式操作系统包含了许多传统操作系统的特征,已经具备了文件管理、设备管理、多任务管理、内存管理、图形用户界面(GUI,graphical user interface)等功能,并提供了大量的应用程序接口(API,Application Programming Interface),从而使得应用软件的开发变得更加简单。这时候更多的公司看到了嵌入式系统的广阔发展前景,开始大力发展自己的嵌入式操作系统。除了上面的几家老牌公司以外,还出现了 PalmOS、WinCE、嵌入式 Linux、Lynx、Nucleux,以及国内的 Hopen、DeltaOs 等嵌入式操作系统。其中比较著名的有 Ready System 公司的 VRTX,Integrated Systems,Inc.(简称 ISI)的 pSOS,IMG 的 VxWorks 和 QNX 公司的 QNX 等。这些嵌入式操作系统都具有嵌入式的典型特点:它们均采用占先式的调度,响应的时间很短,任务执行的时间可以确定;系统内核很小,具有可裁剪性、可扩充性和可移植性,可以移植到各种处理器上;较强的实时性和可靠性,适合嵌入式应用。这些嵌入式实时多任务操作系统的出现,使得应用开发人员得以从小范围的开发中解放出来,同时也促使嵌入式有了更为广阔的应用空间。

4. 物联网嵌入式系统阶段

随着信息化,智能化,网络化的发展,嵌入式系统技术也将获得广阔的发展空间。随着互联网的飞速发展,将嵌入式系统应用到各种网络环境中的需求也越来越多。物联网是一个基于互联网、传统电信网等的信息承载体,能让所有能行使独立功能的普通物体实现互联互通。物联网拥有业界最完整的专业物联产品系列,覆盖从传感器、控制器到云计算的各种应用。物联网一方面可以提高经济效益,大大节约成本;另一方面可以为全球经济的复苏提供技术动力,嵌入式系统是物联网的重要组成部分。

这一阶段的嵌入式系统,在硬件方面,低层系统和硬件平台经过若干年的研究,已经相对比较成熟,各种功能的芯片应有尽有,有强大的嵌入式处理器如32位、64位的RISC芯片和信号处理器DSP;增加了功能接口,如USB;扩展了总线类型,如CANBus;加强了对多媒体、图形等的处理,逐步实施片上系统(SOC)的概念,以满足物联网的各种需求。不仅有各大公司的微处理器芯片,还有用于学习和研发的各种配套开发包。物联网巨大的市场需求给我们提供了学习和研发的资金和技术支持。在软件方面,除了一部分成熟的嵌入式实时操作系统,如嵌入式Linux、μCLinux、μC/OS-II、μC/OS-III、eCos、RTX、FreeRTOS、embOS等外,又涌现出了一些专门为物联网打造的操作系统,如Mbed OS、Android things、Tizen、AliOS Things、LiteOS、RT-Thread、MiCO等。

1.2.2 嵌入式系统的发展趋势

这些年来掀起了嵌入式系统应用热潮的原因主要有几个方面:一方面芯片技术的发展,使得单个芯片具有更强的处理能力,而且使集成多种接口成为可能;另一方面就是应用的需要,人们对产品的可靠性、成本、更新换代的要求不断提高,使得嵌入式系统逐渐脱颖而出,成为近年来人们关注的焦点。

目前,嵌入式系统正处于一个蓬勃发展的阶段,各种类型的嵌入式处理器有上千种,分别属于30多种架构,覆盖了从高端到低端完整的产品需求,而嵌入式操作系统也有上百种,各种集成开发环境也被普遍应用于嵌入式系统的应用软件开发。此外,为嵌入式系统专门设计的图形界面、网络协议栈和数据库系统也得到了广泛的应用。

嵌入式系统是一个交叉学科,其涉及的核心学科包括微电子学、计算机科学与技术、电子工程学、自动控制学。我们可以预见,随着计算机、电子等技术的发展,嵌入式系统会向着性能更高、功耗更低、成本更低、体积更小、网络连通性更好的方向发展。

信息时代、数字时代使得嵌入式产品获得了巨大的发展契机,使嵌入式市场展现出了美好的前景,同时也对嵌入式生产厂商带来了新的挑战,从中我们可以看出未来嵌入式系统的几大发展趋势。

1) 小型化、智能化、网络化、可视化

随着技术水平的提高和人们生活的需要,嵌入式设备正朝着小型化、便携式和智能化的方向发展。携带笔记本电脑外出办事时,人们希望它轻薄小巧,甚至希望能用一种更便携的设备来替代它,目前的平板电脑、智能手机、便携投影仪等都是因类似的需求而出现的。对于嵌入式而言,嵌入式设备可以说是已经进入了嵌入式互联网时代(有线网、无线网、广域网、局域网的组合),嵌入式设备和互联网的紧密结合,更为我们的日常生活带来了极大的便利和无限的想象空间。除此之外,人工智能、模式识别技术也将在嵌入式系统中得到应用,使得嵌入式系统更具人性化、智能化。

2）多核技术的应用

人们需要处理的信息越来越多，这就要求嵌入式设备的运算能力更强，因此需要设计出更强大的嵌入式处理器，而多核技术处理器在嵌入式中的应用也将更为普遍。

3）低功耗、绿色环保

嵌入式系统的硬件和软件设计都在追求更低的功耗，以求嵌入式系统能获得更长的可靠工作时间。例如，手机的通话和待机时间、MP3 听音乐的时间等，同时，绿色环保型嵌入式产品将更受人们的青睐，在嵌入式系统设计中也会更多地考虑辐射、静电等问题。

4）云计算、可重构、虚拟化等技术被进一步应用到嵌入式系统中

简单地讲，云计算是将计算分布在大量的分布式计算机上，这样我们只需要一个终端，就可以通过网络服务来完成我们的计算任务，甚至是超级计算任务。云计算（cloud computing）是分布式处理（distributed computing）、并行处理（parallel computing）和网格计算（grid computing）的发展，或者说是这些计算机科学概念的商业实现。在未来几年里，云计算将得到进一步的发展与应用。可重构性是指在一个系统中，其硬件模块和软件模块均能根据变化的数据流或控制流对系统结构和算法进行重新配置（或重新设置）。可重构系统最突出的优点就是能够根据不同的应用需求，改变自身的体系结构，以便与具体的应用需求相匹配。虚拟化是指计算机软件在一个虚拟的平台上而不是真实的硬件上运行。虚拟化技术可以简化软件重新配置的过程，易于实现软件的标准化。其中 CPU 的虚拟化可以实现单 CPU 模拟多 CPU 并行运行，允许一个平台同时运行多个操作系统，并且可以使它们在相互独立的空间内运行而互不影响，从而提高工作效率和安全性，虚拟化技术是降低多内核处理器系统开发成本的关键。虚拟化技术是未来几年最值得期待和关注的关键技术。随着各种技术的成熟与其在嵌入式系统中的应用，将不断为嵌入式系统增添新的魅力和发展空间。

5）嵌入式软件开发平台化、标准化，系统可升级，代码可复用

嵌入式操作系统将进一步走向开放化、开源化、标准化、组件化。嵌入式软件开发平台化也将是今后的一个趋势，越来越多的嵌入式软/硬件行业标准将出现，其最终的目标是使嵌入式软件开发简单化，这也将是一个必然的趋势，同时随着系统复杂度的提高，系统可升级和代码可复用技术在嵌入式系统中将得到更多的应用。

6）嵌入式系统软件将逐渐 PC 化

需求和网络技术的发展是嵌入式系统发展的一个原动力，随着移动互联网的发展，将进一步促进嵌入式系统软件的 PC 化。如前所述，结合跨平台开发语言的广泛应用，未来嵌入式软件开发的概念将逐渐被淡化，也就是说嵌入式软件开发和非嵌入式软件开发的区别将逐渐减小。

7）融合趋势

嵌入式系统软硬件融合、产品功能融合、嵌入式设备和互联网的融合趋势加剧。在嵌入式系统设计中，软硬件融合将更加紧密，软件将是其核心。消费类产品将在运算能力和便携方面进一步融合。传感器网络将迅速发展，将极大地促进嵌入式技术和互联网技术的融合。

8）安全性

随着嵌入式技术和互联网技术的结合发展，嵌入式系统的信息安全问题日益凸显，保证信息安全也成了嵌入式系统开发的重点和难点。

1.3 嵌入式系统的应用

随着电子技术的发展，嵌入式系统的应用已经由最开始侧重于工业控制逐步向包括消费类电子产品在内的日常生活用品扩展，可以说嵌入式系统的应用已经悄无声息地进入到了社会的各个方面，如图 1-2 所示。

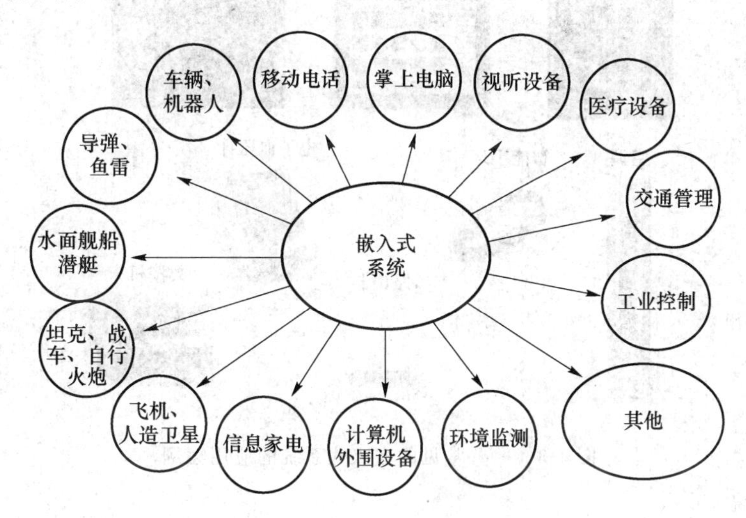

图 1-2 嵌入式系统的应用

整体来说，嵌入式系统的应用可以分为以下几个大类。

1）消费类电子产品：消费类电子产品是嵌入式系统应用中和普通大众最息息相关的，从空调、冰箱、微波炉等日用家电到智能手机、平板电脑、数码相机等随身数码产品，再到目前最流行的智能手表（Apple Watch、Moto360 等）、智能手环（Jawboneup、Garmin Vivosmart 等）和智能眼镜（Google Glass）等可穿戴设备，都离不开嵌入式系统的身影，其已经在很大程度上改变了我们的生活。

2）过程（工业）控制类产品：嵌入式系统还应用在厂矿企业中进行过程控制，如生产流水线、数控机床、汽车电子、电梯控制等。在控制类产品中引入嵌入式系统可以显著提高效率和精确性。

3）信息、通信类产品：随着数字信息技术的发展，使用通信网络进行数据交互和控制已经成为生活和生产的一部分，其中，嵌入式系统也得到了大规模的应用，如路由器、交换机、调制解调器、多媒体网关等。此外，很多与通信相关的信息终端也大量采用了嵌入式技术，如 POS 机、ATM 等。使用嵌入式技术的信息类产品还包括键盘、显示器、打印机、扫描仪等计算机外部设备。

4）智能仪器、仪表产品：嵌入式系统在智能仪器、仪表产品中的大量应用，不仅能显著提升仪器、仪表的性能，还可以将模拟设备数字化，使其具有传统设备所不具备的功能。例如，传统的模拟示波器能显示波形，通过刻度来人为计算频率、幅度等参数，而基于嵌入式计算机技术而设计的数字示波器，除了能更稳定地显示波形外，还能自动测量频率和幅度，甚至可以将一段时间内的波形存储起来，供事后详细分析。

5）航空、航天设备与武器系统：航空、航天设备与武器系统一向是高精尖技术集中应用的领域，如飞机、宇宙飞船、卫星、军舰、坦克、火箭、雷达、导弹、智能炮弹等，嵌入式系统则是这些设备的核心，如我国在2013年年底登陆月球的“玉兔”号月球车。

图1-3所示为一些常见的嵌入式系统的应用案例。

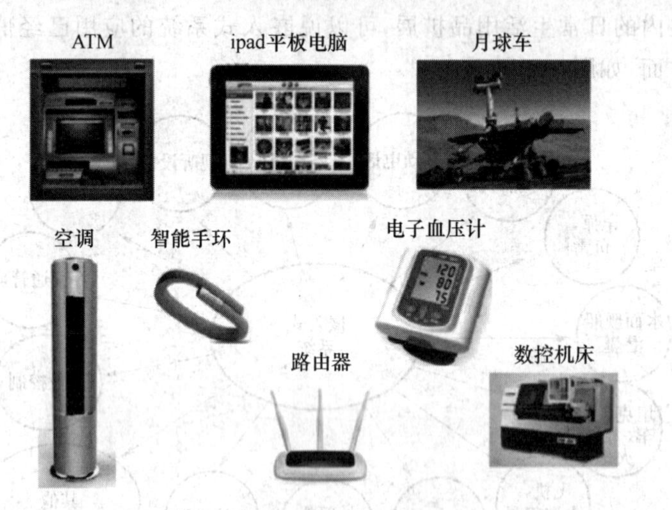

图1-3 一些常见的嵌入式系统的应用案例

1.4 嵌入式系统的组成

一个嵌入式系统装置一般都由嵌入式计算机系统和执行装置组成，如图1-4所示，嵌入式计算机系统是整个嵌入式系统的核心，由硬件层、中间层、系统软件层和应用软件层组成。执行装置也称为被控对象，它可以接受嵌入式计算机系统发出的控制命令，执行系统所规定的操作或任务。执行装置可以很简单，如手机上的一个微小型的电机，当手机处于震动接收

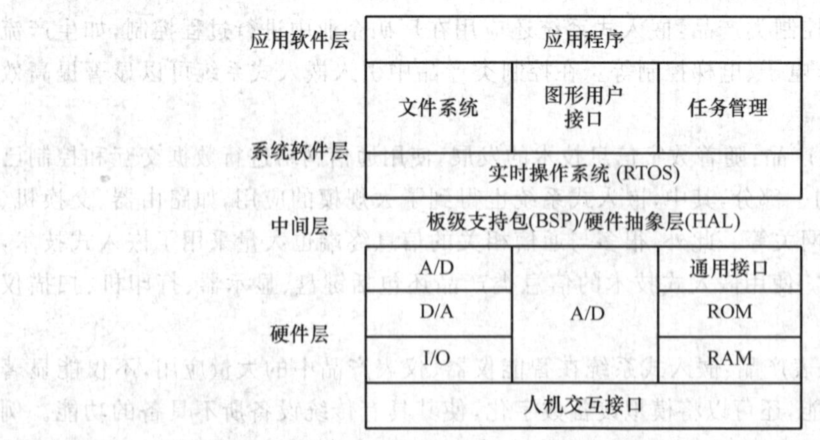

图1-4 嵌入式系统的组成

状态时打开;也可以很复杂,如智能机器人,上面集成了多个微小型控制电机和多种传感器,从而可以执行各种复杂的动作,感受各种状态信息。

1.4.1 硬件层

嵌入式系统硬件层包括嵌入式处理器和外围设备,以嵌入式处理器为核心,硬件层中包含存储器(SDRAM、ROM、Flash 等)、通用设备接口和 I/O 接口。在嵌入式处理器基础上添加电源电路、时钟电路和存储器电路,就构成了嵌入式核心控制模块。其中操作系统和应用程序都可以固化在 ROM 中。

1. 嵌入式处理器

嵌入式系统硬件层的核心是嵌入式微处理器,嵌入式处理器与通用 CPU 最大的不同在于嵌入式处理器大多工作在为特定用户群所专用而设计的系统中,它将通用 CPU 中许多由板卡实现的功能集成在芯片内部,从而有利于实现嵌入式系统的小型化,同时还具有很高的效率和可靠性。

嵌入式处理器的体系结构可以采用冯·诺依曼体系或哈佛体系结构;指令系统可以选用精简指令系统和复杂指令系统。RISC(reduced instruction set computer,精简指令集)计算机在通道中只包含最有用的指令,确保数据通道快速执行每一条指令,从而提高了执行效率并使 CPU 硬件结构设计变得更为简单。

嵌入式处理器有各种不同的体系,即使在同一体系中也可能具有不同的时钟频率和数据总线宽度,或是集成了不同的外设和接口。据不完全统计,目前全世界嵌入式处理器已经超过了 1 000 种,体系结构有 30 多个系列,其中主流的体系有 ARM、MIPS、PowerPC、X86 和 SH 等,但与全球 PC 市场不同的是,没有一种嵌入式处理器可以主导市场,仅就 32 位的产品而言,就有 100 种以上的嵌入式处理器。嵌入式处理器的选择是根据具体的应用而决定的。

2. 存储器

嵌入式系统需要存储器来存放和执行代码。嵌入式系统的存储器包含 Cache、主存和辅助存储器。

1) Cache

Cache 是一种容量小、速度快的存储器阵列,它位于主存和嵌入式微处理器内核之间,存放的是最近一段时间微处理器使用最多的程序代码和数据。在需要进行数据读取操作时,微处理器尽可能地从 Cache 中读取数据,而不是从主存中读取数据,这样就大大改善了系统的性能,提高了微处理器和主存之间的数据传输速率。Cache 的主要目的就是减小存储器(如主存和辅助存储器)给微处理器内核造成的存储器访问瓶颈,使其处理速度更快,实时性更强。

在嵌入式系统中 Cache 全部集成在嵌入式微处理器内,可分为数据 Cache、指令 Cache 和混合 Cache,Cache 的大小依不同处理器而定。一般中高档的嵌入式微处理器才会把 Cache 集成进去。

2) 主存

主存是嵌入式微处理器能直接访问的寄存器,用来存放系统和用户的程序及数据。它可以位于微处理器的内部或外部,其容量为 256 KB~1 GB,根据具体的应用而定,一般片内存储器容量小,速度快,片外存储器容量大。

常用作主存的存储器有：

(1) ROM 类有 NORFlash、EPROM 和 PROM 等；

(2) RAM 类有 SRAM、DRAM 和 SDRAM 等。

其中 NORFlash 凭借其可擦写次数多，存储速度快，存储容量大，价格便宜等优点，在嵌入式领域得到了广泛的应用。

3) 辅助存储器

辅助存储器用来存放大数据量的程序代码或信息，它的容量大，但读取速度与主存相比就慢很多，它用来长期保存用户的信息。

嵌入式系统中常用的外存有硬盘、NANDFlash、CF 卡、MMC 和 SD 卡等。

3. 通用设备接口和 I/O 接口

嵌入式系统和外界交互需要一定形式的通用设备接口和 I/O 接口，外设通过通用设备接口和 I/O 接口来与片外其他设备或传感器连接，从而实现微处理器的输入/输出功能。每个外设通常都只有单一的功能，它可以在芯片外也可以内置于芯片中。外设的种类很多，可从一个简单的串行通信设备到非常复杂的 802.11 无线设备。

目前嵌入式系统中常用的通用设备接口有 A/D(模/数转换接口)、D/A(数/模转换接口)；I/O 接口有 RS-232(串行通信接口)、Ethernet(以太网接口)、USB(通用串行总线接口)、音频接口、VGA 视频输出接口、I^2C(现场总线)、SPI(串行外围设备接口)和 IrDA(红外线接口)等。

1.4.2 中间层

硬件层与软件层之间为中间层，也称为硬件抽象层(HAL，hardware-abstraction layer)或板级支持包(BSP，board support package)，它将系统上层软件与底层硬件分离开来，使系统的底层驱动程序与硬件无关，上层软件开发人员无须关心底层硬件的具体情况，根据 BSP 层提供的接口即可进行开发。该层的功能一般包含相关底层硬件的初始化、数据的输入与输出操作，以及硬件设备的配置。

BSP 具有以下两个特点。

(1) 硬件相关性：因为嵌入式实时系统的硬件环境具有应用相关性，而作为上层软件与硬件平台之间的接口，BSP 需要为操作系统提供操作和控制具体硬件的方法。

(2) 操作系统相关性：不同的操作系统具有各自的软件层次结构，因此，不同的操作系统具有特定的硬件接口形式。

实际上，BSP 是一个介于操作系统和底层硬件之间的软件层次，它包括了系统中大部分与硬件联系紧密的软件模块。一个完整的 BSP 需要完成两部分工作，分别是嵌入式系统的硬件初始化和与硬件相关的设备驱动。

1. 嵌入式系统硬件初始化

系统初始化过程可以分为 3 个主要环节，按照自底向上、从硬件到软件的次序依次为：片级初始化、板级初始化和系统级初始化。

(1) 片级初始化

片级初始化过程完成嵌入式微处理器的初始化，包括设置嵌入式微处理器的核心寄存器和控制寄存器，以及嵌入式微处理器的核心工作模式和嵌入式微处理器的局部总线模式等。片级初始化把嵌入式微处理器从上电时的默认状态逐步设置成系统所要求的工作状态。这是一个纯硬件的初始化过程。

(2) 板级初始化

板级初始化过程完成嵌入式微处理器以外的其他硬件设备的初始化。另外,还需设置某些软件的数据结构和参数,为随后的系统级初始化和应用程序的运行建立硬件和软件环境。这是一个同时包含软硬件两部分在内的初始化过程。

(3) 系统级初始化

系统级初始化过程以软件初始化为主,主要进行操作系统的初始化。BSP 将对嵌入式微处理器的控制权转交给嵌入式操作系统,由操作系统完成余下的初始化操作,包括加载和初始化与硬件无关的设备驱动程序,建立系统内存区,加载并初始化其他系统软件模块,如网络系统、文件系统等。最后,操作系统创建应用程序环境,并将控制权交给应用程序的入口。

2. 与硬件相关的设备驱动程序

BSP 的另一个主要功能是驱动与硬件相关的设备。与硬件相关的设备驱动程序的初始化通常是一个从高到低的过程。尽管 BSP 中包含硬件相关的设备驱动程序,但是这些设备驱动程序通常不直接由 BSP 使用,而是在系统初始化过程中由 BSP 将它们与操作系统中通用的设备驱动程序关联起来,并在随后的应用中由通用的设备驱动程序调用,实现对硬件设备的操作。与硬件相关的驱动程序是 BSP 的设计与开发中另一个非常关键的环节。

1.4.3 软件层

嵌入式系统软件层由嵌入式操作系统和嵌入式应用软件组成。嵌入式操作系统由操作系统内核及其实现辅助功能的文件系统、图形用户接口 GUI、网络系统及通用组件模块组成。嵌入式操作系统是嵌入式应用软件的基础和开发平台。

1. 嵌入式操作系统

在大型嵌入式应用系统中,为了使嵌入式开发更方便、快捷,需要具备一种稳定、安全的软件模块集合,用以管理存储器分配、中断处理、任务间通信和定时器响应,以及提供多任务处理等,即嵌入式操作系统。嵌入式操作系统的引入大大优化了嵌入式系统的功能,方便了应用软件的设计,但同时也占用了宝贵的嵌入式系统资源。一般在比较大型或需要多任务运行的应用场合才考虑使用嵌入式操作系统。

2. 嵌入式应用软件

嵌入式系统应用软件是实现嵌入式系统功能的关键。应用软件是针对特定的实际专业领域,基于相应的嵌入式硬件平台,并能完成用户预期任务的计算机软件。用户的任务可能有时间和精度的要求。有些应用软件需要嵌入式操作系统的支持,但在简单的应用场合下不需要专门的操作系统。

1.5 嵌入式系统的分类

对嵌入式系统进行分类是一个非常繁杂的工作,我们可以按照多种形式对其进行分类,下面基于最常见的几种形式来介绍嵌入式系统的分类方法。

1. 按用途分类

按照用途，我们可以将嵌入式系统分为军用系统、工业用系统和民用系统。

(1) 军用系统：军用系统的运行环境非常苛刻，对可靠性要求非常高，对外形结构和价格不敏感，如导弹和火炮的制导系统等。

嵌入式系统的分类

(2) 工业用系统：工业用系统的运行环境相对较苛刻，对可靠性要求较高，对外形结构和价格相对不敏感，如数控机床、流水线机器人等。

(3) 民用系统：民用系统的运行环境一般较好，对可靠性要求不算太高，反而对外形结构、性价比较为敏感，并且要求易于使用、易维护，如平板电脑、手持血糖仪等。

2. 按实时性要求分类

按照实时性的要求，我们可以将嵌入式系统分为非实时系统、软实时系统和硬实时系统。实时系统(RTS，real-time system)的正确性不仅仅和系统计算的逻辑结果相关，还依赖于产生这个结果的时间，如果系统的时间约束条件得不到满足即会出现错误。

(1) 非实时系统：对产生结果的时间完全无约束条件的系统，如智能手机等。

(2) 软实时系统：对产生的结果有一定的要求，如果不满足约束条件仅仅会出现错误但不会产生致命后果的系统，如高速风力采集系统等。

(3) 硬实时系统：对产生的结果有严格要求，如果不满足约束条件则会产生致命后果的系统，如自行火炮的火控系统等。

3. 按技术复杂度分类

按照嵌入式系统的复杂度，我们可以将其分为无操作系统控制的嵌入式系统(NOSES，non-OS control embedded system)、小型操作系统控制的嵌入式系统(SOSES，small OS control embedded system)和大型操作系统控制的嵌入式系统(LOSES，large OS control embedded system)。

(1) NOSES：嵌入式系统中没有操作系统，用户直接对处理器进行编码以实现控制的目的，多用于简单的嵌入式处理器系统，如单片机等。其具有结构简单，开发容易，响应速度快，实时性好的优点，但也具有移植性差和扩展性差的缺点。

(2) SOSES：在嵌入式系统上运行着一个简单的轻量级操作系统，如 μC-OS、μCLinux 等，用户在该操作系统上进行编程开发，其开发难度和实时性都比无操作系统的嵌入式系统要差，但移植性和扩展性略好。采用这类嵌入式系统通常是因为硬件缺陷(如处理器没有 MMU)或者其他特定原因。目前，这类嵌入式系统应用得较少。

(3) LOSES：在嵌入式系统上运行一个大型操作系统，如 IOS、Android、Linux 等，用户在该操作系统上编写自己的应用软件，具有移植性和扩展性好的优点，但相对来说时性较差，所以目前也通过在高级语言编写的代码中嵌入汇编语言等方法来加快系统的响应速度。

1.6 物联网与嵌入式系统

物联网是新一代信息技术的重要组成部分，也是“信息化”时代的重要发展阶段，其英文名称是：“internet of things(IoT)”。物联网是麻省理工学院教授 Kevin Ashton 在 20 世纪

90年代创造的一个术语，顾名思义，物联网就是将物与物连接起来的网络。这有两层意思：其一，物联网的核心和基础仍然是互联网，是在互联网基础上延伸和扩展出来的网络；其二，其用户端延伸和扩展到了任何物品与物品之间，进行信息交换和通信，也就是“物物相息”。物联网有别于互联网时代中人与人通过固定或移动终端的互联。物联网是以物体的连接为主导，在全世界范围内建造万物互联互通的庞大网络。在这张庞大的网络上，所有的智能设备可以在任何时间、任何地点与人或对等的智能设备建立连接、进行数据交互，以及对其进行管理。物联网借助智能感知、识别技术和普适计算等通信感知技术，广泛应用于网络的融合中，也因此被称为继计算机、互联网之后世界信息产业发展的“第三次浪潮”。显而易见，物联网将大大扩展人的感知范围，为人与物、物与物之间带来全新的交互方式。移动互联网时代之后，即下一个十年，人们将进入一个全新的物联网和智联网时代。

物联网是互联网与嵌入式系统发展到高级阶段的融合。物联网是互联网的应用拓展，与其说物联网是网络，不如说物联网是业务和应用，嵌入式系统作为物联网重要技术组成的一部分，从某种角度上说，物联网应用系统也可看作是嵌入式系统的网络应用，因为物联网系统中的“物”，基本上都是各种嵌入式设备。

嵌入式系统的视角有助于深刻地、全面地理解物联网的本质。嵌入式系统与应用传感单元的结合，扩展了物联和感知的支持能力，可以发掘各种领域的物联网应用，同时，物联网不仅仅提供了传感器的连接，其本身也具有智能处理的能力，能够对物体实施智能控制，这也是嵌入式系统能做到的。物联网将传感器和智能处理相结合，利用云计算、模式识别等各种智能技术，扩充其应用领域。从传感器获得的海量信息中分析、加工和处理出有意义的数据，以适应不同用户的不同需求，发现新的应用领域和应用模式。物联网时代嵌入式系统有以下鲜明的特征：

(1) 具有数据传输通路；

(2) 具有一定的存储功能；

(3) 具有嵌入式处理器；

(4) 具有操作系统；

(5) 具有专门的应用程序；

(6) 遵循物联网的通信协议；

(7) 在世界网络中有可被识别的唯一编号。

以上特征很鲜明地指出嵌入式系统已经成为物联网行业的关键技术。经过长期的演变，嵌入式系统技术已成为综合了计算机软硬件、传感器技术、集成电路技术、电子应用技术为一体的复杂技术。它正在无形地改变着人们的生活，小到人们身边的耳机、手环，大到航天航空的卫星系统。如果把物联网简单地比作人体，那么，传感器就相当于人的眼睛、鼻子、皮肤等感官，嵌入式系统则是人的大脑，在接收到信息后要进行分类处理。

思考与习题

1. 什么是嵌入式系统？其主要特点是什么？
2. 简述嵌入式系统的发展趋势。

3. 嵌入式系统由哪几部分组成？写出你所想到的嵌入式系统。

4. 简述嵌入式硬件系统的组成和功能。

5. 简述物联网与嵌入式系统之间的关系。

第2章 嵌入式处理器

2.1 嵌入式处理器概述

嵌入式处理器是嵌入式系统的核心，是控制、辅助系统运行的硬件单元，其范围极其广阔，从最初的4位处理器(1971年，Intel公司推出了4位微处理器4004)，到目前仍在大规模应用的8位单片机，再到最新的受到广泛青睐的32位、64位以及多核嵌入式CPU。

嵌入式系统的核心部件是嵌入式处理器。目前全世界嵌入式处理器的品种总量已经超过1 000种，流行体系结构有三十几个系列，其中8051体系占大多数，有350多个衍生产品，仅Philips就有近100种。现在几乎每个半导体制造商都生产嵌入式处理器，越来越多的公司有自己的嵌入式处理器设计部门。嵌入式处理器的寻址空间一般在64 KB～64 MB，处理速度在0.1～2 000 MIPS，常用封装有8～144个引脚。

嵌入式处理器一般具备以下4个特点：

(1) 对实时多任务有很强的支持能力，能完成多任务并且中断响应时间较短，从而使内部的代码和实时内核的执行时间减少到最低限度；

(2) 具有功能很强的存储区保护功能，可以避免在软件模块之间出现错误的交叉，同时也有利于软件诊断；

(3) 具有可扩展的处理器结构，能以最快的速度开发出满足应用的最高性能的嵌入式微处理器；

(4) 嵌入式处理器必须功耗很低，尤其是用于便携式的无线及移动的计算和通信设备中靠电池供电的嵌入式系统时更是如此，有些功耗甚至在微瓦级。

2.2 嵌入式处理器的分类

目前市面上具有嵌入式功能特点的处理器已经超过1 000种，我们可将其划分成四大类：微处理器、微控制器、DSP处理器、片上系统SoC，如图2-1所示。

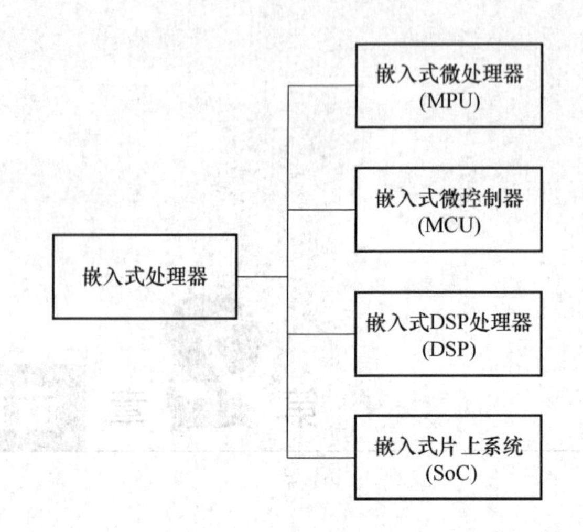

图 2 1　嵌入式处理器分类

1. 嵌入式微处理器

嵌入式微处理器(EMPU，embedded micro processor unit)是由通用计算机中的 CPU 演变而来的。可以说，嵌入式微处理器的基础是通用计算机中的 CPU。在应用中，将微处理器装配在专门设计的电路板上，只保留与嵌入式应用相关的功能硬件，除去其他冗余功能部分，这样可以大幅度减小系统的体积和功耗。为了满足嵌入式应用的特殊要求，嵌入式微处理器虽然在功能上和标准微处理器基本是一样的，但通常都在工作温度、抗电磁干扰、可靠性等方面做了各种增强。和工业控制计算机相比，嵌入式微处理器具有体积小、重量轻、成本低、可靠性高的优点，但是在电路板上必须包括 ROM、RAM、总线接口、各种外设等器件，从而降低了系统的可靠性，技术保密性也较差。将嵌入式微处理器及其存储器、总线、外设等安装在一块电路板上，这种装置被称为单板计算机。

目前，主要的嵌入式微处理器类型有 PowerPC、68000、MIPS、ARM、ATOM、AM186/88、386EX、SC-400 系列等。

2. 微控制器

微控制器(MCU，micro controller unit)又称单片机，是将整个计算机系统集成到一块芯片中。嵌入式微控制器一般以某一种微处理器内核为核心，芯片内部集成 ROM/EPROM、RAM、总线、总线逻辑、定时/计数器、Watch Dog(看门狗)、I/O、串行口、脉宽调制输出、A/D、D/A、Flash RAM、EEPROM 等各种必要功能和外设，并且有支持 I^2C、CANBus、以太网、USB、LCD 及众多总线和外设接口的专用 MCU 和兼容系列。为适应不同的应用需求，一般一个系列的微控制器具有多种衍生产品，每种衍生产品的处理器内核都是一样的，不同的是其存储器和外设的配置及封装。这样可以使单片机最大限度地和应用需求相匹配，从而减少功耗和成本。和嵌入式微处理器相比，微控制器的最大特点是单片化，体积大大减小，从而使功耗和成本下降，可靠性提高。从 20 世纪 70 年代末单片机的出现到今天，虽然已经经过了近 50 年的历史，但这种电子器件目前在嵌入式设备中仍然有着极其广泛的应用，微控制器是目前嵌入式系统工业的主流。微控制器的片上外设资源一般比较丰富，适合用于控制，因此被称为微控制器。

MCU 价格低廉，功能优良，因此它的品种和数量最多，比较有代表性的包括 8051、PIC

系列、AVR 系列、ARM Cortex-M、MCS-251、MCS-96/196/296、P51XA、C166/167、68K 系列。目前 MCU 占嵌入式系统约 70%的市场份额。

3. 嵌入式 DSP 处理器

DSP 处理器是专门用于信号处理方面的处理器，DSP 处理器对系统结构和指令算法方面进行了特殊设计，使其适合用于执行 DSP 算法，具有很高的编译效率和指令执行速度。在数字滤波、FFT、谱分析等方面 DSP 算法正在大量进入嵌入式领域，DSP 应用正从在通用单片机中以普通指令实现 DSP 功能，过渡到采用 EDSP 处理器来执行。

DSP 的理论算法在 20 世纪 70 年代就已经出现，但是由于专门的 DSP 处理器当时还未出现，所以这种理论算法只能通过 MPU 等分立元件实现。MPU 较低的处理速度无法满足 DSP 的算法要求，其应用局限于一些尖端的高科技领域。随着大规模集成电路技术的发展，1982 年世界上诞生了首枚 DSP 芯片。其运算速度比 MPU 快了几十倍，在语音合成和编码解码器中得到了广泛应用。至 20 世纪 80 年代中期，随着 CMOS 技术的进步与发展，第二代基于 CMOS 工艺的 DSP 芯片应运而生，其存储容量和运算速度都得到了成倍提高，成为语音处理、图像硬件处理技术的基础。到 20 世纪 80 年代后期，DSP 的运算速度进一步提高，应用领域也从上述范围扩大到了通信和计算机方面。20 世纪 90 年代后，DSP 发展到了第五代产品，集成度更高，使用范围也更加广阔。

嵌入式 DSP 处理器(EDSP，embedded digital signal processor)有两个发展来源，一是 DSP 处理器经过单片化、EMC 改造、增加片上外设从而成为 EDSP 处理器，TI 的 TMS320C2000/C5000 等属于此范畴；二是在通用单片机或 SOC 中增加 DSP 协处理器，例如，Intel 的 MCS-296 和 Infineon 的 TriCore。推动 EDSP 处理器发展的另一个因素是嵌入式系统的智能化，例如，各种带有智能逻辑的消费类产品、生物信息识别终端、带有加解密算法的键盘、ADSL 接入、实时语音压解系统、虚拟现实显示等。这类智能化算法通常运算量较大，特别是向量运算、指针线性寻址等较多，而这些正是 DSP 处理器的长处所在。在嵌入式应用中，如果强调对连续的数据流的处理和高精度的复杂运算，则应选用 EDSP 器件。

目前，最为广泛应用的是 TI 的 TMS320CXXXX 系列、ADI 公司的产品 AD21XX 系列、Motorola 公司的 DSP56000 系列，另外如 Intel 的 MCS-296 和 Siemens 的 TriCore 也有各自的适用范围。TMS320 系列处理器包括用于控制的 C2000 系列、移动通信的 C5000 系列，以及性能更高的 C6000 和 C8000 系列。DSP56000 系列处理器目前已经发展成为 DSP56000、DSP56100、DSP56200 和 DSP56300 等几个不同系列的处理器。

4. 片上系统

片上系统 SoC

片上系统(SoC，system on chip)是一种基于知识产权(IP，intellectual property)核的嵌入式系统设计技术。SoC 最大的特点是成功实现了软硬件无缝结合，直接在处理器片内嵌入操作系统的代码模块，而且 SoC 具有极高的综合性，在一个硅片内部运用 HDL 硬件描述语言，从而实现一个复杂的系统。用户不再需要像传统的系统设计一样，绘制庞大复杂的电路板，一点点地连接焊制，只需要使用精确的语言，综合时序设计，直接在器件库中调用各种通用处理器的标准，然后通过仿真就可以直接交付芯片厂商进行生产。由于绝大部分系统构件都在系统内部，整个系统就特别简洁，这不仅减小了系统的体积和功耗，还提高了系统的可靠性，提高了设计生产效率。SoC 可以结合许多功能区块，将多个功能做在一个芯片上。ARMRISC、MIPSRISC、

DSP或其他微处理器核心，加上通信的接口单元，例如，USB、TCP/IP通信单元、GPRS/GSM/3G/4G通信接口、IEEE1394、蓝牙模块接口等，这些单元以往都依照各单元的功能被做成一个个独立的处理芯片。

由于SoC往往是专用的，所以大部分都不为用户所知，比较典型的SoC产品是Philips的SmartXA。少数通用系列有Siemens的TriCore，Motorola的M-Core，某些ARM系列器件，以及Echelon和Motorola联合研制的Neuron芯片等。目前还有一种叫SOPC，在FPGA上完成产品开发，比SoC灵活性更大，同样也是通过HDL硬件描述语言完成开发。最新的FPGA单芯片上门阵列已可达到几千万门，其上可以自行设计微处理器、实现DSP运算、运行操作系统等，足以完成非常复杂的系统。目前使用得较多的是Altera、Xilinx、Actel、Lattice，其中Altera和Xilinx主要生产一般用途的FPGA，其主要产品采用RAM工艺。Actel主要提供非易失性FPGA，其产品主要基于反熔丝工艺和Flash工艺。

2.3 嵌入式处理器指令集

计算机指令(computer instruction)就是指挥机器工作的指示和命令，程序(program)就是一系列按一定顺序排列的指令，执行程序的过程就是处理器的工作过程。一条指令就是机器语言的一个语句，其是一组有意义的二进制代码。指令的基本格式是“操作码+地址码”，其中操作码指明了指令的操作性质及功能，地址码则给出了操作数或操作数的地址。

指令集(instruction set)也被称为指令系统，是处理器的操作指令的集合，其表征了处理器的基本功能和能力，也决定了处理器的结构。指令集是存储在CPU内部，对CPU运算进行指导和优化的硬程序，拥有这些指令集，CPU就可以更高效地运行。按照指令集来对处理器进行分类的方法被称为指令集架构(ISA，instruction set architecture)。目前，可以按照处理器指令集的复杂程度将计算机分为复杂指令集计算机(CISC，complex instruction set computer)和精简指令集计算机(RISC，reduced instruction set computer)，它们的区别在于不同的CPU设计理念和方法。

2.3.1 CISC与RISC

1. 复杂指令集架构的CISC

由于早期的计算机部件昂贵且工作效率低，为了提高运算速度，设计者就不得不将各种复杂的指令加入到处理器的指令系统中，其目的是为了使用尽可能少的指令来完成所需的工作，所以指令系统中就有了许多很少能被用到的专用指令，而且不同指令的长度并不相同，执行时间也不同，这就逐步形成了复杂指令集处理器架构。

为了使复杂指令集在有限的指令长度内实现更多的指令，人们设计了操作码扩展，然后为了能实现减少地址码这个操作码扩展的先决条件，人们又设计了各种寻址方式，如基址寻址、相对寻址等，以最大限度地压缩地址长度，为操作码留出空间。此外，随着处理器的推陈出新，每一代新的处理器都有一些属于自己的新的指令，并且为了兼容以前的处理器必须保留所有老的指令，所以指令集就变得越来越大。

典型的复杂指令集架构的处理器包括MCS-51系列单片机，以及最常用的X86结构处理器，其具有如下的特点：

(1) 指令长度不相同，按顺序执行；

(2) 可以有效地减少编译代码中指令的数目，使取指操作所需要的内存访问数量实现最小化；

(3) 在处理器指令集中包含了类似于程序设计语言结构的复杂指令，这些复杂指令减少了程序设计语言和机器语言之间的语义差别，而且简化了编译器的结构。

但是，在复杂指令集处理器中很难实现指令的流水操作。此外，工作频率较慢的处理器指令需要一个较长的时钟周期，由于指令的流水化和时钟周期短都是快速执行程序的必要条件，因此其不太适合用于高效的处理器架构。

早期的CPU全部是CISC架构，它的设计目的是要用最少的机器语言指令来完成计算任务。比如，对于乘法运算，在CISC架构的CPU上，可能需要这样一条指令：

```
MUL ADDRA,ADDRB   ;将 ADDRA 和 ADDRB 中的数相乘并将结果储存在 ADDRA 中
```

执行上面的这条指令时，将ADDRA、ADDRB中的数据读入寄存器，并将相乘结果写回内存的操作全部依赖于CPU中设计的逻辑来实现。这种架构会增加CPU结构的复杂性和CPU工艺的难度，但对于编译器的开发十分有利。比如，上面的乘法运算，C程序中的a*=b就可以直接编译为一条乘法指令。目前只有Intel及其兼容CPU还在使用CISC架构。

2. 精简指令集架构的RISC

精简指令集架构处理器是在复杂指令集处理器基础上发展起来的。设计者对指令数目和寻址方式都进行了精简，指令数目少，且每条指令都采用标准字长，使得处理器架构更容易实现，指令并行执行得更好，编译器效率更高。

精简指令集架构的特点使其在嵌入式处理器应用中大行其道。目前，大部分嵌入式处理器都采用了该架构，包括ARM系列、AVR系列、MSP430系列、MIPS系列等处理器，其具有如下特点：

(1) 指令格式和长度通常是固定的，大多数指令在一个周期内就能执行完成；

(2) 采用高效的流水线操作，使指令在流水线中并行操作，从而提高数据处理和指令执行的速度；

(3) 采用了“加载/存储”指令结构，只有加载和存储两条指令可以访问存储器，其他指令都只能在寄存器中对数据进行处理，从而减缓了指令需要访问寄存器而导致的速度降低；

(4) 注重编译的优化，力求有效地支撑高级语言程序。

精简指令集架构的缺点是由于指令的功能过于简单，复杂指令集架构处理器中用一条指令就能完成的操作在精简指令集架构处理器中需要使用一系列指令来实现，因此从存储器读入的指令总数会增加，从而也需要更多的时间。

RISC架构要求软件来指定各个操作步骤。上面的乘法运算如果在RISC架构上实现，那么将ADDRA、ADDRB中的数据读入寄存器，并将相乘结果写回内存的操作都必须由软件来实现，如下所示：

```
MOV A,ADDRA
MOV B,ADDRB
MUL A,B
```

```
STR ADDRA,A
```

这种架构可以降低 CPU 的复杂性且允许在同样的工艺水平下生产出功能更强大的 CPU,但对于编译器的设计有更高的要求。

3. CISC 与 RISC 架构比较

精简指令集和复杂指令集是目前处理器的两种典型架构,它们都试图在体系结构、操作运行、软硬件、编译时间和运行时间之间达到平衡以实现高效。CISC 与 RISC 两种架构的对比如表 2-1 所示。

表 2-1 CISC 与 RISC 架构的对比

类别	CISC	RISC
指令系统	指令系统比较丰富,有专用指令来完成特定的功能	指令系统经过精简,一般都是常用指令,通过组合指令来完成不常用的功能
处理器结构	CISC 处理器包含丰富的电路单元,因而功能强、面积大、功耗大	RISC 处理器包含较少的单元电路,因而面积小、功耗低
寻址方式	寻址方式多样	简单寻址
编码长度	编码长度可变,1~15 B	编码长度固定,通常为 4 B
存储器操作	存储器操作指令多,操作直接,可以对存储器和寄存器进行算术和逻辑操作	对存储器操作有限制,只能对寄存器进行算术和逻辑操作
中断实现	在一条指令执行结束后响应中断	在一条指令执行的适当地方可以响应中断
程序设计	使用汇编语言程序编程相对简单,科学计算及复杂操作的程序设计相对容易,效率较高	汇编语言程序一般需要较大的内存空间,实现特殊功能时程序复杂,不易设计
编译	难以用优化编译器生成高效的目标代码程序	采用优化编译技术,生成高效的目标代码程序
执行时间	有些指令执行时间很长,如整块的存储器内容复制,或将多个寄存器的内容复制到存储器	没有执行时间较长的指令
设计周期	CISC 微处理器结构复杂,设计周期长	RISC 微处理器结构简单,布局紧凑,设计周期短,且易于采用最新技术
用户使用	CISC 微处理器结构复杂,功能强大,容易实现特殊功能	RISC 微处理器结构简单,指令规整,性能易于把握,易学易用
应用范围	CISC 机器更适合于通用机	RISC 机器更适合于专用机

CISC 与 RISC 两种架构主要差别在于指令系统导致处理器结构、寻址方式、编码长度、存储器操作方法、中断实现方法、程序设计方法、设计周期长度和应用方法等的不同,但是,它们也不是完全对立的,一方面,目前精简指令集架构处理器的指令数目在不断地增加,单条指令执行的时间也不是完全固定的;另一方面,复杂指令集架构处理器会以硬连线的逻辑对简单的指令进行加速,而使用微指令编写的微程序来实现复杂的指令。微程序是实现程序的一种手段,其将一条机器指令编写成一段微程序,每一段微程序包含若干条微指令,每

一条微指令对应一条或多条微操作，在处理器内部有一个控制存储器，用于存放各种机器指令对应的微程序段，当执行机器指令时处理器会在控制存储器里寻找与该机器指令对应的微程序，取出相应的微指令来控制执行各个微操作，从而完成该程序语句的功能。在某种意义上，可以将微指令看作精简指令集架构处理器中的精简指令。

2.3.2 指令流水线

处理器按照一系列步骤来执行每一条指令，典型的步骤如下：

(1) 从存储器读取指令(fetch)；

(2) 译码以鉴别它属于哪一条指令(decode)；

(3) 从指令中提取指令的操作数(这些操作数往往存在于寄存器 reg 中)；

(4) 将操作数进行组合以得到结果或存储器地址(ALU)；

(5) 如果需要，则访问存储器以存储数据(mem)；

(6) 将结果写回到寄存器(register)。

并不是所有的指令都需要上述每一个步骤，但是，多数指令需要其中的多个步骤。这些步骤往往使用不同的硬件功能，如 ALU 可能只在第(4)步中用到，因此，如果一条指令不是在前一条指令结束之前就开始，那么在每一步骤内处理器只有少部分的硬件在使用。

有一种方法可以明显改善硬件资源的使用率和处理器的吞吐量，就是在当前一条指令结束之前就开始执行下一条指令，即指令流水线(Pipeline)技术，图 2-2 为采用流水线技术指令并行执行的示意图。采用流水线技术使几个指令可以并行执行，提高了 CPU 的运行效率，也使得内部信息流通畅流动。

图 2-2 指令流水线技术

指令流水线是 RISC 处理器执行指令时所采用的机制。使用指令流水线技术，可在取下一条指令的同时译码和执行其他指令，从而加快执行的速度。我们可以把流水线看作是汽车生产线，每个阶段只完成专门的处理器任务。采用上述操作顺序，处理器可以这样来组织：当一条指令刚刚执行完步骤(1)并转向步骤(2)时，下一条指令就开始执行步骤(1)。从原理上说，这样的流水线应该比没有重叠的指令执行速度快 6 倍，但由于硬件结构本身的一些限制，实际情况会比理想状态差一些。

2.3.3 影响流水线性能的因素

1. 互锁

在典型的程序处理过程中，经常会遇到这样的情形，即一条指令的结果被用作下一条指令的操作数。例如，有如下指令序列：

```
LDR R0,[R0,#0]
ADD R0,R0,R1      ;在5级流水线上产生互锁
```

在上面例子中,流水线的操作会产生中断,因为第1条指令的结果在第2条指令取数时还没有产生。第2条指令必须停止,直到结果产生为止。

2. 跳转指令

跳转指令也会破坏流水线的行为,后续指令的取指步骤会受到跳转目标计算的影响,因而必须推迟,但是,当跳转指令被译码时,在它被确认是跳转指令之前,后续的取指操作已经发生。这样一来,已经被预取进入流水线的指令不得不被丢弃。如果跳转目标的计算是在ALU阶段完成的,那么在得到跳转目标之前已经有两条指令按原有指令流被读取。显然,只有当所有指令都依照相似的步骤执行时,流水线的效率才能达到最高。如果处理器的指令非常复杂,每一条指令的行为都与下一条指令不同,那么就很难用流水线来实现。

2.4 嵌入式处理器的体系结构

嵌入式处理器采用的体系结构有两种:冯·诺依曼体系结构与哈佛体系结构。

2.4.1 冯·诺依曼结构

1945年,冯·诺依曼首先提出了"存储程序"的概念和二进制原理,后来,人们把利用这种概念和原理设计的电子计算机系统统称为冯·诺依曼型结构计算机。其必须由至少一个控制器、一个运算器、一个存储器和输入输出设备组成。冯·诺依曼结构又被称为普林斯顿结构,其处理器程序指令和数据使用同一个存储器,经由同一个总线传输,程序指令存储地址和数据存储地址指向同一个存储器的不同物理位置,因此程序指令和数据的宽度相同,如图2-3所示。

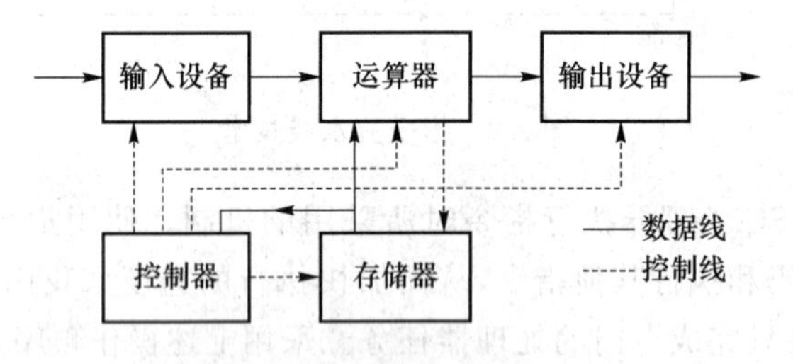

图2-3 冯·诺依曼结构的处理器

冯·诺依曼结构处理器具有以下几个特点:

(1) 必须有一个存储器;

(2) 必须有一个控制器;

(3) 必须有一个运算器,用于完成算术运算和逻辑运算;

(4) 必须有输入和输出设备,用于进行人机通信;

(5) 数据与指令都存储在同一个存储器中。

冯·诺依曼的主要贡献就是提出并实现了"存储程序"的概念。由于指令和数据都是二

进制码，指令和操作数的地址又密切相关，因此，当初选择了这种结构，但是，这种指令和数据共享同一总线的结构，使信息流的传输成为计算机性能发展的瓶颈，影响了数据处理速度的提高。

在典型情况下，完成一条指令需要 3 个步骤，即：取指令、指令译码和执行指令。举一个最简单的对存储器进行读写操作的例子，如图 2-4 所示，指令 1 至指令 3 均为存、取数据指令，对冯・诺依曼结构处理器，由于取指令和存取数据要使用同一个存储空间，经由同一总线传输，因而它们无法同时执行，只有完成一个后再进行下一个。

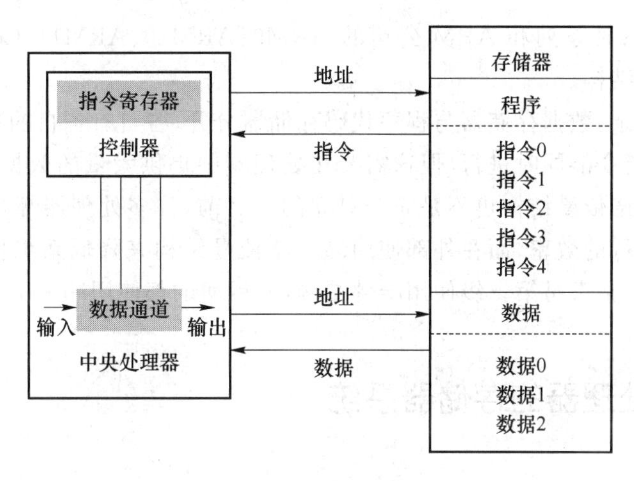

图 2-4　冯・诺依曼体系结构模型

目前使用冯・诺依曼结构的中央处理器和微控制器有很多，例如，Intel 公司的 8086、ARM 公司的 ARM7、MIPS 公司的 MIPS 处理器都采用了冯・诺依曼结构。

2.4.2　哈佛结构

与冯・诺依曼体系结构不同，哈佛结构为数据和程序提供各自独立的存储器，程序计数器只指向程序存储器而不指向数据存储器。这样做可以使指令和数据有不同的数据宽度，图 2-5 为哈佛体系结构模型示意图。哈佛结构的微处理器通常具有较高的执行效率。其程序指令和数据指令是分开组织和存储的，上一条指令执行时可以预先读取下一条指令。

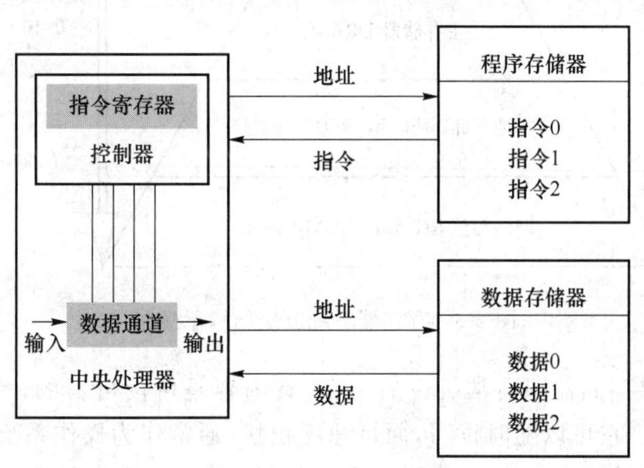

图 2-5　哈佛体系结构模型

哈佛体系结构具有如下特点：

(1) 程序指令存储器与数据存储器分开，采用不同的总线和指令；

(2) 指令和数据可以有不同的数据宽度，提供了较大的数据存储器带宽；

(3) 具有较高的执行效率和数据吞吐量，适合用于数字信号处理。

冯·诺依曼结构与哈佛结构

目前使用哈佛结构的中央处理器和微控制器有很多，例如，Microchip 公司的 PIC 系列芯片、Motorola 公司的 MC68 系列、Zilog 公司的 Z8 系列、ATMEL 公司的 AVR 系列和 ARM 公司的 ARM9、ARM10、ARM11、Cortex-M3 内核，51 单片机也属于哈佛结构。

哈佛结构较复杂，数据存储器与程序代码存储器分开，各自有各自的数据总线与地址总线，取操作数与取指令能同时进行，但这需要在处理器中提供大量的数据线通道，所以在实际应用中其和冯·诺依曼结构也不是完全对立的。目前，许多处理器都在内部使用了哈佛结构来提高指令执行的效率，而在外部使用冯·诺依曼结构来降低系统复杂度。在有多级高速缓存的结构中，常常是第一级使用哈佛结构，而后面的都使用冯·诺依曼结构。

2.5 嵌入式处理器的存储器系统

图 2-6 表示了按时钟周期分层的存储器系统，时钟周期越长，处理速度越慢；时钟周期越短，处理速度越快。寄存器处理速度最快，位于分层结构图的最上层，而网络存储器，Flash、ROM、磁盘的处理速度相对较慢，位于分层结构图的最下层。

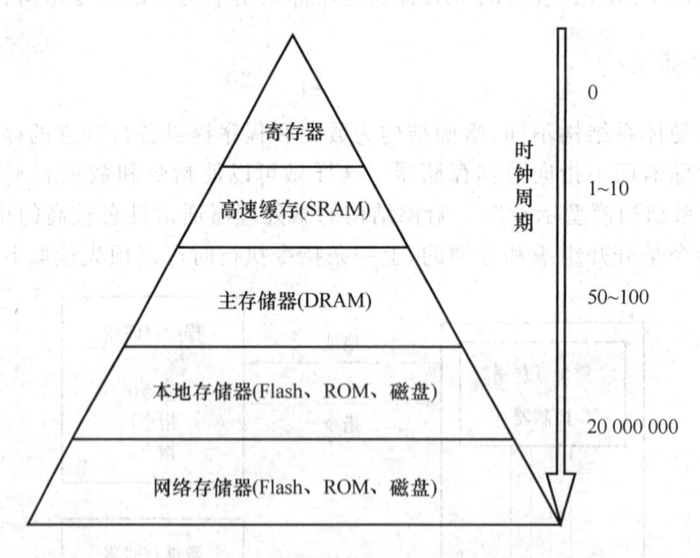

图 2-6 存储器系统分层结构示意图

RAM 随机存取存储器即通常所说的内存，其内容是可读可写的，是与 CPU 直接交换数据的内部存储器。它可以随时读写，而且速度很快，通常作为操作系统或其他正在运行中的程序的临时数据存储介质。计算机在正常工作时，存放在其他介质(硬盘、软盘、光盘等)

上面的程序都要调到 RAM 中才能运行，RAM 内存越大，一次性可以从其他介质上调用的数据就越多。如果内存不够大，程序运行时，若需要从其他介质上调用新的数据，原来被调到内存中的部分数据就要被改写成新数据。因此，内存中的数据，在需要时是可以随机改写的。RAM 具有易失性，当电源关闭时 RAM 不能保留数据，如果需要保存数据，就必须把它们写入一个长期的存储设备中(如 Flash、ROM、磁盘)。

RAM 又分静态随机存储器(SRAM)和动态随机存储器(DRAM)，SRAM 与 DRAM 相比而言，SRAM 的速度更快，耗电更多，存储密度更低，而 DRAM 需要周期性刷新。通常将 SRAM 作为高速缓存(Cache)，用它保存部分主存内容的副本，由于微处理器的时钟频率比内存速度快得多，通过高速缓存可以提高内存的平均性能。图 2-7 是高速缓存和主存的原理示意图。

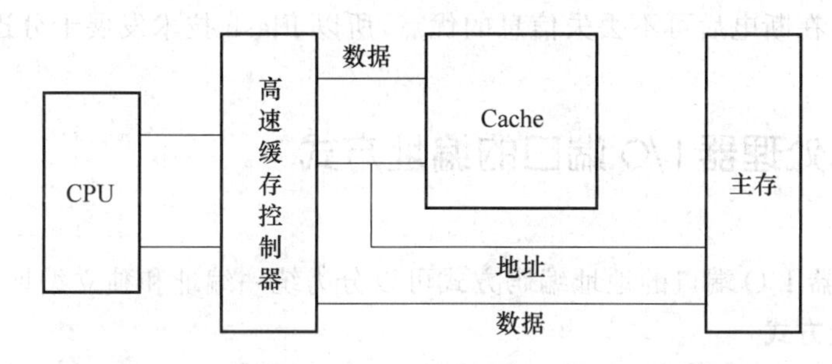

图 2-7 高速缓存工作原理

ROM 是只读存储器的简称，是一种只能读出事先存入的数据的固态半导体存储器。其特点是数据一旦被储存就无法再将之改变或删除。通常用在不需经常变更数据的嵌入式系统中，并且数据不会因为电源关闭而消失。ROM 和 RAM 相比，两者的最大区别是在断电以后保存在 RAM 上面的数据会自动消失，而 ROM 上的数据不会自动消失，可以在长时间断电的情况下保存。ROM 的种类有 PROM、EPROM 和 EEPROM。

PROM(programmable read only memory)，即“可编程只读存储器”。它内部有行列式的熔丝，需要利用电流将其烧断，写入所需的数据，但仅能写录一次。PROM 在出厂时，存储的内容全为 1，用户可以根据需要在其中的某些单元写入数据 0(部分 PROM 在出厂时数据全为 0，用户可以在其中的部分单元写入 1)，以实现对其“编程”的目的。PROM 的典型产品是“双极性熔丝结构”，如果我们想改写某些单元，则可以给这些单元通以足够大的电流，并维持一定的时间，原先的熔丝即可熔断，这样就达到了改写某些单元的效果。

EPROM(erasable programmable read only memory)，即“可擦除可编程只读存储器”。它是一种可重写的存储器芯片，并且其内容在断电的时候也不会丢失，是非易失性的。它通过 EPROM 编程器进行编程，EPROM 编程器能够提供比正常工作电压更高的电压对 EPROM 编程。一旦经过编程，EPROM 只有在强紫外线的照射下才能够进行擦除。EPROM 的陶瓷封装上有一个小的石英窗口，这个石英窗口一般情况下被不透明的膜覆盖着，当擦除时需将这个膜揭掉，然后在强紫外线下放置大约 20 分钟。EPROM 芯片主要有 27XX 系列和 27CXX 系列。

EEPROM(electrically erasable programmable read only memory)，即“电可擦除可编程只读存储器”，并且其内容在断电的时候也不会丢失。在平常情况下，EEPROM 与 EPROM

一样是只读的,需要写入数据时,在指定的引脚加上一个高电压即可写入或擦除,而且其擦除的速度非常快,通常 EEPROM 芯片又分为串行 EEPROM 和并行 EEPROM 两种,串行 EEPROM 在读写时数据的输入和输出是通过 2 线、3 线、4 线或 SPI 总线等接口方式进行的,而并行 EEPROM 的数据输入和输出则是通过并行总线进行的。EEPROM 芯片主要有 28XX 系列。

由于 ROM 不易更改的特性让更新资料变得相当麻烦,因此就有了 Flash Memory(闪速存储器)的发展,Flash Memory 具有 ROM 不需电力维持资料的优点,又可以在需要的时候任意更改资料,不过其单价也比普通的 ROM 要高。相对传统的 EPROM 芯片而言,这种芯片可以用电气的方法快速地擦写。由于快擦写存储器不需要存储电容器,故其集成度更高,制造成本也低于 DRAM。它使用方便,既具有 SRAM 读写的灵活性和较快的访问速度,又具有 ROM 在断电后可不丢失信息的优点,所以 Flash 技术发展十分迅速。

2.6 嵌入式处理器 I/O 端口的编址方式

嵌入式处理器 I/O 端口的地址编码方式可以分为统一编址和独立编址两种。

1. 统一编址方式

统一编址又被称为存储器映像编址,存储器和 I/O 端口共用统一的地址空间,当一个地址空间分配给 I/O 端口以后,存储器就不能再占有这一部分的地址空间。其优点是不需要专用的 I/O 指令,任何对存储器数据进行操作的指令都可用于 I/O 端口的数据操作,程序设计比较灵活。由于 I/O 端口的地址空间是内存空间的一部分,所以其地址空间可大可小,从而使得外设的数量几乎不受限制。其缺点是由于 I/O 端口占用了一部分内存空间,影响了系统的内存容量,并且访问 I/O 端口也要和访问内存一样操作,在这个过程中由于内存地址通常较长,因此会导致执行时间增加。

在统一编址中通常会使用特殊功能寄存器(SFR,special function register)来对 I/O 端口进行控制,这些特殊功能寄存器会映射为处理器的存储器上的地址。许多嵌入式处理器都会采用统一编址的方法,如 MCS-51 系列和 ARM 系列处理器。如图 2-8 所示是三星公司的 ARM 结构 S3C44B0X 处理器的存储器地址映射示意图,我们可以看到在 256 MB 的存储空间中地址为 0x01c00000～0x02000000 的 4 M 字节空间被用于控制外部端口的特殊功能寄存器所占用。

2. 独立编址方式

独立编址又被称为专用的 I/O 端口编址,存储器和 I/O 端口分别位于两个独立的地址空间中。其优点是,I/O 端口的地址码较短,译码电路简单,且存储器同 I/O 端口的操作指令不同,程序比较清晰,此外存储器和 I/O 端口的控制结构相互独立,可以分别设计。其缺点是,需要有专用的 I/O 指令,所以程序设计的灵活性较差。X86 系列处理器使用的是独立编址方法,这是因为其存储器空间通常来说会比较大,如果使用统一编址可能会降低访问效率。

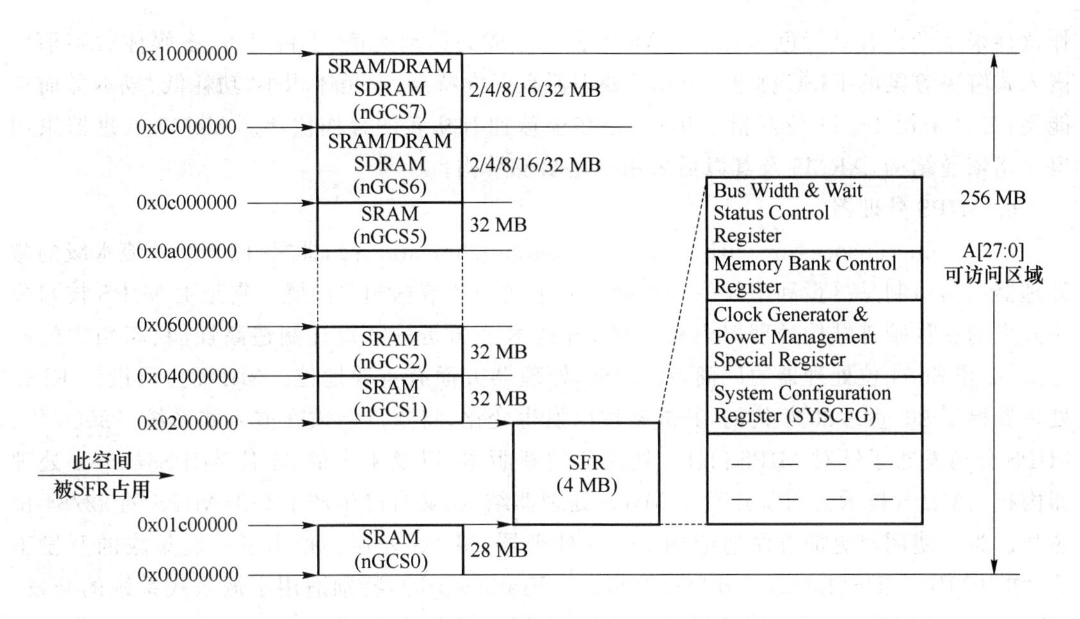

图 2-8 采用统一编址的三星 ARM 处理器

2.7 典型的嵌入式处理器

1. MCS-51 处理器

MCS-51 处理器是 Intel 公司推出的历史最为悠久的单片机内核，采用 CISC 指令集和哈佛结构。许多厂商将 MCS-51 处理器和其外部模块结合在一起构建了各种型号的芯片，具有成本低、开发简单等优势，被广泛应用于各个行业，是应用最为广泛的嵌入式处理器。

2. AVR 处理器

AVR 处理器是 Atmel 公司(2016 年被 Microchip 公司收购)推出的 RISC 指令集单片机，具有性能高、速度快、功耗低和可靠性高的特点，采用哈佛结构，开发较为简单，成本较为低廉，某些型号体积特别小，常常被用于取代 51 单片机。

3. PIC 处理器

PIC 处理器是美国微芯(Microchip)公司推出的主要针对工业控制场合的单片机，采用 RISC 指令集和哈佛结构，具有运行速度快、功耗低、抗干扰能力强的特点。

4. MSP430 处理器

MSP430 系列单片机是美国德州仪器(TI)于 1996 年开始推向市场的一种 16 位超低功耗处理器，采用 RISC 指令集和冯・诺依曼结构，MSP430 针对实际应用需求，将多个不同功能的模拟电路、数字电路模块和微处理器集成在一块芯片上，以提供"单片机"解决方案。该系列单片机多应用于需要电池供电的便携式仪器仪表中。

5. ARM 处理器

ARM 公司是全球领先的 16/32 位 RISC 微处理器知识产权(IP)设计供应商。ARM 公司通过将其高性能、低成本、低功耗的 RISC 微处理器、外围和系统芯片设计技术转让给合作伙伴来生产出各具特色的芯片。ARM 公司已成为移动通信、手持设备、多媒体数字消费嵌入式解决方案的 RISC 标准。ARM 处理器有三大特点：一是体积小、功耗低、成本低而性能高；二是采用 16/32 位双指令集；三是在全球拥有众多的合作伙伴。ARM7 处理器采用冯·诺依曼结构，ARM9 及其以后采用的是哈佛结构。

6. MIPS 处理器

MIPS(microprocessor without interlocked pipeline stages)，即"无内部互锁流水级的微处理器"，其机制是尽量利用软件办法避免流水线中的数据相关问题。它是由 MIPS 技术公司开发的一种哈佛结构处理器内核。MIPS 技术公司是一家设计制造高性能、高档次的嵌入式 32 位和 64 位处理器的厂商，在 RISC 处理器方面有重要地位。MIPS 公司设计 RISC 处理器始于 20 世纪 80 年代初，其战略现已发生变化，将重点已放在嵌入式系统。2000 年，MIPS 公司发布了针对 MIPS324Kc 处理器的新版本，以及未来的 64 位 MIPS6420Kc 处理器内核。MIPS 技术公司既开发了 MIPS 处理器结构，又自己生产了基于 MIPS 的 32/64 位芯片。为了使用户更加方便地应用 MIPS 处理器，MIPS 公司还推出了一套集成的开发工具，称为 MIPS IDF(Integrated Development Framework)，特别适用于嵌入式系统的开发。MIPS 的定位很广，广泛应用于机顶盒设备、视频游戏机、网络设备、办公自动化设备等。

7. Power PC 处理器

Power PC 处理器是由 IBM(国际商用机器公司)、Apple(苹果公司)和 Motorola(摩托罗拉)公司联合开发的高性能 32 位和 64 位 RISC 微处理器系列。Power PC 处理器架构的特点是可伸缩性好、方便灵活。Power PC 处理器品种很多，既有通用的处理器，又有嵌入式控制器和内核，应用范围从高端的工作站、服务器到桌面计算机系统，从消费类电子产品到大型通信设备等各个方面，非常广泛。目前 Power PC 独立微处理器与嵌入式微处理器的主频在 25～700 MHz 不等，它们的能量消耗、大小、整合程度和价格差距悬殊，主要产品模块有主频为 350～700 MHz 的 Power PC 750CX 和 750CXe，以及主频为 400 MHz 的 Power PC 440GP 等。嵌入式的 Power PC 405(主频最高为 266 MHz)和 Power PC 440(主频最高为 550 MHz)处理器内核可以用在各种集成的系统级芯片(SoC)上，在电信、金融和其他许多行业具有广泛的应用。

8. MC68K/Coldfire 处理器

MC68K/Coldfire 处理器采用的是 RISC 指令集和哈佛结构。Apple 机最初用的就是 Motorola 68K，比 Intel 公司的 8088 还要早，但 Apple 公司早已放弃 68K 而专注于 ARM 了。

Coldfire 处理器是 Freescale 公司(原 Motorola 公司半导体产品部，2017 年被 NXP 收购)在 MC68K 系列基础上开发的微处理器芯片，其不但具有嵌入式处理器的高速性，还具有嵌入式控制器使用方便等优点。

9. X86 处理器

随着嵌入式系统的发展，Intel 这个传统的个人电脑处理器厂商也在 X86 架构的处理器上逐步发展出了一些针对嵌入式应用的处理器。X86 系列处理器是最常用的，它起源于 Intel 架构的 8080。Intel 公司出品的 ATOM(凌动处理器)是 Intel 历史上体积最小和功耗最低的处理器，其基于新的微处理架构，专门为小型和嵌入式系统所设计。和其他嵌入式处理器相比，其最大的优势是采用了 X86 体系结构，可以运行 Windows 操作系统，也可以运行 Android 操作系统，能提供更好的通用性，所以在平板电脑等消费类电子产品中得到了广泛的应用。

思考与习题

1. 什么叫嵌入式处理器？嵌入式处理器分别为哪几类？
2. 什么是片上系统 SoC?
3. RISC 架构与 CISC 架构相比有什么优点？
4. 简述流水线技术的基本概念。
5. 冯·诺依曼结构与哈佛结构各有什么特点？
6. 典型的嵌入式处理器有哪些？

第3章 ARM嵌入式微处理器

3.1 ARM微处理器概述

3.1.1 ARM简介

ARM微处理器系列

ARM是Advanced RISC Machines的缩写，我们既可以认为ARM是一个公司的名字，也可以认为它是对一类微处理器的通称，还可以认为它是一种技术的名称。

1991年ARM公司成立于英国剑桥，ARM公司专门从事基于RISC指令集的芯片设计，该企业设计了大量高性能、低成本、低能耗的RISC处理器，并出售芯片设计技术的授权。ARM公司作为知识产权供应商，本身不直接从事芯片生产，靠转让设计授权由合作公司生产各具特色的芯片，世界各大半导体生产商从ARM公司购买其设计的ARM微处理器核，根据各自不同的应用领域，加入适当的外围电路，从而形成自己的ARM微处理器芯片，然后进入市场。ARM公司的商业模式如图3-1所示。

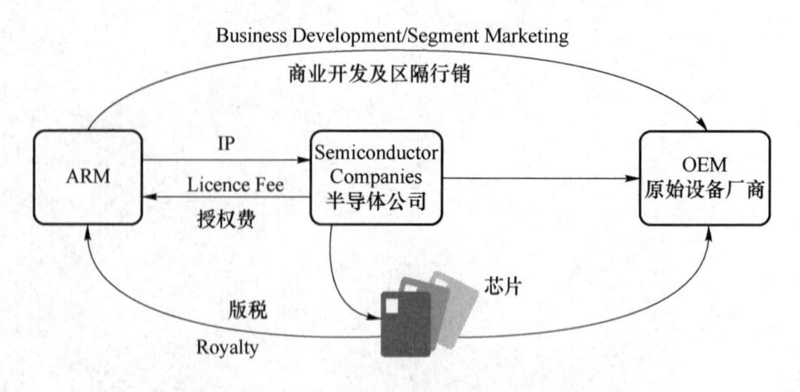

图3-1 ARM公司商业模式

目前，全世界有上百家大型半导体公司都使用ARM公司的授权，前20家中有19家是

ARM 的用户，包括德州仪器(TI)、意法半导体(ST Microelectronics)、恩智浦(NXP)、飞利浦(Philips)、英特尔(Intel)等。这既使得 ARM 技术获得了更多的第三方工具、制造、软件的支持，又使整个系统的成本降低，使产品更容易进入市场被消费者所接受，从而更具有市场竞争力。ARM 公司成功的原因归功于其三位一体的核心竞争力。首先是其领先于业界的产品和技术；其次是其独辟蹊径、最先缔造的知识产权授权商业模式；最后是其庞大、稳固的产业联盟。

3.1.2 ARM 微处理器的特点

ARM 的成功，一方面得益于它独特的公司运作模式，另一方面，来自 ARM 处理器自身的优良性能。作为一种先进的 RISC 处理器，ARM 处理器有如下特点：

(1) 体积小、功耗低、成本低、性能高；

(2) 支持 Thumb(16 位)/ARM(32 位)双指令集，能很好地兼容 8 位/16 位器件；

(3) 大量使用寄存器，指令执行速度更快；

(4) 大多数数据操作都在寄存器中完成；

(5) 寻址方式灵活简单，执行效率高；

(6) 指令长度固定(32 位或 16 位)。

这些特性使 ARM 嵌入式微处理器在高性能、低代码规模、低功耗和小硅片尺寸方面取得了良好的平衡，从而使它成为嵌入式系统的理想选择。

3.1.3 ARM 微处理器的应用领域

采用 ARM 技术知识产权(IP)核的微处理器，即我们通常所说的 ARM 微处理器，已遍及工业控制、消费类电子产品、通信系统、网络系统、无线系统等各类产品市场，基于 ARM 技术的微处理器应用占据了 32 位 RISC 微处理器 75%以上的市场份额。ARM 微处理器及技术的应用几乎已经深入到了各个领域。

(1) 工业控制领域：基于 ARM 核的微控制器芯片不但占据了高端微控制器市场的大部分市场份额，同时也逐渐向低端微控制器应用领域扩展，ARM 微控制器的低功耗、高性价比向传统的 8 位/16 位微控制器提出了挑战。

(2) 无线通信领域：目前已有超过 85%的无线通信设备采用了 ARM 技术，ARM 以其高性能和低成本的优势，在该领域的地位日益巩固。

(3) 网络应用：随着宽带技术的推广，采用 ARM 技术的芯片正逐步获得竞争优势。此外，ARM 在语音及视频处理上进行了优化，并获得了广泛的支持，这也对 DSP 的应用领域提出了挑战(实际还不如 DSP，就像单片机内部集成了 AD/DA 一样，还是不如单独的 AD/DA 芯片)。

(4) 消费类电子产品：ARM 技术在目前流行的数字音频播放器、数字机顶盒和游戏机中得到广泛应用。

(5) 成像和安全产品：绝大部分数码相机和打印机采用的是 ARM 技术。手机中的 32 位 SIM 智能卡也采用了 ARM 技术。

除此以外，ARM 微处理器及技术还应用到许多不同的领域，并会在将来取得更加广泛的应用。

3.2 ARM 微处理器系列

3.2.1 ARM 体系架构版本

体系架构定义了指令集(ISA)和这一体系架构下处理器的编程模型。基于同种体系架构的可以有多种处理器,每个处理器性能不同,所面向的应用不同,每个处理器的实现都要遵循这一体系架构。ARM 体系架构为嵌入式系统发展提供了很高的硬件性能,同时保持了优异的功耗和面积效率。

ARM 体系架构正稳步发展。目前,ARM 体系架构共定义了 8 个基本版本,从版本 1 到版本 8,ARM 体系的指令集功能也在不断扩大,不同系列的 ARM 处理器,性能差别很大,应用范围和对象也不尽相同,但是,基于相同 ARM 体系架构的不同处理器,它们的应用软件是兼容的。

1. v1 架构

v1 版本的 ARM 处理器并没有实现商品化,它采用的地址空间是 26 位,寻址空间是 64 MB,在目前的版本中已不再使用这种架构。

2. v2 架构

与 v1 架构的 ARM 处理器相比,v2 架构的 ARM 处理器的指令集有所完善,比如,它增加了乘法指令并且支持协处理器指令,该版本的处理器仍然是 26 位的地址空间。

3. v3 架构

从 v3 架构开始,ARM 处理器的体系架构有了很大的改变,实现了 32 位的地址空间,指令架构相对前面的两种架构来说也有所完善。

4. v4 架构

v4 架构的 ARM 处理器增加了半字指令的读取和写入操作,以及处理器系统模式,并且有了 T 的变种 v4T,在 Thumb 状态下所支持的是 16 位的 Thumb 指令集。属于 v4T(支持 Thumb 指令)体系架构的处理器(核)有 ARM7TDMI、ARM7TDMI-S(ARM7TDMI 可综合版本)、ARM710T(ARM7TDMI 核的处理器)、ARM720T(ARM7TDMI 核的处理器)、ARM740T(ARM7TDMI 核的处理器)、ARM9TDMI、ARM910T(ARM9TDMI 核的处理器)、ARM920T(ARM9TDMI 核的处理器)、ARM940T(ARM9TDMI 核的处理器)、StrongARM(Intel 公司的产品)。

5. v5 架构

v5 架构的 ARM 处理器提升了 ARM 和 Thumb 两种指令的交互工作能力,同时有了 DSP 指令——v5E 架构、Java 指令——v5J 架构的支持。属于 v5T(支持 Thumb 指令)体系架构的处理器(核)有 ARM10TDMI、ARM1020T(ARM10TDMI 核的处理器)。属于 v5TE(支持 Thumb、DSP 指令)体系架构的处理器(核)有 ARM9E、ARM9E-S(ARM9E 可综合版本)、ARM946(ARM9E 核的处理器)、ARM966(ARM9E 核的处理器)、ARM10E、ARM1020E(ARM10E 核的处理器)、ARM1022E(ARM10E 核的处理器)、Xscale(Intel 公司的产品)。属于 v5TEJ(支持 Thumb、DSP 指令、Java 指令)体系架构的处理器(核)有

ARM9EJ、ARM9EJ-S(ARM9EJ 可综合版本)、ARM926EJ(ARM9EJ 核的处理器)、ARM10EJ。

6. v6 架构

v6 架构是在 2001 年发布的,在该版本中增加了 Media 指令,属于 v6 体系架构的处理器核有 ARM11(于 2002 年发布)。v6 体系架构包含 ARM 体系架构中所有的特殊指令集,共 4 种:Thumb 指令(T)、DSP 指令(E)、Java 指令(J)和 Media 指令。

7. v7 架构

v7 架构是在 ARMv6 架构的基础上诞生的。该架构采用了 Thumb-2 技术,它是在 ARM 的 Thumb 代码压缩技术的基础上发展起来的,并且保持了对现存 ARM 解决方案的完整的代码兼容性。Thumb-2 技术比纯 32 位代码少使用 31%的内存,减少了系统开销,同时能够提供比已有的基于 Thumb 技术的解决方案高出 38%的性能。ARMv7 架构还采用了 NEON 技术,将 DSP 和媒体处理能力提高了近 4 倍,并支持改良的浮点运算,满足下一代 3D 图形、游戏物理应用,以及传统嵌入式控制应用的需求。Cortex 系列处理器是基于 ARMv7 架构的。

8. v8 架构

ARMv8 是在 32 位 ARM 架构上进行开发的,ARMv8 架构属于 64 位架构,向下兼容 ARM-v7 架构。ARM-v8 架构支持两种类型的 ARM 指令集,一种是 Aarch64 位指令集,一种是 Aarch32 位指令集。ARMv8 架构包含两种执行状态:AArch64 和 AArch32。AArch64 执行状态针对 64 位处理技术,引入了一个全新指令集 A64;而 AArch32 执行状态将支持现有的 ARM 指令集。目前 ARMv7 架构的主要特性都将在 ARMv8 架构中得以保留或进一步拓展,如 TrustZone 技术、虚拟化技术及 NEON advanced SIMD 技术等。ARMv8 架构用于对扩展虚拟地址和 64 位数据处理技术有更高要求的产品领域,如企业应用、高档消费电子产品等。高性能的 Cortex-A 系列处理器是基于 ARMv8 架构的,如 Cortex-A32、Cortex-A53、Cortex-A57、Cortex-A72 和 Cortex-A73。

如前所述,在这 8 个基本版本基础上,还有一些变体版本,这些变体版本类型的具体含义如表 3-1 所示。

表 3-1 ARM 变体版本

类型	含义
T	Thumb 指令集
M	长乘法指令
E	增强型 DSP 指令
J	Java 加速器 Jazelle
NEON	NEON 媒体加速技术
VFP	VFP 向量浮点技术
TrustZone	TrustZone 安全技术

基于 ARM 版本的处理器系列命名规则具体格式为:

```
ARM{x}{y}{z}{T}{D}{M}{I}{E}{J}{F}{-S};
```

(1) x——处理器系列;

(2) y——存储管理/保护单元;

(3) z——Cache 缓存;

(4) T——支持 Thumb 指令集;

(5) D——支持片上调试;

(6) M——支持快速乘法器;

(7) I——支持 embedded ICE,支持嵌入式跟踪调试;

(8) E——支持增强型 DSP 指令;

(9) J——支持 Jazelle;

(10) F——具备向量浮点单元 VFP;

(11) -S——可综合版本。

3.2.2 ARM 微处理器系列

ARM 处理器的产品系列非常广,包括 ARM7、ARM9、ARM9E、ARM10E、ARM11 和 SecurCore、Cortex 等。每个系列提供一套特定的性能来满足设计者对功耗、性能、体积的要求。其中 SecurCore 是单独的一个产品系列,它是专门为安全设备而设计的。表 3-2 中列出了一些常见的 ARM 系列处理器。

表 3-2 常见的 ARM 系列处理器

ARM 系列	包含类型
ARM7 系列	ARM7EJ-S、ARM7TDMI、ARM7TDMI-S、ARM720T
ARM9/9E 系列	ARM920T、ARM922T、ARM926EJ-S、ARM929T、ARM940T、ARM946E-S、ARM966E-S、ARM968E-S
向量浮点运算 (vector floating point)系列	VFP9-S、VFP10
ARM10E 系列	ARM1020E、ARM1022E、ARM1026EJ-S
ARM11 系列	ARM1136J-S、ARM1136JF-S、ARM1156T2 (F)-S、ARM1176JZ (F)-S、ARM11 MPCore
Cortex 系列	Cortex-A、Cortex-R、Cortex-M
SecurCore 系列	SC100、SC110、SC200、SC210

除此以外,还有其他厂商基于 ARM 体系架构来设计的处理器产品。

(1) Intel 公司的 XSCALE 系列。

(2) Freescale 公司的龙珠系列 i. MX 处理器。

(3) TI 公司的 DSP+ARM 处理器:OMAP、C5470、C5741。

(4) CirrusLogic 公司的 ARM 系列:EP7212、EP7312、EP9312 等。

(5) SamSung 公司的 ARM 系列:S3C44B0、S3C2410、S3C24A0 等。

(6) Atmel 公司的 AT91 系列微控制器:AT91M40800、AT91FR40162、AT91RM9200 等。

(7) Philips 公司的 ARM 微控制器:LPC2104、LPC2210、LPC3000 等。

这些基于 ARM 核的微处理器除了具有 ARM 体系架构的共同特点以外，每一个系列的 ARM 微处理器都有各自的特点和各自的应用领域。

3.2.3 常见的 ARM 系列微处理器

1. ARM7 系列微处理器

ARM7 内核采用了冯·诺伊曼体系结构，其数据和指令使用同一条总线。内核有一条 3 级流水线，执行 ARMv4 指令集。ARM7 系列处理器主要用于对功耗和成本要求比较苛刻的消费类产品。其最高主频可以达到 130 MIPS。

ARM7 系列包括 ARM7TDMI、ARM7TDMI-S、ARM7EJ-S 和 ARM720T 4 种类型，用于适应不同的市场需求。

ARM7 系列微处理器主要具有以下特点：

(1) 有成熟的大批量的 32 位 RICS 芯片；

(2) 最高主频达到 130 MIPS；

(3) 功耗低；

(4) 代码密度高，兼容 16 位微处理器；

(5) 开发工具多，EDA 仿真模型多；

(6) 调试机制完善；

(7) 提供 m0.25、m0.18 及 m0.13 的生产工艺；

(8) 支持的操作系统范围广，包括 Windows CE、Linux、μC/OS 等；

(9) 代码与 ARM9 系列、ARM9E 系列及 ARM10E 系列兼容。

ARM7 系列微处理器主要应用于下面一些场合：

(1) 个人音频设备(MP3 播放器、WMA 播放器、AAC 播放器)；

(2) 接入级的无线设备；

(3) 喷墨打印机；

(4) 个人消费类产品，如数码照相机、PDA 等。

2. ARM9 系列微处理器

ARM9 系列微处理器问世于 1997 年，采用了 5 级指令流水线，ARM9 处理器能够运行在比 ARM7 更高的时钟频率上，改善了处理器的整体性能；存储器系统根据哈佛体系结构(程序和数据空间独立的体系结构)重新设计，区分了数据总线和指令总线。

ARM9 系列的第一个处理器是 ARM920T，它包含独立的数据指令 Cache 和 MMU (memory management unit，存储器管理单元)。此处理器能够被用在要求有虚拟存储器支持的操作系统上。该系列中的 ARM922T 是 ARM920T 的变种，只有一半大小的数据指令 Cache。

ARM940T 包含一个更小的数据指令 Cache 和一个 MPU(micro processor unit，微处理器)。它是针对不要求运行操作系统的应用而设计的。ARM920T、ARM940T 都执行的是 v4T 架构指令。

ARM9 系列微处理器性能高、功耗低，具有以下特点：

(1) 5 级整数流水线，指令执行效率更高；

(2) 提供 1.1 MIPS/MHz 的哈佛结构；

(3) 支持32位ARM指令集和16位Thumb指令集;

(4) 支持32位的高速AMBA总线接口;

(5) 全性能的MMU,支持Windows CE、Linux、Palm OS等多种主流嵌入式操作系统;

(6) MPU支持实时操作系统;

(7) 支持数据Cache和指令Cache,具有更高的指令和数据处理能力。

ARM9系列处理器主要应用于下面一些场合:

(1) 无线设备,包括视频电话和PDA等;

(2) 数字消费品,包括机顶盒、家庭网关、MP3播放器和MPEG-4播放器;

(3) 成像设备,包括打印机、数码照相机和数码摄像机;

(4) 汽车、通信和信息系统。

3. ARM9E系列微处理器

ARM9系列的下一代处理器是基于ARM9E-S内核的,这个内核是ARM9内核带有E扩展的一个可综合版本,包括ARM946E-S和ARM966E-S两个变种。两者都执行v5TE架构指令。它们也支持可选的嵌入式跟踪宏单元,支持开发者实时跟踪处理器上指令和数据的执行。当调试对时间敏感的程序段时,这种方法非常重要。

ARM946E-S包括TCM(tightly coupled memory,紧耦合存储器)、Cache和一个MPU。TCM和Cache的大小可配置。该处理器是针对要求有确定的实时响应的嵌入式控制而设计的。ARM966E-S有可配置的TCM,但没有MPU和Cache扩展。

ARM9系列的ARM926EJ-S内核为可综合的处理器内核,发布于2000年。它是针对小型便携式Java设备,如3G手机和PDA而设计的。ARM926EJ S是第一个包含Jazelle技术,并且可加速Java字节码的执行的ARM处理器内核。它还有一个MMU、可配置的TCM及具有零或非零等待存储器的数据/指令Cache。

ARM9E系列处理器主要应用于下面一些场合:

(1) 无线设备,包括视频电话和PDA等;

(2) 数字消费品,包括机顶盒、家庭网关、MP3播放器和MPEG-4播放器;

(3) 成像设备,包括打印机、数码照相机和数码摄像机;

(4) 存储设备,包括DVD或HDD等;

(5) 工业控制,包括电机控制等;

(6) 汽车、通信和信息系统的ABS和车体控制;

(7) 网络设备,包括VoIP、WirelessLAN等。

4. ARM10E系列微处理器

ARM10E系列微处理器具有高性能、低功耗的特点,由于采用了新的体系结构,与同等的ARM9器件相比,在同样的时钟频率下,它的性能提高了近50%。同时,ARM10E系列微处理器采用了两种先进的节能方式,使其功耗极低。ARM10E系列微处理器包含ARM1020E、ARM1022E和ARM1026EJ-S 3种类型,适用于不同的应用场合。

ARM10E系列微处理器的主要特点如下:

(1) 支持DSP指令集,适合于需要高速数字信号处理的场合;

(2) 6级整数流水线,指令执行效率更高;

(3) 支持32位ARM指令集和16位Thumb指令集;

(4) 支持32位高速AMBA总线接口;

(5) 支持VFP10浮点处理协处理器;

(6) 全性能的MMU,支持WindowsCE、Linux和PalmOS等多种主流嵌入式操作系统;

(7) 支持数据Cache和指令Cache,具有更强的数据和指令处理能力;

(8) 主频最高可达400 MIPS;

(9) 内嵌并行读/写操作部件。

ARM10E系列微处理器主要应用于无线设备、数字消费品、成像设备、工业控制、通信和信息系统等领域。

5. ARM11系列微处理器

ARM11系列微处理器是ARM公司推出的新一代RISC处理器,它是ARM新指令架构ARMv6的第一代设计实现。ARMv6架构是根据下一代的消费类电子、无线设备、网络应用和汽车电子产品等需求而制定的,ARMv6指令包含了针对媒体处理的单指令流多数据流扩展,采用特殊的设计改善视频处理能力。该系列主要有ARM1136J,ARM1156T2和ARM1176JZ等内核型号,分别针对不同应用领域。

ARM1136J-S发布于2003年,是为满足用户对高性能和高能效应的需求而设计的。ARM1136J-S是第一个执行ARMv6架构指令的处理器。它集成了一条具有独立的Load/Stroe和算术流水线的8级流水线。ARMv6指令包含了针对媒体处理的单指令流多数据流扩展,采用特殊的设计改善了视频处理的能力。

ARM11系列的主要特点:

(1) 保持了所有过去架构中的T(Thumb指令)和E(DSP指令)扩展;

(2) 350 MHz~500 MHz时钟频率的内核,可上升到1 GHz时钟频率;

(3) 拥有更多的多媒体处理指令来加速视频和音频处理;

(4) 通过动态调整时钟频率和供应电压,调解性能和功耗间以满足某些特殊应用;

(5) 采用了易于综合的流水线结构;

(6) 采用新型存储器系统进一步提高操作系统的性能;

(7) 提供新指令来加速实时性能和中断响应。

ARM11的媒体处理能力和低功耗特点,特别适用于无线和消费类电子产品;其高数据吞吐量和高性能的结合非常适合网络处理应用;另外,在实时性能和浮点处理等方面ARM11也可以满足汽车电子应用的需求。

6. SecurCore系列微处理器

SecurCore系列微处理器专为安全需要而设计,提供了基于高性能的32位RISC技术的安全解决方案。SecurCore系列处理器除了具有体积小、功耗低、代码密度高等特点外,还具有它自己的特别优势,即提供了安全解决方案支持。SecurCore系列微处理器包含SecurCore SC100、SecurCore SC110、SecurCore SC200和SecurCore SC210等类型,适用于不同的应用场合。

SecurCore系列的主要特点:

(1) 支持ARM指令集和Thumb指令集,以提高代码密度和系统性能;

(2) 采用软内核技术以提供最大限度的灵活性,可以防止外部对其进行扫描探测;

(3) 提供安全特性,可以抵制攻击;

(4) 提供面向智能卡和低成本的存储保护单元 MPU;

(5) 可以集成用户自己的安全特性和其他的协处理器。

SecureCore 系列处理器主要应用于一些安全产品及应用系统,包括电子商务、电子银行业务、网络、移动媒体和认证系统等。

7. StrongARM 和 Xscale 系列微处理器

StrongARM 处理器最初是 ARM 公司与 Digital Semiconductor 公司合作开发的,现在由 Intel 公司单独许可生产,在低功耗、高性能的产品中应用很广泛。它采用哈佛架构,具有独立的数据和指令 Cache,有 MMU。StrongARM 是第一个包含 5 级流水线的高性能 ARM 处理器,但它不支持 Thumb 指令集。

Intel 公司的 Xscale 是 StrongARM 的后续产品,在性能上有显著改善。它执行 v5TE 架构指令,也采用哈佛结构,与 StrongARM 类似,也包含一个 MMU。Xscale 已经被 Intel 卖给了 Marvell 公司。

8. MPCore 系列微处理器

MPCore 系列微处理器在以 ARM11 为核心的基础上构建,其架构上仍属于 v6 指令体系。根据不同的需要,MPCore 可以被配置为 1～4 个处理器的组合方式,最高性能可达到 2600 DMIPS,运算能力几乎与 Pentium III 1 GHz 处于同一水准(Pentium III 1 GHz 的指令执行性能约为 2700 DMIPS)。多核心设计的优点是在频率不变的情况下能让处理器的性能获得明显提升,在多任务应用中表现尤其出色,这一点很适合未来家庭消费电子产品的需要。例如,机顶盒在录制多个频道电视节目的同时,还可通过互联网收看数字视频点播节目;车内导航系统在提供导航功能的同时,可以向后座乘客提供各类视频娱乐信息等。在这类应用环境下,多核心结构的嵌入式处理器将表现出极强的性能优势。

9. Cortex 系列微处理器

基于 ARMv7 架构的 ARM 处理器已经不再沿用过去的数字命名方式,而是冠以"Cortex"的代称。基于 v7A 的称为"Cortex-A 系列",基于 v7R 的称为"Cortex-R 系列",基于 v7M 的称为"Cortex-M3 系列"。

1) ARM Cortex-M3 微处理器

ARM Cortex-M3 处理器是为存储器和处理器的尺寸对产品成本影响极大的各种应用专门开发设计的。它整合了多种技术,减少了内存使用,并在极小的 RISC 内核上实现了低功耗和高性能,可实现由以往的代码向 32 位微控制器的快速移植。ARM Cortex-M3 处理器使用了门数最少的 ARM CPU,相对于过去的设计而言,大大减小了芯片面积,因此,人们可减小装置的体积或采用更低成本的工艺进行生产,仅 33 000 门的内核性能可达 1.2 DMIPS/MHz。此外,基本系统外设还具备高度集成化特点,集成了许多紧耦合系统外设,合理利用了芯片空间,使系统能满足下一代产品的控制需求。

ARM Cortex-M3 处理器结合了执行 Thumb-2 指令的 32 位哈佛微体系结构和系统外设,包括 Nested Vectored Interrupt Controller 和 Arbiter 总线。该技术方案在测试和实例应用中表现出较高的性能:在台机电 180 nm 工艺下,芯片性能达 1.2 DMIPS/MHz,时钟频率高达 100 MHz。Cortex-M3 处理器还实现了 Tail-Chaining(末尾连锁)中断技术。该技术是一项完全基于硬件的中断处理技术,最多可减少 12 个时钟周期数,在实际应用中可减少 70%的中断，并且推出了新的单线调试技术，避免使用多引脚进行 JTAG 调试，并全面支持 RealView 编译器和 RealView 调试产品。RealView 工具向设计者提供模拟、创建虚拟模型、编译软件，以及调试、验证和测试基于 ARMv7 架构的系统等功能，同时，Cortex-M3 中还集成了大部分存储器控制器，这样工程师可以直接在 MCU 外连接 Flash，降低了设计难度和应用障碍。

ARM Cortex-M3 处理器的技术特点：

(1) 能实现单周期 Flash 应用最优化；

(2) 准确快速地中断处理。永不超过 12 周期，仅 6 周期 Tail-Chaining；

(3) 有低功耗时钟门控(Clock Gating)的 3 种睡眠模式；

(4) 拥有单周期乘法和乘法累加指令；

(5) 拥有 ARM Thumb-2 混合的 16/32 位固有指令集，可以无模式转换；

(6) 拥有包括数据观察点和 Flash 补丁在内的高级调试功能；

(7) 原子位操作，在一个单一指令中读取/修改/编写；

(8) 内核性能可达 1.25 DMIPS/MHz。

2) ARM Cortex-R4 微处理器

Cortex-R4 处理器支持手机、硬盘、打印机及汽车电子设计，能协助新一代嵌入式产品快速执行各种复杂的控制算法与实时工作的运算，可通过内存保护单元(MPU，memory protection unit)、高速缓存和紧密耦合内存(TCM，tightly coupled memory)让处理器针对各种不同的嵌入式应用进行最佳调整，且不影响基本的 ARM 指令集的兼容性。这种设计能够在沿用原有程序代码的情况下，降低系统的成本与复杂度，同时其紧密耦合内存功能也能提供更小的规格及更高效率的整合，并带来快速的响应时间。

Cortex-R4 处理器采用 ARMv7 体系结构，让它能与现有的程序维持完全的回溯兼容性，能支持现今全球各地数十亿的系统，并已针对 Thumb-2 指令进行了最优化设计。此项特性带来了很多的利益，其中包括：更低的时钟速度所带来的省电效益；更高的性能将各种多功能特色带入移动电话与汽车产品的设计；更复杂的算法支持更高性能的数码影像系统。运用 Thumb-2 指令集，加上 RealView 开发套件，使芯片内部存储器的容量最多可降低 30%，大幅降低了系统成本，其速度比在其他处理器使用 Thumb 指令集时高出 40%。由于存储器在芯片中占用的空间愈来愈多，因此这项设计将大幅节省芯片容量，芯片制造商可运用这款处理器开发各种 SoC 器件。

相比于前几代的处理器，Cortex-R4 处理器高效率的设计方案，使其能以更低的时钟频率达到更高的性能；经过最优化设计的 Artisan Mctro 内存，可进一步降低嵌入式系统的体积与成本。处理器搭载一个先进的微架构，具备双指令发送功能，采用 90 nm 工艺并搭配 Artisan Advantage 程序库的组件，底面积不到 1 mm^2，耗电量最低可低于 0.27 mW/MHz，并能提供超过 600 DMIPS 的性能。Cortex-R4 处理器在各种安全应用上加入容错功能和内存保护机制，支持最新版 OSEK 实时操作系统，支持 RealView Develop 系列软件开发工具、RealView Create 系列 ESL 工具与模块，以及 Core Sight 除错与追踪技术，可协助设计者迅速开发出各种嵌入式系统。

3) ARM Cortex-A9 微处理器

ARM Cortex-A9 处理器是一款适用于复杂操作系统及用户应用的应用处理器，支持智能能源管理(IEM,intelligent energy manger)技术的 ARM Artisan 库及先进的泄漏控制技术,使得 Cortex-A9 处理器实现了非凡的速度和功耗效率。在 32 nm 工艺下,ARM Cortex-A9 Exynos 处理器的功耗大大降低,能够提供高性能和低功耗。它第一次为低费用、高容量的产品带来了台式机级别的性能。

Cortex-A9 处理器是第一款基于 ARMv7 多核架构的应用处理器,使用了能够带来更高性能、更低功耗和更高代码密度的 Thumb-2 技术。它首次采用了强大的 NEON 信号处理扩展集,加速了 H. 264 和 MP3 等媒体编解码。Cortex-A9 的解决方案还包括 Jazelle-RCT Java 加速技术,最大程度优化了实时编译(JIT)和动态调整编译(DAC),同时减少了内存占用空间,是原来的 1/3。该处理器配置了先进的超标量体系结构流水线,能够同时执行多条指令。处理器集成了一个可调尺寸的二级高速缓冲存储器,能够同 16 KB 或者 32 KB的一级高速缓冲存储器一起工作,从而达到最快的读取速度和最大的吞吐量。新处理器还配置了用于安全交易和数字版权管理的 Trust Zone 技术,以及实现低功耗管理的 IEM 功能。

Cortex-A9 处理器使用了先进的分支预测技术,并且通过专用的 NEON 整型和浮点型流水线来进行媒体和信号处理。

Cortex-A9 时代,三星一共发布了两代产品:第一代是 Galaxy SII 和 MX 采用的 Exynos 4210;第二代有两款,一款是双核的 Exynos 4212,一款是四核的 Exynos 4412。第一代产品采用的是 45 nm 工艺制造,由于三星的 45 nm 工艺在业内是比较落后的,虽然通过种种手段将 Exynos 4210 的频率提升到了 1. 4 GHz,但这么做的代价也是非常明显的——功耗激增(这点在 MX 上我们也看到了)。总体而言,Exynos 4212 和 Exynos 4412 在架构上和 Exynos 4210 并没有区别,大体上的硬件配置也是一样的,最大的区别就在于 Exynos 4212/4412 采用了三星最新的 32 nmHKMG 工艺。

3.3 ARM 微处理器的工作模式和寄存器组

3.3.1 ARM 的工作状态

从编程的角度看,ARM 微处理器的工作状态一般有两种,并可在两种状态之间切换。

(1) ARM 状态:此时处理器执行 32 位的字对齐的 ARM 指令。

(2) Thumb 状态:此时处理器执行 16 位的半字对齐的 Thumb 指令。

当 ARM 微处理器执行 32 位的 ARM 指令集时,工作在 ARM 状态;当 ARM 微处理器执行 16 位的 Thumb 指令集时,工作在 Thumb 状态。在程序的执行过程中,微处理器可以随时在两种工作状态之间切换,并且处理器工作状态的转变并不影响处理器的工作模式和相应寄存器中的内容。

ARM 指令集和 Thumb 指令集均有切换处理器状态的指令(BX),并可在两种工作状态之间切换,但 ARM 微处理器在初始化开始执行代码时应处于 ARM 状态。

1. 进入 Thumb 状态

对于“BX Rm”指令,当操作数寄存器的状态位即 Rm[0]为“1”时,可以采用执行“BX

Rm”指令的方法，使微处理器从 ARM 状态切换到 Thumb 状态（执行该指令能够将 Rm[0]位传送给 CPSR[T]位）。例如，BX Rm 指令的 Rm[0]值为“1”，执行时实现 ARM 处理器从 ARM 状态切换到 Thumb 状态（即使得 CPSR[T]位置 1）。当处理器处于 Thumb 状态时，若发生异常（如 IRQ、FIQ、Undef、Abort、SWI 等），则异常处理返回时，自动切换到 Thumb 状态。

2. 切换到 ARM 状态

对于 BX Rm 指令，当操作数寄存器的状态位即 Rm[0]为“0”时，执行 BX Rm 指令时可以使 ARM 微处理器从 Thumb 状态切换到 ARM 状态。例如，BX Rm 指令的 Rm[0]值为 0，执行时实现 ARM 处理器从 Thumb 状态切换到 ARM 状态（即使得 CPSR[T]位置 0）。

在处理器进行异常处理时，把 PC 指针放入异常模式链接寄存器中，从异常向量地址开始执行程序，也可以使处理器切换到 ARM 状态。

3.3.2 ARM 的运行模式

ARM 微处理器支持 7 种运行模式，由 ARM 处理器中的 CPSR（current program status register，当前程序状态寄存器）的低 5 位 CPSR[4:0]定义，7 种运行模式分别如下。

（1）用户模式 User(USR)：ARM 处理器正常的程序执行模式。

（2）系统模式 System(SYS)：运行具有特权的操作系统任务。

（3）快速中断模式 Fast interrupt request(FIQ)：用于高速数据传输或通道处理。

（4）外部中断模式 Interrupt request(IRQ)：用于通用的中断处理。

（5）管理模式 Supervisor(SVC)：操作系统使用的保护模式，处理软件中断(SWI)。

（6）数据访问中止模式 Abort(ABT)：用于虚拟存储及存储保护。

（7）未定义指令中止模式 Undefined(UND)：当出现未定义指令执行（中止）时进入该模式，可用于支持硬件协处理器的软件仿真。

ARM 微处理器的运行模式可以通过软件改变，也可以通过外部中断或异常处理改变。

1. 用户模式(USR)和特权模式

用户模式：大多数的用户程序运行在用户模式下，此时，应用程序不能够访问一些受操作系统保护的系统资源，应用程序也不能直接进行处理器模式的切换。在用户模式下，当需要进行处理器模式切换时，应用程序可以产生异常，在异常处理过程中进行处理器模式的切换。

特权模式：除了用户模式之外的其他 6 种处理器模式称为特权模式（privileged modes）。在特权模式下，程序可以访问所有的系统资源，也可以任意地进行处理器模式的切换。改变处理器工作模式的方法是用指令将特定的位序列写入到 CPSR 的 M[4:0]字段中。在特权模式中，除系统模式(SYS)外，其他 5 种模式又称为异常模式（exception modes），常用于处理中断或异常及访问受保护的系统资源等。

2. 运行模式的切换

ARM 处理器的运行模式可以通过软件进行切换，也可以通过外部中断或者异常处理过程进行切换。

在用户模式下切换模式，当应用程序发生异常中断时，处理器进入相应的异常模式。此时，处理器自动改变 CPSR 的工作模式标志字段 M[4:0]的值。在每一种异常模式下都有一组寄存器,供相应的异常处理程序使用,这样就可以保证在进入异常模式时,用户模式下的寄存器内容不被破坏。

系统模式(SYS)并不是通过异常进入的,它和用户模式具有完全一样的寄存器,但是系统模式属于特权模式,可以访问所有的系统资源,也可以直接进行处理器模式的切换。它主要供操作系统的任务使用。通常操作系统的任务需要访问所有的系统资源,同时该任务仍然使用的是用户模式的寄存器组,而不是异常模式下相应的寄存器组,这样可以保证当异常中断发生时任务状态不被破坏。

异常模式主要用于处理中断和异常。当应用程序发生异常中断时,处理器进入相应的异常模式,每种异常模式都有一组独立的寄存器,供相应的异常处理程序使用。异常模式之间的切换可以通过异常中断优先级来确定异常模式是否可以嵌套。

3. 模式使用说明

SVC 模式是操作系统内核代码运行的模式,USR 模式通常是用户代码运行的模式。处理器一旦进入 USR 模式,必须通过 SWI 异常中断才能进入 SVC 模式调用内核代码的接口,但是,在没有 MMU 进行内存保护的场合,USR 模式也能够访问到 SVC 模式的内存空间,因此,使用 USR 模式隔离用户级代码没有意义。

IRQ 和 FIQ 模式是处理器收到中断信号后强制进入的模式,用于中断处理。SYS 模式用于嵌套中断处理。ABT 和 UND 模式是真正意义上的“异常”,一旦出现就要进入对应的异常中断服务子程序,然后进行处理。

3.3.3 ARM 的寄存器组

ARM 微处理器共有 37 个寄存器。其中包括:31 个 32 位的通用寄存器,6 个 32 位的状态寄存器,但目前只使用了其中的 12 个。通用寄存器可以保存数据信息和地址信息。它们用字母 R 为前缀,加该寄存器序号来表示。例如,通用寄存器 2 可以表示为 R2。

用户并不能在同一时间内对 37 个寄存器进行访问。处理器工作状态和模式决定了用户能够访问的寄存器。ARM 处理器共有 7 种不同的处理器工作模式和两种工作状态,每一种模式和状态都对应了一个寄存器组。除了 16 个通用寄存器(R0~R15)、一个或两个状态寄存器及程序计数器可以在任意时间和任意处理器模式下被访问外,有些处理器模式还拥有自身独立的寄存器。图 3-2 所示为 ARM 处理器各种工作模式下可访问的寄存器。

Thumb 状态下的寄存器集是 ARM 状态下寄存器集的子集。程序员可以直接访问 PC(R15)、SP(R13)、LR(R14)、CPSR 和 8 个通用寄存器(R0~R7)。每种特权模式都有一组 SP、LR 和 SPSR。

1. 通用寄存器

通用寄存器可以分为以下 3 类:

(1) 未分组寄存器:包括 R0~R7;

(2) 分组寄存器:包括 R8~R14;

(3) 程序计数器 PC:即 R15。

1) 未分组寄存器

未分组寄存器包括 R0~R7。对于每一个未分组寄存器来说,在所有的处理器模式下指的都是同一个物理寄存器。在异常中断造成处理器模式切换时,由于不同处理器模式都使用相同的物理寄存器，因此可能造成寄存器数据的破坏。未分组寄存器没有被系统用于特别的用途，因此，任何处理器模式下都可以使用未分组寄存器。

图 3-2 各种工作模式下的可访问的寄存器

2) 分组寄存器

R8～R14 是分组寄存器，它们可以分为两组：一组为分组寄存器 R8～R12；另一组为分组寄存器 R13、R14。

对于分组寄存器 R8～R12 来说，每个寄存器对应两组不同的物理寄存器。一组是快速中断模式 FIQ 下的分组寄存器 R8～R12，寄存器分别记作 R8_fiq～R12_fiq。在 FIQ 模式下使用 R8_fiq～R12_fiq 处理程序，可以不必保存和恢复中断现场，从而使 FIQ 中断处理更加快速。另一组是除 FIQ 模式以外的其他分组寄存器 R8_usr～R12_usr。

分组寄存器 R13、R14 都分别对应了 6 个不同的物理寄存器，其中用户模式和系统模式共用一个寄存器，另外的 5 个物理寄存器对应于其余 5 种处理器模式。在异常模式下访问 R13、R14 时，需特别指定某种模式下的某个寄存器。R13、R14 使用模式区分如下：

(1) R13_<mode>

(2) R14_<mode>

其中，<mode>可以是以下几种模式之一：USR、SVC、ABT、UND、IRQ 和 FRQ。

寄存器 R13 通常被称为堆栈指针(SP，stack pointer)。在 ARM 指令集中，习惯于没有任何指令强制性地使用 R13 作为堆栈指针，用户也可以定义其他寄存器为堆栈指针。每一种异常模式都拥有自身的 R13 物理寄存器。使用时，应用程序初始化 R13，使其指向该异常模式专用的栈地址。当进入异常模式时,程序可以将需要使用的其他寄存器的值保存在R13所指的堆栈中。当退出程序异常模式时,将保存在R13所指的堆栈中的寄存器值弹出,这样便使得异常处理程序保存了中断处理程序的运行现场。

寄存器R14又被称为链接寄存器(LR,link register)。当通过BL或BLX指令调用子程序时,R14被设置成该子程序的返回地址。在子程序中,当把R14的值复制到程序计数器PC中时,子程序即返回,执行下面任何一条指令:

```
MOV PC,LR
BX LR
```

R14还用于异常处理的返回。当异常中断发生时,R14被设置成该异常模式将要返回的地址,但对于某些异常模式,R14的值可能与将返回的地址相比有一个常数的偏移量。当然,在其他状态下,R14也可以作为通用寄存器使用。

3) 程序计数器

程序计数器R15又被称为PC。它虽然可以作为一般的通用寄存器使用,但是有一些指令在使用R15时有一定的特殊性。程序执行时,R15值的改变会影响程序执行的顺序,这可能会导致程序执行出现不可预料的结果。

由于ARM采用了多级流水线技术,当正常读取PC值时,该值为当前指令地址值加8个字节。也就是说,对于ARM指令集来说,PC指向当前指令的下两条指令地址。需要注意的是,当使用指令STR/STM保存R15时,可能保存的是当前指令地址值加8个字节,也可能保存的是当前指令地址值加12个字节。具体是哪一种方式,主要取决于ARM核采用的是几级流水线结构。对于3级流水线,PC保存的是当前指令加8个字节;对于5级流水线,PC保存的是当前指令加12个字节,但无论是哪种方式,所有指令都应该是统一的,即所有当前指令地址都加8个字节,或所有当前指令地址都加12个字节,不能有一些指令地址加8个字节,而另一些指令地址加12个字节。

有些指令对于R15的用法有一些特殊的要求,比如,指令BX利用bit[0]位来确定是ARM状态还是Thumb状态。

2. 程序状态寄存器

在所有处理器模式下,都可以访问当前程序状态寄存器CPSR。当前程序状态寄存器CPSR包含条件码标志、中断禁止位、当前处理器模式及其他状态和控制信息。

每种异常模式都有一个程序状态保存寄存器SPSR(saved program status register)。当异常中断发生时,SPSR用于保存当前程序状态寄存器CPSR的状态。在异常中断退出时,可以用SPSR中保存的值来恢复CPSR。用户模式和系统模式不属于异常中断模式,因此它们没有相应的SPSR。当在用户模式和系统模式下强行访问SPSR时,会产生不可预知的后果。

CPSR和SPSR的格式如图3-3所示。

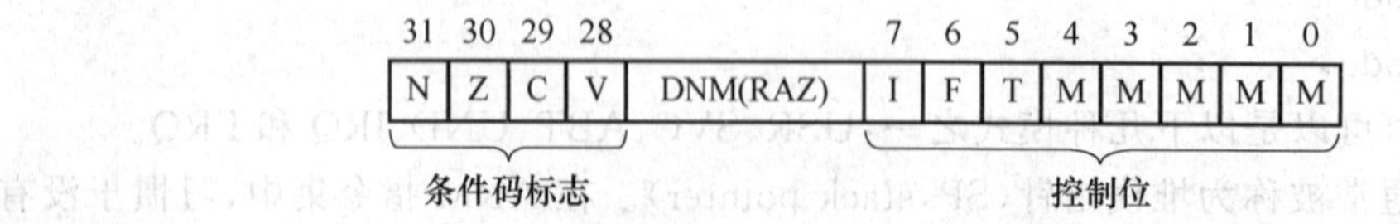

图3-3 程序状态寄存器

1）条件码标志

N(negative)、Z(zero)、C(carry)、V(overflow)位称为条件码标志(condition code flag)，经常以标志(flag)引用。CPSR中的条件码标志可由大多数指令检测以决定指令是否执行。

大多数数值处理指令可以选择是否修改条件代码标志。一般地，如果指令带“S”后缀，则指令会修改条件代码标志，但是有一些指令总是改变条件代码标志。

条件代码标志N、Z、C和V位可以通过算术和逻辑操作来设置，还可以通过MSR和LDM指令进行设置。ARM处理器对这些位进行测试以决定指令是否执行。

各标志位的含义如下。

(1) N：运算结果的bit[31]位值。对于有符号的二进制补码，结果为负数时，N=1；结果为正数或零时，N=0。

(2) Z：指令结果为0时，Z=1(通常表示比较结果“相等”)；否则，Z=0。

(3) C：使用加法运算(包括CMN指令)，bit[31]位产生进位时，C=1；否则，C=0。使用减法运算(包括比较指令CMP)，当运算中发生了借位时，则C=0；否则，C=1。对于结合移位操作的非加法/减法指令，C为bit[31]位最后的移出值。对于其他指令，C通常不变。

(4) V：使用加法/减法运算，当有符号溢出时，V=1；否则，V=0。对于其他指令，V通常不变。

在ARM状态下，所有指令都可按照条件来执行。在Thumb状态中，只有跳转指令可条件执行。

2）控制位

最低8位I、F、T、M[4:0]位用作控制位。当异常出现时，改变控制位；当处理器在特权模式下时，也可以由软件改变。

(1) 中断禁止位：I=1，则禁止IRQ中断；F=1，则禁止FIQ中断；

(2) T位：T=0，指示处于ARM状态执行；T=1，指示处于Thumb状态执行。在这些体系结构系统中，可自由地使用能在ARM和Thumb状态间切换的指令；

(3) 模式位：M0、M1、M2、M3和M4是模式位。这些位决定了处理器的工作模式。

3）其他位

CPSR中的其他位用于将来ARM版本的扩展。应用软件不要操作这些位，以免发生版本冲突。

3.4 ARM微处理器的数据类型

3.4.1 基本数据类型

大多数ARM处理器都是32位架构的，支持的基本数据类型有以下几种。

(1) Byte：字节，8 bit。

(2) Halfword：半字，16 bit。

(3) Word：字，32 bit。

ARM系统结构v4以上的版本支持以上3种数据类型，v4以前的版本仅支持字节和字。

存储器可以看作是序号为 $0 \sim 2^{32}-1$ 的线性字节阵列。图 3-4 为 ARM 数据存储的组织结构，其中每个字节都有唯一的地址。字节可以占用任一位置，如图中的字节 1 到字节 4。其中，字需要 4 字节边界对齐，长度为 1 个字的数据项占用一组 4 字节的位置，该位置开始于 4 的倍数的字节地址（地址最末两位为 00）。半字需要 2 字节边界对齐，半字占有两个字节的位置，该位置开始于偶数字节地址（地址最末一位为 0）。

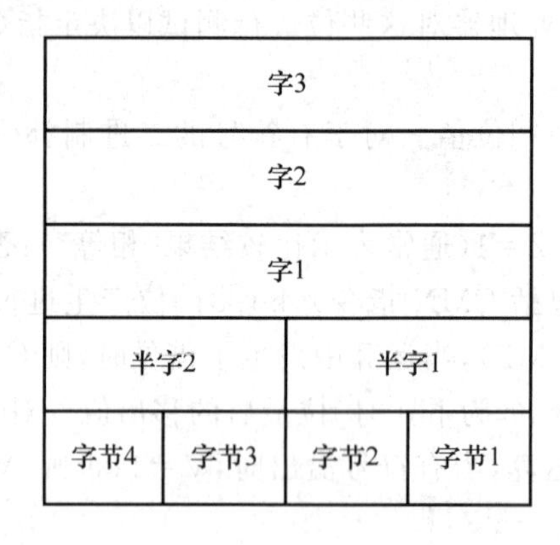

图 3-4 ARM 数据存储结构

由于字节、字和半字都可以分为带符号（signed）和不带符号（unsigned）两种，所以就形成了带符号字节、不带符号字节、带符号半字、不带符号半字、带符号字和不带符号字共 6 种数据类型。

当将这些数据类型中的任意一种声明成 unsigned 类型时，n 位数据值表示范围为 $0 \sim 2^n-1$ 的非负数，通常使用二进制格式。当将这些数据类型的任意一种声明成 signed 类型时，n 位数据值表示范围为 $-2^{n-1} \sim 2^{n-1}-1$ 的整数，使用二进制的补码格式。

所有数据类型指令的操作数都是字类型的，如“ADD r1，r0，#0x1”中的操作数“0x1”就是以字类型数据处理的。Load/Store 数据传输指令可以从存储器存取传输数据，这些数据可以是字节、半字、字。加载时自动进行字节或半字的零扩展或符号扩展。其对应的指令分别为 LDR/BSTRB（字节操作）、LDRH/STRH（半字操作）和 LDR/STR（字操作）。

3.4.2 浮点数据类型

浮点运算使用在 ARM 硬件指令集中未定义的数据类型。尽管如此，ARM 公司在协处理器指令空间定义了一系列浮点指令。通常这些指令全部可以通过未定义指令异常（此异常收集所有硬件协处理器不接受的协处理器指令）在软件中实现，但是其中的一小部分也可以由浮点运算协处理器以硬件的方式实现。另外，ARM 公司还提供了用 C 语言编写的浮点库作为 ARM 浮点指令集的替代方法（Thumb 代码只能使用浮点指令集）。该库支持 IEEE 标准的单精度和双精度格式。C 编译器有一个关键标志来选择这个历程。它产生的代码与软件仿真（通过避免中断、译码和浮点指令仿真）相比，既快又紧凑。

此外，在 ARM 处理器所对应的编译器中通常还支持如表 3-3 所示的一些数据类型，我们可以看到它们都是以字节为最小单位的。

表 3-3　ARM 处理器的编译器支持的数据类型

数据类型	位数	字节数	对齐方式
字符型(Char)	8	1	字节对齐
短长整形(Short)	16	2	半字对齐
整形(Int)	32	4	字对齐
长整型(Long)	32	4	字对齐
长长整型(Long long)	64	4	字对齐
浮点型(Float)	32	4	字对齐
双精度浮点型(Double)	64	4	字对齐
长精度浮点型(Long Double)	64	4	字对齐
指针类型(Pointer)	32	4	字对齐

3.4.3　存储器格式

内存可寻址的最小存储单位是字节。多字节数存放在内存中时存在字节顺序的问题，即高位字节在前还是低位字节在前？不同的处理器采取的字节顺序可能不一样，Motorola 的 Power PC 系列 CPU 和 Intel 的 x86 系列 CPU 是两个不同字节顺序的典型代表。在 Power PC 系列中，低地址存放最高有效字节，即用大端格式(big-endian)方式；在 x86 系列中，低地址存放最低有效字节，即用小端格式(little-endian)方式。

ARM 支持大端格式和小端格式两种存储器格式。在大端格式中，ARM 处理器将最高位的字节保存在最低地址，将最低位的字节保存在最高地址；在小端格式存储系统中，一个字当中最低地址的字节被看作是最低位字节，最高地址的字节被看作是最高位字节。如图 3-5 所示，对于一个 16 进制 4 字节数 0x12345678，其最高有效字节是 0x12，最低有效字节是 0x78，存储的起始地址是 0。在大端格式存储方式下，最高有效字节 0x12 存放在最低地址 00 处，而在小端格式存储方式下，最低地址处存放的是最低有效字节 0x78。

字节地址	00	01	02	03
字节	0x12	0x34	0x56	0x78

(a) 大端格式字节序的字节存储方式

字节地址	00	01	02	03
字节	0x78	0x56	0x34	0x12

(b) 小端格式字节序的字节存储方式

图 3-5　两种存储器格式

在嵌入式系统开发中，字节序的差异可能会带来软件兼容性的问题，因此，需要我们特别注意。在很多嵌入式处理中，大端格式和小端格式两种模式都可以支持，我们需要对处理器设置相应的工作模式。

3.5 ARM 微处理器的寻址方式

寻址方式就是处理器根据指令中给出的地址信息来寻找物理地址的方式。目前，ARM 指令系统支持 8 种常见的寻址方式。

3.5.1 立即寻址

立即寻址也称为立即数寻址，是一种特殊的寻址方式，操作数本身已在指令中给出，只要取出指令也就取到了操作数。该操作数被称为立即数，对应的寻址方式称作立即寻址。立即数并不是随意大小的数字，它们需要满足一定的规则：必须是能够由一个 8 位的数字通过偶数位的移位得到的。这一点是由 ARM 指令本身是 32 位的决定的。在一条 32 位的指令中，无法放置位数过多的数作为操作数。如果操作数不满足上述规则，则可以在数字前添加"="号，告诉编译器需要编译成多句语句，当然，那样就不是立即数寻址的方式了。

下面是立即寻址的示例代码：

```
SUBS R0,R0,#1        ;R0 减 1,结果放入 R0,并且影响标志位
MOV R0,#0xFF000      ;将立即数 0xFF000 装入 R0 寄存器
```

在以上两条指令中，第二个源操作数为立即数，要求以"#"为前缀。

3.5.2 寄存器寻址

寄存器寻址就是利用寄存器中的数值作为操作数。这种寻址方式是各类微处理器经常采用的一种方式，也是一种执行效率较高的寻址方式。

下面是寄存器寻址的示例代码：

```
MOV R1,R2            ;读取 R2 的值送到 R1
MOV R0,R0            ;R0 = R0,相当于无操作
SUB R0,R1,R2         ;R0←R1 - R2,R1 的值减去 R2 的值,结果保存到 R0
ADD R0,R1,R2         ;R0←R1 + R2,将两个寄存器(R1 和 R2)的内容相加的结果放入第 3
                      个寄存器 R0 中
```

最后一条指令必须注意操作数的书写顺序：第一个是结果寄存器，然后是第一操作数寄存器，最后才是第二操作数寄存器。

3.5.3 寄存器间接寻址

寄存器间接寻址就是以寄存器中的值作为操作数的地址，而将操作数本身存放在存储器中。

下面是寄存器间接寻址的示例代码：

```
ADD R0,R1,[R2]        ;R0←R1 + [R2]
LDR R3,[R4]           ;R3←[R4]
STR R5,[R6]           ;[R6]←R5
SWP R1,R1,[R2]        ;将寄存器 R1 的值与 R2 指定的存储单元的内容交换
```

在第 1 条指令中,以寄存器 R2 的值作为地址,在存储器中取得一个 32 位的操作数后与 R1 中的数值相加,将结果存入寄存器 R0 中。第 2 条指令将以 R4 的值为地址的存储器中的数据传送到 R3 中。第 3 条指令将 R5 的值传送到以 R6 的值为地址的存储器中。LDR 和 STR 指令是能够访问存储器的指令(当然它们的扩展指令如 LDMIA 等也可以)。第 2、3 条语句是非常典型的读写寄存器、存储器的方式。

在第 4 条语句中涉及了 SWP 指令的交换操作,其操作流程如图 3-6 所示,可以分为普通操作及当 Rm 和 Rd 相等时的操作两种。

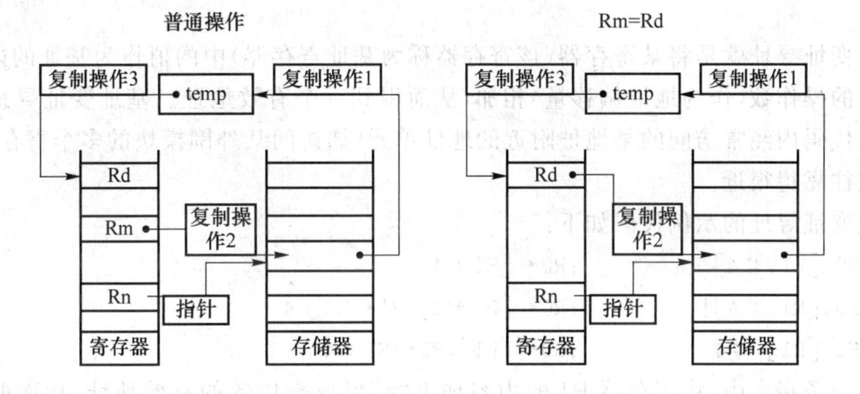

图 3-6 SWP 指令的交换操作流程

3.5.4 寄存器偏移寻址

寄存器偏移寻址是 ARM 指令集特有的寻址方式。当第二操作数是寄存器偏移方式时,第二个寄存器操作数在与第一操作数结合之前,选择进行移位操作。其可以采用的移位操作包括 LSL、LSR、ASR、ROR 和 RRX 这 5 种,对应的操作流程如图 3-7 所示。

(1) LSL(logical shift left):逻辑左移,低端空出位补 0。

(2) LSR(logical shift right):逻辑右移,高端空出位补 0。

(3) ASR(arithmetic shift right):算术右移,移位过程中保持符号位不变,即若源操作数为正数,则字的高端空出位补 0;否则补 1。

(4) ROR(rotate right):循环右移,由字低端移出的位填入字高端空出的位。

(5) RRX(rotate right extended):带扩展的循环右移,操作数右移 1 位,高端空出的位用原 C 标志值填充。如果指定后缀"S",则将 Rm 原值的位[0]移到进位标志。

寄存器偏移寻址的示例代码如下:

```
MOV R0,R2,LSL #3          ;R2 的值左移 3 位,结果放入 R0,即 R0 = R2×8
ANDS R1,R1,R2,LSL R3      ;R2 的值左移 R3 位,然后与 R1 相"与",结果放入 R1,并且
                          影响标志位
```

```
SUB R11,R12,R3,ASR #5    ;R12 - R3 ÷ 32,然后存入 R11
```

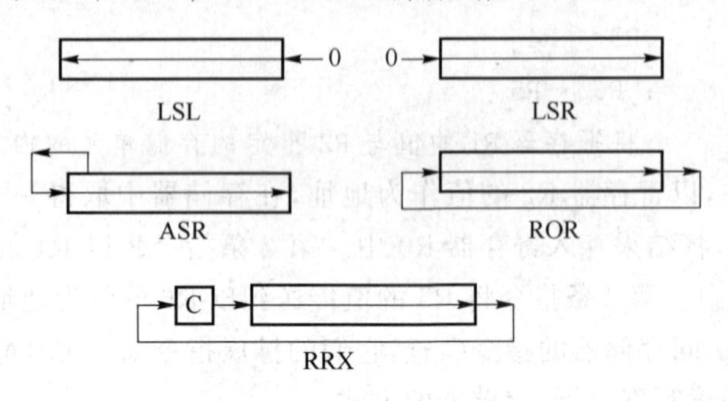

图 3-7　移位操作及其对应的流程

3.5.5　基址变址寻址

基址变址寻址就是将某寄存器(该寄存器称为基址寄存器)中的值作为基址的内容与指令中给出的操作数(作为地址偏移量)相加,从而得到一个有效地址。基址变址寻址方式常用于一段代码内经常访问的某地址附近的地址单元,如访问某外围模块的多个寄存器,它们的地址往往靠得很近。

基址变址寻址的示例代码如下:

```
LDR R0,[R1,#4]          ;R0←[R1 + 4]
LDR R0,[R1,#4]!         ;R0←[R1 + 4],R1←R1 + 4
LDR R0,[R1],#4          ;R0←[R1],R1←R1 + 4
```

在第一条指令中,将寄存器 R1 的内容加上"4"形成操作数的有效地址,从而取得操作数存入寄存器 R0 中。在第二条指令中,将寄存器 R1 的内容加上"4"形成操作数的有效地址,从而取得操作数并存入寄存器 R0 中,然后,R1 的内容自增 4。请注意这里的"!"的用法,它表示操作完成后刷新"!"号前的寄存器的数值。在第三条指令中,以寄存器 R1 的内容作为操作数的有效地址,从而取得操作数并存入寄存器 R0 中,然后,R1 的内容自增 4。

3.5.6　多寄存器寻址

多寄存器寻址往往用在连续地址的内容拷贝中,一条指令可以完成多个寄存器值的传送,最多可以传送 16 个通用寄存器的值。

多寄存器寻址的示例代码如下:

```
LDMIA R10,{R0,R1,R4};R0←[R10],R1←[R10 + 4],R4←[R10 + 8]
```

该指令的后缀"IA"(increase after)表示在每次执行完加载/存储操作后,R10 按字长度增加,因此,指令可将连续存储单元的值传送到 R0,R1,R4。类似于"IA"的其他后缀还有"IB"(increase before)、"DA"(decrease after)和"DB"(decrease before)。"I"和"D"的区别在于每次基址寄存器是增加 4 还是减少 4,而"A"和"B"的区别是先取/装载值还是先改变基址寄存器值。不同后缀导致的寄存器内容的区别如图 3-8 所示。

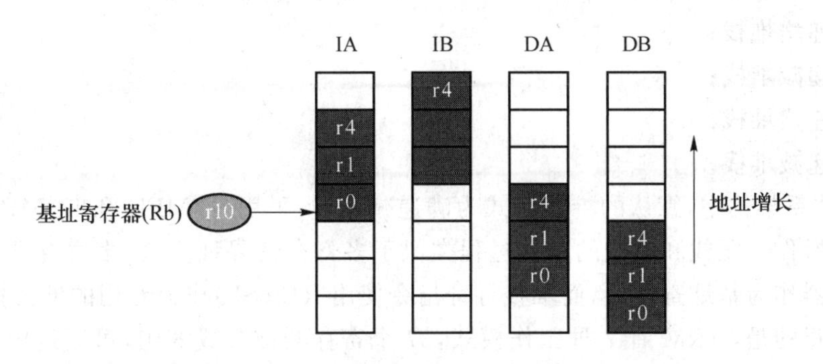

图 3-8 不同后缀导致的寄存器内容的区别

需要注意的是,多寄存器指令的执行顺序与寄存器列表次序无关,而与寄存器的序号保持一致,如下示例所示,其中,寄存器列表{R0,R2,R5}与{R2,R0,R5}等效。

```
LDMIA R1!,{R2～R7,R12}    ;将 R1 指向的单元中的数据读出到 R2～R7、R12 中,然后 R1
                          自动增加
STMIA R0!,{R2～R7,R12}    ;将寄存器 R2～R7、R12 的值保存到 R0 指向的存储单元中,
                          然后 R0 自动增加
LDMIA R1!,{R0,R2,R5}      ;R0←[R1],R2←[R1 + 4],R5←[R1 + 8],R1 保持自动增值
```

3.5.7 相对寻址

与基址变址寻址方式类似,相对寻址以程序计数器 PC 的当前值为基地址,以指令中的地址标号作为偏移量,两者相加之后得到操作数的有效地址。

相对寻址的示例代码如下,它完成了子程序的调用和返回,跳转指令 BL 采用了相对寻址方式。

```
BL NEXT                   ;跳转到子程序 NEXT 处执行
……
NEXT                      ;注意该名称应该顶格写,表示这是一个地址
……
MOV PC,LR                 ;从子程序返回
```

3.5.8 堆栈寻址

堆和栈其实是两种数据结构,只是人们一般习惯性地称栈为堆栈。栈是一种数据结构,它本质上是内存中一段连续的地址,对其最常见的操作为“压栈”(push)和“出栈”(pop),用于临时保存一些数据。栈按先进后出(FILO,first in last out)的方式工作,使用一个被称为堆栈指针(stack point)的专用寄存器来指示当前的操作位置,堆栈指针总是指向栈顶。

对于栈的分类,可以从两个层面来进行。当堆栈指针指向最后压入堆栈的数据时,称为满堆栈(full stack);而当堆栈指针指向下一个将要放入数据的空位置时,称为空堆栈(empty stack)。另外,压栈后地址增长的,称为递增堆栈(ascending stack);反之,称为递减堆栈(decending stack)。这样,就有了 4 种类型的堆栈工作方式,ARM 微处理器支持以下 4 种类型的堆栈工作方式:

(1) 满递增堆栈；

(2) 满递减堆栈；

(3) 空递增堆栈；

(4) 空递减堆栈。

ARM 体系架构中，默认的堆栈格式为满递减堆栈，采用 STMFD 和 LDMFD 对其进行压栈和出栈操作。压栈和出栈的具体过程类似于多寄存器寻址方式，多寄存器寻址使用一个通用寄存器作为基址寄存器，而堆栈寻址指令使用 R13(SP)作为专用的堆栈指针。

值得注意的是，ARM 有 7 种工作模式，37 个寄存器被分成 6 组，可通过内核或者软件来切换 ARM 的工作状态。在这种切换过程中，需要有保护现场、恢复现场的功能，通用寄存器可以供各个模式共同使用，而保护现场、恢复现场则是通过堆栈指令来实现的。

堆栈寻址的示例代码如下：

```
STMFD SP!,{R1～R7,LR}   ;将 R1～R7、LR 入栈(push),满递减堆栈
LDMFD SP!,{R1～R7,LR}   ;数据出栈(pop),放入 R1～R7、LR,满递减堆栈
```

3.6 ARM 微处理器指令集

ARM 微处理器的指令结构在较新的体系结构中支持两种指令集：ARM 指令集和 Thumb 指令集。其中，ARM 指令为 32 位的长度，Thumb 指令为 16 位的长度。Thumb 指令集为 ARM 指令集的功能子集，但与等价的 ARM 代码相比较，它可节省 30%～40%的存储空间，同时还具备 32 位代码所有的优点。

3.6.1 ARM 指令格式

数据处理指令的一般编码格式如图 3-9 所示。

31～28	27～25	24～21	20	19～16	15～12	11～0
cond		opcode	S	Rn	Rd	op2

图 3-9 ARM 指令编码格式

1. ARM 指令的助记符

ARM 指令在汇编程序中用助记符表示。一般 ARM 指令的助记符格式为：

< opcode > {< cond >} {S} < Rd >, < Rn >, < op2 >

(1) < opcode >：操作码，如 ADD 表示算术加操作指令。

(2) {< cond >}：决定指令执行的条件域。

(3) {S}：决定指令的执行是否影响 CPSR 寄存器的值。

(4) < Rd >：目的寄存器。

(5) < Rn >：第一个操作数，为寄存器。

(6) < op2 >：第二个操作数。

2. 指令的条件域

当处理器工作在 ARM 状态时，几乎所有的指令均根据 CPSR 中条件码的状态和指令的条件域有条件地执行着。当指令的执行条件满足时，指令被执行，否则指令被忽略。

每一条 ARM 指令包含 4 位的条件码，位于指令的最高 4 位[31:28]。ARM 指令的条件码共有 16 种类型，如表 3-4 所示。每种条件码可用两个字符表示，这两个字符可以添加在指令助记符的后面与指令同时使用。例如，跳转指令 B 可以加上后缀“EQ”变为“BEQ”表示“相等则跳转”，即当 CPSR 中的 Z 标志置位时则发生跳转。在 16 种条件标志码中，只有 15 种可以使用，第 16 种(1111)为系统保留，暂时不能使用。

表 3-4　指令的条件码

条件码(cond)	条件码助记符	标志	含义
0000	EQ	Z=1	相等
0001	NE	Z=0	不相等
0010	CS/HS	C=1	无符号数大于或等于
0011	CC/LO	C=0	无符号数小于
0100	MI	N=1	负数
0101	PL	N=0	正数或零
0110	VS	V=1	溢出
0111	VC	V=0	没有溢出
1000	HI	C=1 或 Z=0	无符号数大于
1001	LS	C=0 或 Z=1	无符号数小于或等于
1010	GE	N=1 且 V=1 或 N=0 其 V=0	带符号数大于或等于
1011	LT	N=1 且 V=0 或 N=0 且 V=1	带符号数小于
1100	GT	Z=0 且 N=V	带符号数大于
1101	LE	Z=1 或 N! =V	带符号数小于或等于
1110	AL		无条件执行
1111	NV		未定义

3.6.2 ARM 指令集

ARM 微处理器的指令集是加载/存储型的，指令集仅能处理寄存器中的数据，而且处理结果都要放回寄存器中，而对系统存储器的访问则需要通过专门的加载/存储指令来完成。

ARM 微处理器的指令集可以分为数据操作指令、乘法指令、加载/存储指令、跳转指令、状态操作指令、协处理器指令和异常产生指令等。

1. 数据操作指令

数据操作指令是指对存放在寄存器中的数据进行操作的指令。其主要包括数据传送指令、算术指令、逻辑指令、比较与测试指令及乘法指令。如果在数据处理指令前使用S前缀，指令的执行结果将会影响 CPSR 中的标志位。数据处理指令如表 3-5 所示。

表 3-5 数据处理指令及功能描述

助记符	操作	行为
MOV	数据传送	
MVN	逻辑取反传送	
AND	逻辑与	Rd：＝Rn AND op2
EOR	逻辑异或	Rd：＝Rn EOR op2
SUB	减	Rd：＝Rn－op2
RSB	翻转减	Rd：＝op2－Rn
ADD	加	Rd：＝Rn＋op2
ADC	带进位的加	Rd：＝ Rn＋op2＋C
SBC	带进位的减	Rd：＝ Rn－op2＋ C－1
RSC	带进位的翻转减	Rd：＝ op2－Rn＋C－1
TST	测试	Rd AND op2 并更新标志位
TEQ	测试相等	Rd EOR op2 并更新标志位
CMP	比较	Rd－op2 并更新标志位
CMN	负数比较	Rd＋op2 并更新标志位
ORR	逻辑或	Rd：＝Rn OR op2
BIC	位清零	Rd：＝Rn AND NOT (op2)

2. 乘法指令

ARM 乘法指令用于完成两个数据的乘法。两个 32 位二进制数相乘的结果是一个 64 位的积。在有些 ARM 的处理器版本中，会将乘积的结果保存到两个独立的寄存器中，而另外一些版本只将最低有效 32 位存放到一个寄存器中。无论是哪种版本的处理器，都有乘-累加的变型指令，将乘积连续累加得到总和，而且有符号数和无符号数都能使用。对于有符号数和无符号数，结果的最低有效位是一样的，因此，对于只保留 32 位结果的乘法指令，不需要区分有符号数和无符号数这两种情况。表 3-6 所示为各种形式乘法指令及功能描述。

表 3-6 乘法指令及功能描述

操作码[23:21]	助记符	意义	操作
000	MUL	乘(保留 32 位结果)	Rd ：＝ (Rm×Rs)[31:0]
001	MLA	乘-累加(保留 32 位结果)	Rd ：＝ (Rm×Rs＋Rn) [31 ：0]
100	UMULL	无符号数长乘	RdHi：RdLo ：＝Rm×Rs
101	UMLAL	无符号长乘-累加	RdHi：RdLo：＋＝Rm×Rs
110	SMULL	有符号数长乘	RdHi：RdLo：＝Rm×Rs
111	SMLAL	有符号数长乘-累加	RdHi：RdLo ＋＝Rm×Rs

3. 加载/存储指令

加载/存储(Load/Store)内存访问指令在 ARM 寄存器和存储器之间传送数据。ARM 指令中有 3 种基本的数据传送指令。

(1) 单寄存器 Load/Store 指令,这些指令在 ARM 寄存器和存储器之间提供更灵活的单数据项传送方式,用于把单一的数据传入或者传出到一个寄存器中。支持的数据类型有字节(8 位)、半字(16 位)和字(32 位)。单寄存器的 Load/Store 指令如表 3-7 所示,表中列出了所有单寄存器的 Load/Store 指令。

表 3-7　单寄存器 Load/Store 指令及功能描述

指令	作用	操作
LDR	把存储器的一个字装入一个寄存器	Rd←mem32[address]
STR	将寄存器中的字保存到存储器	Rd→mem32[address]
LDRB	把一个字节装入一个寄存器	Rd←mem8[address]
STRB	将寄存器中的低 8 位字节保存到存储器	Rd→mem8[address]
LDRH	把一个半字装入一个寄存器	Rd←mem16[address]
STRH	将寄存器中的低 16 位半字保存到存储器	Rd→mem16[address]
LDRBT	用户模式下将一个字节装入寄存器	Rd←mem8[address] under user mode
STRBT	用户模式下将寄存器中的低 8 位字节保存到存储器	Rd→mem8[address] under user mode
LDRT	用户模式下把一个字装入一个寄存器	Rd←mem32[address] under user mode
STRT	用户模式下将存储器中的字保存到寄存器	Rd←mem32[address] under user mode
LDRSB	把一个有符号字节装入一个寄存器	Rd←sign{mem8[address]}
LDRSH	把一个有符号半字装入一个寄存器	Rd←sign{mem16[address]}

(2) 多寄存器的 Load/Store 内存访问指令,也称批量加载/存储指令,它可以实现在一组寄存器和一块连续的内存单元之间传送数据。多寄存器的 Load/Store 内存访问指令允许一条指令传送到 16 个寄存器的任何子集或所有寄存器。多寄存器的 Load/Store 内存访问指令主要用于现场保护、数据复制和参数传递等。这些指令的灵活性比单寄存器传送指令的灵活性差,但可以使大量的数据更有效地传送。它们用于进程的进入和退出,保存和恢复工作寄存器,以及复制存储器中的数据。表 3-8 列出了多寄存器的 Load/Store 内存访问指令。

表 3-8　多寄存器 Load/Store 指令及功能描述

指令	作用	操作
LDM	装载多个寄存器	$\{Rd\}^{*N}$ ←mem32[start address+4 * N]
STM	保存多个寄存器	$\{Rd\}^{*N}$ →mem32[start address+4 * N]

(3) 单寄存器交换指令(single register swap),交换指令是 Load/Store 指令的一种特例,它能把一个寄存器单元的内容与寄存器的内容交换。交换指令是一种原子操作(atomic operation),也就是说,在连续的总线操作中读/写一个存储单元,在操作期间阻止其他任何指令对该存储单元的读/写。这些指令允许寄存器中的数值和存储器中的数值进行交换,能在一条指令中有效地完成 Load/Store 操作。它们在用户级编程中很少用到,其主要用途是在多处理器系统中实现信号量(semaphores)的操作,以保证不会同时访问公用的数据结构。单寄存器交换指令如表 3-9 所示。

表 3-9 交换指令及功能描述

指令	作用	操作
SWP	字交换	tmp = men32[Rn] mem32[Rn] = Rm Rd = tmp
SWPB	字节交换	tmp = men8[Rn] mem8[Rn] = Rm Rd = tmp

4. 跳转指令

跳转(B)和跳转连接(BL)指令是改变指令执行顺序的标准方式。ARM 一般按照字地址顺序执行指令,需要跳转时使用条件执行来跳过某段指令。只要程序必须偏离顺序执行,就要使用控制流指令来修改程序计数器。尽管在特定情况下还有其他几种方式可以实现这个目的,但跳转和跳转连接指令是标准的方式。跳转指令改变程序的执行流程或者调用子程序。这种指令使得一个程序可以使用子程序、"if-then-else"结构及循环。执行流程的改变迫使程序计数器(PC)指向一个新的地址,ARMv5 架构指令集包含的跳转指令如表 3-10 所示。

表 3-10 跳转指令及功能描述

助记符	说明	操作
B	跳转指令	pc←label
BL	带返回的连接跳转	pc←label(lr←BL 后面的第一条指令)
BX	跳转并切换状态	pc←Rm&0xfffffffe,T←Rm&1
BLX	带返回的跳转并切换状态	pc←label,T←1 pc←Rm&0xfffffffe,T←Rm&1 lr←BL 后面的第一条指令

5. 状态操作指令

ARM 指令集提供了两条指令,可直接控制程序状态寄存器(PSR,program state register)。MRS 指令用于把 CPSR 或 SPSR 的值传送到一个寄存器中;MSR 与之相反,把一个寄存器的内容传送到 CPSR 或 SPSR 中。这两条指令相结合,可用于对 CPSR 和 SPSR 进行读/写操作。程序状态寄存器指令如表 3-11 所示。

表 3-11 程序状态寄存器指令及功能描述

指令	作用	操作
MRS	把程序的状态寄存器的值送到一个通用寄存器中	Rd = SPR
MSR	把通用寄存器的值送到程序状态寄存器中或把一个立即数送到程序状态字中	PSR[field]=Rm 或 PSR[field]=immediate

6. 协处理器指令

ARM 体系结构允许通过增加协处理器来扩展指令集。最常用的协处理器是用于控制片上功能的系统协处理器。例如，控制 Cache 和存储管理单元的 cp15 寄存器。此外，还有用于浮点运算的浮点 ARM 协处理器，各生产商还可以根据需要来开发自己专用的协处理器。

ARM 协处理器具有自己专用的寄存器组，它们的状态由控制 ARM 状态的指令的镜像指令来控制。程序的控制流指令由 ARM 处理器来处理，所有协处理器指令只能同数据处理和数据传送有关。按照 RISC 的 Load/Store 体系原则，数据的处理和传送指令是被清楚分开的，所以它们有不同的指令格式。ARM 处理器支持 16 个协处理器，在程序执行过程中，每个协处理器忽略 ARM 和其他协处理器指令。当一个协处理器硬件不能执行属于它的协处理器指令时，将产生一个未定义指令异常中断，在该异常中断的处理过程中，可以通过软件仿真该硬件操作。如果一个系统中不包含向量浮点运算器，则可以选择浮点运算软件包来支持向量浮点运算。

ARM 协处理器可以部分地执行一条指令，然后产生中断，这样可以更好地处理运行时产生的异常，指令的部分执行是由协处理器完成的，此过程对 ARM 来说是透明的。当 ARM 处理器重新获得执行时，它将从产生异常的指令处开始执行。对某一个协处理器来说，并不一定能用到协处理器指令中的所有的域。具体协处理器如何定义和操作完全由协处理器的制造厂商自己决定，因此，ARM 协处理器指令中的协处理器寄存器的标识符及操作助记符也有各种不同的实现定义。程序员可以通过宏来定义这些指令的语法格式。

ARM 协处理器指令可分为以下 3 类。

(1) 协处理器数据操作。协处理器数据操作完全是协处理器的内部操作，它能完成协处理器寄存器的状态的改变。如浮点加运算，在浮点协处理器中，两个寄存器中的数据相加，将结果放在第 3 个寄存器中。这类指令包括 CDP 指令。

(2) 协处理器数据传送指令。这类指令从寄存器中读取数据装入协处理器寄存器中，或将协处理器寄存器的数据装入存储器中。因为协处理器可以支持自己的数据类型，所以每个寄存器传送的字数与协处理器有关。ARM 处理器能产生存储器地址，但传送的字节由协处理器控制。这类指令包括 LDC 指令和 STC 指令。

(3) 协处理器寄存器传送指令。在某些情况下，需要在 ARM 处理器和协处理器之间传送数据。如一个浮点运算协处理器，FIX 指令从协处理器寄存器取得浮点数据，将它转换为整数，并将该整数传送到 ARM 寄存器中。人们经常需要用浮点比较产生的结果来影响控制流，因此，比较结果必须传送到 ARM 的 CPSR 中。这类协处理器寄存器传送指令包括 MCR 指令和 MRC 指令。

表 3-12 所示为所有协处理器的处理指令。

表 3-12　协处理器指令及功能描述

助记符	操作
CDP	协处理器数据操作
LDC	装载协处理器寄存器
MCR	从 ARM 寄存器传数据到协处理器寄存器
MRC	从协处理器寄存器传数据到 ARM 寄存器
STC	存储协处理器寄存器

7. 异常产生指令

ARM 指令集中提供了两条产生异常的指令，通过这两条指令可以用软件的方法实现异常。表 3-13 所示为 ARM 异常产生指令。

表 3-13 ARM 异常指令及功能描述

助记符	含义	操作
SWI	软中断指令	产生软中断，处理器进入管理模式
BKPT	断点中断指令	处理器产生软件断点

3.6.3 Thumb 指令集

为了兼容数据总线宽度为 16 位的应用系统，ARM 体系结构除了支持执行效率很高的 32 位 ARM 指令集以外，同时还支持 16 位的 Thumb 指令集。Thumb 指令集可以看作是 ARM 指令压缩形式的子集，它是为减小代码量而提出的，允许指令编码的长度为 16 位。与等价的 32 位代码相比较，Thumb 指令集在保留了 32 位代码优势的同时，大大节省了系统的存储空间。

Thumb 不是一个完整的体系结构，我们不能指望处理器只执行 Thumb 指令而不支持 ARM 指令集。因此，Thumb 指令只需要支持通用功能，必要时可以借助于完善的 ARM 指令集。例如，所有异常会自动进入 ARM 状态。

所有的 Thumb 指令都有对应的 ARM 指令，而且 Thumb 的编程模型也对应于 ARM 的编程模型，在应用程序的编写过程中，只要遵循一定的调用规则，Thumb 子程序和 ARM 子程序就可以互相调用。当处理器在执行 ARM 程序段时，我们称 ARM 处理器处于 ARM 工作状态，当处理器在执行 Thumb 程序段时，我们称 ARM 处理器处于 Thumb 工作状态。

与 ARM 指令集相比，Thumb 指令集中的数据处理指令的操作数仍然是 32 位的，指令地址也为 32 位的，但 Thumb 指令集为实现 16 位的指令长度，舍弃了 ARM 指令集的一些特性，因此，大多数的 Thumb 指令是无条件执行的，而几乎所有的 ARM 指令都是有条件执行的，并且大多数的 Thumb 数据处理指令的目的寄存器与其中一个源寄存器相同。Thumb 指令集没有协处理器指令、信号量指令以及访问 CPSR 或 SPSR 的指令，也没有乘加指令及 64 位乘法指令等，且指令的第二操作数受到限制。除了跳转指令 B 为有条件执行外，其他指令均为无条件执行。大多数 Thumb 数据处理指令采用 2 地址格式。Thumb 指令与 ARM 指令的区别一般有如下几点：

1）跳转指令：程序相对转移，特别是条件跳转与 ARM 代码下的跳转相比，前者在范围上有更多的限制，转向子程序是无条件转移的。

2）数据处理指令：数据处理指令是对通用寄存器进行操作的，在大多数情况下，操作的结果需放入其中一个操作数寄存器中，而不是 3 个寄存器中。其数据处理操作比 ARM 状态下的数据处理操作更少，访问寄存器 R8～R15 会受到一定限制。除 MOV 和 ADD 指令访问寄存器 R8～R15 外，其他数据处理指令总是更新 CPSR 中的 ALU 状态标志。访问 R8～R15 的 Thumb 数据处理指令不能更新 CPSR 中的 ALU 状态标志。

3）单寄存器加载和存储指令：在 Thumb 状态下，单寄存器加载和存储指令只能访问寄存器 R0～R7。

4）批量寄存器加载和存储指令：LDM 和 STM 指令可以加载或存储任何范围的 R0～R7 的寄存器子集，push 和 pop 指令使用堆栈指针 R13 作为基址以实现满递减堆栈。除 R0～R7 外，push 指令还可以存储链接寄存器 R14，并且 pop 指令可以加载程序计数器 PC。

由于 Thumb 指令的长度为 16 位，即只用 ARM 指令一半的位数来实现同样的功能，所以，要实现特定的程序功能，所需的 Thumb 指令条数应比 ARM 指令多。在一般情况下，Thumb 指令与 ARM 指令的时间效率和空间效率关系为：

（1）Thumb 代码所需的存储空间为 ARM 代码的 60%～70%；

（2）Thumb 代码使用的指令数比 ARM 代码多 30%～40%；

（3）若使用 32 位的存储器，ARM 代码比 Thumb 代码快约 40%；

（4）若使用 16 位的存储器，Thumb 代码比 ARM 代码快 40%～50%；

（5）与 ARM 代码相比较，使用 Thumb 代码，存储器的功耗会降低 30%。

显然，ARM 指令集和 Thumb 指令集各有其优点。若对系统的性能有较高要求，应使用 32 位的存储系统和 ARM 指令集；若对系统的成本及功耗有较高要求，则应使用 16 位的存储系统和 Thumb 指令集。当然，若两者结合使用，充分发挥其各自的优点，会取得更好的效果。

3.6.4 Thumb-2 指令集

Thumb-2 指令集是对 16 位 Thumb 指令集的扩展，所增加的 32 位指令在功能上覆盖了 ARM 指令集，区别在于增加的 32 位指令多数都是无条件执行的，而多数 ARM 指令都是可以条件执行的。Thumb-2 指令集增加了一个条件执行指令 IT，该指令具有“if-then-else”逻辑功能，可以让后续的指令条件执行。

Thumb-2 指令集既继承了 Thumb 代码密度高的特性，又能实现 ARM 指令集的高性能。Thumb-2 指令集中的两种长度指令还为用户提供了灵活的选择，用户可以根据应用需求在程序的不同地方选择合适的指令长度，实现高性能或者高代码密度，例如，可以在快速中断处理、DSP 算法中使用 32 位指令，而在其他性能要求不高的部分使用 16 指令集，而且两种不同长度的指令的切换不需要任何模式的转换。

3.6.5 ThumbEE 指令集

ThumbEE 也称为 Thumb-2EE，业界称为 Jazelle RCT 技术，于 2005 年发布，首见于 Cortex-A8 处理器。ThumbEE 指令集是 Thumb-2 指令集的一种变体，以动态产生目标码为目的，这是一种在执行前或执行过程中，处理器对可移植字节码、其他中间代码或高级语言进行代码编译的技术。在所处的执行环境（execetion environment）下，ThumbEE 指令集能特别适用于执行阶段（runtime）的编码产生，如即时编译。ThumbEE 指令集特别适合用于采用托管指针或托管数组的高级语言，如 Limbo、Java、C＃、Perl 和 Python。与使用 ARM 或 Thumb-2 指令集进行编译所得的代码相比较，ThumbEE 提供了一种提高代码密度的方法。ThumbEE 技术让即时编译器能输出代码尺寸更小的编译码，但并不影响其性能。

在 ThumbEE 状态，处理器使用 ThumbEE 指令集，它几乎与 Thumb-2 完全相同，但是指令的行为有些不同，主要差异有：在 ThumbEE 状态中，增加了状态转换指令，增加了用于分支跳转到处理程序(handler)的指令；在存取操作时进行空指针检查；增加一条检查数字边界的指令。此外，两者的存取及跳转指令的行为也有些不同。

ThumbEE 状态有两个配置寄存器。

(1) ThumbEE 配置寄存器(ThumbEE configuration register)：其作用是禁止或允许访问 ThumbEE 处理程序基址寄存器。该寄存器的第[31:1]位保留，第[0]位为执行环境禁止位 XED，该位为 0 则允许非特权访问 ThumbEE 处理程序基址寄存器，为 1 则禁止非特权访问 ThumbEE 处理程序基址寄存器。

(2) ThumbEE 处理程序基址寄存器(ThumbEE handler base register)：CP14 寄存器 c0，包含 ThumbEE 处理程序基址。ThumbEE 处理程序是一种短的通用指令序列，典型情况是它直接与若干字节码或其他高级语言原始相关联。

3.7 ARM 微处理器的存储管理

3.7.1 ARM 存储管理概述

ARM 存储系统有非常灵活的体系结构，可以适应不同的嵌入式应用系统的需要。ARM 存储器系统可以使用简单的平板式地址映射机制(就像一些简单的单片机一样，其地址空间的分配方式是固定的，系统中各部分都使用物理地址)，也可以使用其他技术去提供功能更为强大的存储系统。例如：

(1) 系统可能提供多种类型的存储器件，如 Flash、ROM、SRAM 等；

(2) Cache 技术；

(3) 写缓存技术(write Buffer)；

(4) 虚拟内存和 I/O 地址映射技术。

大多数的系统通过下面的方法之一可实现对复杂存储系统的管理。

1) 使用 Cache，缩小处理器和存储系统速度的差别，从而提高系统的整体性能。

使用内存映射技术实现虚拟空间到物理空间的映射。这种映射机制对嵌入式系统非常重要。通常嵌入式系统程序存放在 ROM/Flash 中，这样系统断电后程序能够被保存，但是，ROM/Flash 与 SDRAM 相比，通常速度慢很多，而且基于 ARM 的嵌入式系统中通常把异常中断向量表放在 RAM 中。利用内存映射机制可以满足这种需要。在系统加电时，将 ROM/Flash 映射为地址 0，这样可以进行一些初始化处理。当这些初始化处理完成后将 SDRAM 映射为地址 0，并把系统程序加载到 SDRAM 中运行，这样可以很好地满足嵌入式系统的需要。

2) 引入存储保护机制，增强系统的安全性。

引入一些机制保证将 I/O 操作映射成内存操作后，各种 I/O 操作能够得到正确的结果。在简单存储系统中，不存在这样的问题。若系统引入了 Cache 和 write Buffer，则需要一些特别的措施。

ARM的存储器系统是由多级构成的，可以分为内核级、芯片级、板卡级、外设级。存储器的层次结构如图3-10所示。

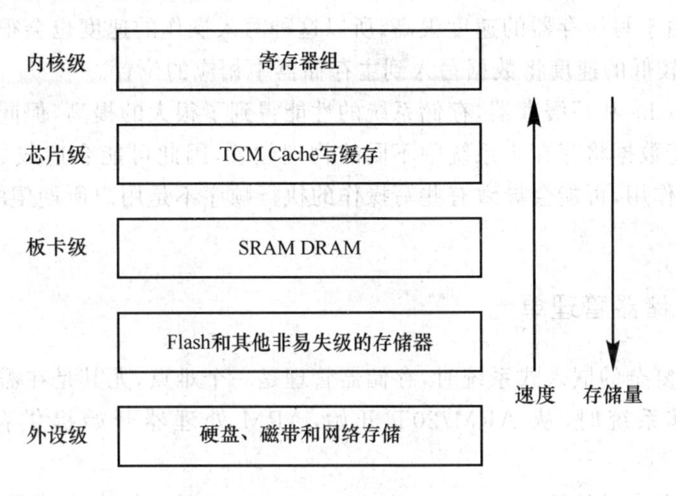

图3-10 ARM存储器的层次结构

每级都有特定的存储介质，下面对比各级系统中特定存储介质的存储性能。

(1) 内核级的寄存器，处理器寄存器组可看作是存储器层次的顶层。这些寄存器被集成在处理器内核中，在系统中提供最快的存储器访问。典型的ARM处理器有多个32位寄存器，其访问时间为纳秒量级。

(2) 芯片级的紧耦合存储器(TCM)是为弥补Cache访问的不确定性而增加的存储器。TCM是一种快速SDRAM，它紧挨内核，并且能保证取指和数据操作的时钟周期数，这对一些要求确定行为的实时算法是很重要的。TCM位于存储器的地址映射中，可作为快速存储器来访问。

(3) 芯片级的片上Cache存储器的容量在8 KB到32 KB之间，访问时间大约为10 ns。在高性能的ARM结构中，可能存在第二级片外Cache，容量为几百个千字节，访问时间为几十纳秒。

(4) 板卡级的DRAM，其主存储器可能是几兆字节到几十兆字节的动态存储器，访问时间大约为100 ns。

(5) 外设级的后缓存储器，通常是硬盘，可能从几百兆字节到几吉字节，访问时间为几十毫秒。

3.7.2 高速缓冲存储器

Cache是一个容量小但存取速度非常快的存储器，它保存最近用到的存储器数据副本。对于程序员来说，Cache是透明的。它自动决定保存哪些数据、覆盖哪些数据。现在Cache通常与处理器在同一芯片上实现。Cache能够发挥作用是因为程序具有局部性。所谓局部性就是指在任何特定的时间内，处理器趋于对相同区域的数据(如堆栈)多次执行相同的指令(如循环)。

Cache经常与写缓存器(write Buffer)一起使用。写缓存器是一个非常小的先进先出

(FIFO)存储器,它位于处理器核与主存之间。使用写缓存的目的是,将处理器核和Cache从较慢的主存写操作中解脱出来。当CPU向主存储器执行写入操作时,它先将数据写入到写缓存器中,由于写缓存器的速度很高,所以这种写入操作的速度也会很高。写缓存区在CPU空闲时,以较低的速度将数据写入到主存储器中相应的位置。

通过引入Cache和写缓存器,存储系统的性能得到了很大的提高,但同时也带来了一些问题。例如,由于数据将存在于系统中不同的物理位置,因此可能会造成数据的不一致性;写缓存器的优化作用,可能会导致有些写操作的执行顺序不是用户所期望的顺序,从而造成操作的错误。

3.7.3 存储器管理单元

在设计较为复杂的嵌入式系统时,存储器管理是一个难点,尤其是在需要移植Linux等较为高级的操作系统时,从ARM720T开始,ARM处理器开始提供存储器管理单元(MMU)。

存储器管理单元(MMU,memory management unit)可以将嵌入式系统中不同类型的存储器(如Flash、RAM、SD卡等)进行统一管理,其通过地址映射来完成将主存地址从虚拟存储空间映射到物理存储空间,并且还可以设置存储器访问权限控制,设置虚拟存储空间的缓冲特性等。使用了存储器管理单元的ARM处理器虚拟地址系统结构如图3-11所示。

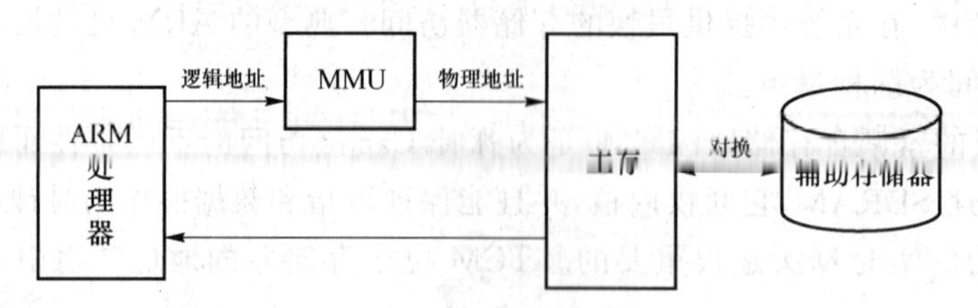

图3-11　使用了MMU的虚拟地址系统结构

1. MMU单元的结构和原理

ARM处理器中的MMU功能可以开启(使能)或者关闭(禁止)。开启后处理器使用的地址将是虚拟地址,如ARM920T处理器的MMU会把虚拟存储空间分成一个个固定大小的页,把物理主存储的空间也分成一个个同样大小的页,通过查询存放在主存中的页表,来实现虚拟地址到物理地址的转换,但由于页表存储在主存储中,查询页表所花的代价很大,因此,人们通常又采用快表技术(TLB,translation lookaside buffer)来提高地址变换效率,其MMU的内部结构如图3-12所示。

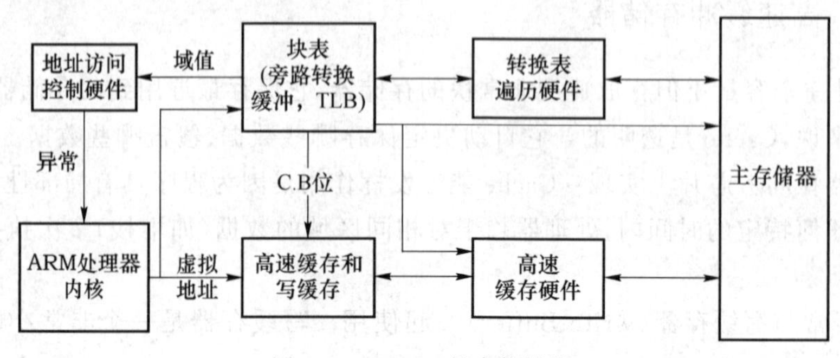

图3-12　MMU的内部结构

快表技术将当前需要访问的地址变换条目存储在一个容量较小(通常为 8～16 个字)、访问速度较快(与微处理器中通用寄存器的速度相当)的存储器件中。当微处理器访问主存时,先在 TLB 中查找需要的地址变换条目,如果该条目不存在,再从存储在主存中的页表中查询,并添加到 TLB 中。这样,当处理器下一次又需要该地址变换条目时,可以直接从 TLB 中得到,从而提高了地址变换的速度。

从虚拟地址到物理地址的变换过程其实就是查询页表的过程,而页表是存放在主存储器中的,因此这个查询代价很大。另外,程序在执行时其过程具有局部性,对页表中各存储单元的访问并不是随机的,在一段时间内,只局限在少数的几个单元中,因此采用 TLB 技术可以提高存储系统的整体性能。

2. MMU 单元的控制

ARM 处理器提供了相应的寄存器用于对 MMU 单元进行控制,以 ARM920T 内核的处理器为例,其相应的控制寄存器及其对应的功能如表 3-14 所示。

表 3-14 MMU 单元相应的控制寄存器及其功能

寄存器	功能说明
寄存器 C1(部分位)	用于配置 MMU 单元中的某些操作
寄存器 C2	保存主页中页表的基地址
寄存器 C3	设置访问控制属性
寄存器 C4	保留
寄存器 C5	主存访问失效状态指示
寄存器 C6	主存访问失效时的地址
寄存器 C8	控制与清除同快表内容相关的操作
寄存器 C10	控制与锁定同快表内容相关的操作

其中,寄存器 C1 的第[0]位用于开启/关闭 MMU 单元。当该位为“0”时,关闭 MMU 单元;当该位为“1”时,开启 MMU 单元。

当 MMU 单元开启之后,如果有访问存储器的操作则处理器首先会在 TLB 中查找虚拟地址;如果该虚拟地址对应的地址变换条目不在 TLB 中,则会到页表中查询对应的地址变换条目,并把该结果添加到 TLB 中;如果 TLB 已满,还需根据一定的淘汰算法进行替换,得到地址变换条目后,再进行下一步的操作。

当 MMU 单元被关闭时,所有的虚拟地址和物理地址是相等的,不进行对存储访问权限的控制。

在操作 MMU 单元的时候,需要注意以下 3 点:

1) 在使能 MMU 之前,要在内存中建立 0 号页表,同时必须对相关寄存器进行初始化操作;

2) 如果系统的物理地址与虚拟地址空间不相等,在禁止/使能 MMU 单元时,虚拟地址和物理地址的对应关系会改变,应清除缓存中当前的地址变换条目;

3) 完成禁止/使能 MMU 代码的物理地址最好和虚拟地址相同。

3. MMU 单元的地址映射和域控制

虚拟存储空间到物理存储空间的映射是以内存块为单位进行的,在页表或 TLB 中,每个地址变换条目记录了一个虚拟存储空间的存储块的基地址与物理存储空间的一个存储块的基地址的对应关系。

以 ARM920T 处理器为例，其支持的存储块大小有以下 4 种。

(1) 段(section)：大小为 1 MB 的存储块。

(2) 大页(large pages)：大小为 64 KB 的存储块。

(3) 小页(small pages)：大小为 4 KB 的存储块。

(4) 极小页(tiny pages)：大小为 1 KB 的存储块。

段、大页和小页的集合被称为 MMU 中的域。ARM 处理器支持的域数量是有上限的(通常为 16)，每个域的访问控制特性可以由 32 位寄存器 C3 中的两位一组来控制(所以最大为 16 个域)，其取值和对应的特性说明如下。

(1) 0b00：不能访问域，如果对域进行访问将会出现访问失效。

(2) 0b01：客户类型访问，根据页表中地址变换条目中的访问权限控制位来决定是否允许特定的存储访问。

(3) 0b10：保留。

(4) 0b11：管理者权限访问，此时不考虑页表中地址变换条件目中的访问权限控制位。

4. MMU 单元的存储访问权限控制

MMU 控制寄存器 C1 的 R、S 控制位和页表中地址转换条目中的访问权限控制位联合作用控制存储访问权限，其具体规则如表 3-15 所示。

表 3-15 MMU 单元的访问权限控制

AP	S	R	特权级访问权限	用户级访问权限
0b00	0	0	不可预知	无访问权限
0b00	1	0	只读	无访问权限
0b00	0	1	只读	只读
0b00	1	1	不可预知	不可预知
0b01	X	X	读/写	无访问权限
0b10	X	X	读/写	只读
0b11	X	X	读/写	读/写

5. MMU 单元的存储访问失效

对于 ARM 处理器来说，MMU 单元可以产生访问失效。以 ARM920T 为例，其可以产生地址对齐失效、地址变换失效、域控制失效和访问权限控制失效。当发生存储访问失效时，存储系统可以中止 3 种存储访问，即 Cache 内容预取、非缓冲的存储器访问和页表访问。

ARM 处理器提供了 MMU 单元失效和外部存储访问中止这两种机制来检测存储访问失效并同时中止处理器的执行，并且提供了寄存器 C5(失效状态寄存器)和 C6(失效地址寄存器)来处理访问失效的相关事宜。

MMU 单元失效是指当 MMU 单元检测到存储访问失效时，其可以向 ARM 微处理器报告该情况，并将存储访问失效的相关信息保存到寄存器 C5 和 C6 中。

外部存储访问中止(external abort)是指存储系统向 ARM 处理器报告存储访问失效。

如果存储访问发生在数据访问周期，则微处理器将产生数据访问中止异常；如果存储访问发生在指令预取周期，则当该指令执行时，微处理器将产生指令预取异常。

3.7.4 存储器保护单元

存储器保护单元（MPU，memory protection unit）是 MMU 单元的简化版本，其提供了简单替代 MMU 单元的方法来管理 ARM 系统的存储器体系，使得没有 MMU 单元的 ARM 处理器系统的软件和硬件设计变得简单。其利用 4 GB 的地址空间定义了 8 对首地址和长度都可以编程的域，分别用于控制 8 个指令和 8 个数据内存区域。

3.8 ARM 微处理器的异常处理

异常是由 ARM 处理器内部或外部源产生并能引起处理器停止当前正在进行的正常程序执行流程转而进入处理流程的一个事件，它包括但不仅限于外部的硬件中断、内部的程序跳转失败等。理解异常处理是理解 ARM 处理器结构的一个重要途径，因为异常处理中涉及了相当多的关于 ARM 处理器结构的知识。

3.8.1 ARM 处理器支持的异常类型

ARM 处理器支持多种类型的异常，并且允许多个异常同时发生。表 3-16 中列举了 ARM 支持的异常类型及其对应的异常模式、向量地址和优先级。

表 3-16 ARM 处理器支持的异常类型

异常类型	异常模式	向量地址	优先级	说明
复位（Reset）	管理模式（SUV）	0x00000000	1	当处理器的复位电平有效时，产生复位异常，程序跳转到复位异常处理程序处执行
未定义指令（UND）	未定义模式（UND）	0x00000004	6	当 ARM 处理器或协处理器遇到不能处理的指令时，产生未定义指令异常，可使用该异常机制进行软件仿真
软件中断（SWI）	管理模式（SUV）	0x00000008	6	该异常由执行 SWI 指令产生，可用于用户模式下的程序调用特权操作指令，可使用该异常机制实现系统功能调用
指令预取中止（PABT）	中止模式（ABT）	0x0000000C	5	若处理器预取指令的地址不存在，或该地址不允许当前指令访问，存储器会向处理器发出中止信号，只有当预取的指令被执行时，才会产生指令预取中止异常
数据中止（DABT）	中止模式（ABT）	0x00000010	2	若处理器数据访问指令的地址不存在，或该地址不允许当前指令访问时，则产生数据中止异常
外部中断请求（IRQ）	中断模式（IRQ）	0x00000018	4	当处理器的外部中断请求引脚有效，且 CPSR 中的 I 位为 0 时，产生 IRQ 异常。系统的外设可通过该异常请求中断服务
快速中断请求（FIQ）	快速中断模式（FIQ）	0x0000001C	3	当处理器的快速中断请求引脚有效，且 CPSR 中的 F 位为 0 时，产生 FIQ 异常
保留		0x00000014		保留向量备用

3.8.2 ARM处理器的异常向量表和优先级

ARM处理器的异常向量表是由一组跳转指令构成的连续地址上的指令集合，用户可以参考表3-16的“向量地址”列，在其中指定了各异常模式及其处理程序的对应关系，它通常存放在存储器地址的低端起始地址上（有的内核型号支持将该表放置在特定的高地址上）。当ARM处理器在Thumb状态下发生异常时，其会自动切换回ARM工作模式，然后跳转到对应的地址上去。

在ARM处理器中，异常向量表的大小为32字节。其中，每个异常占据4个字节大小，保留了4个字节空间，每4个字节空间存放一个跳转指令B或者一个向PC寄存器赋值的数据访问指令LDR PC。通过这两种指令，用户程序将跳转到相应的异常处理程序处执行，其形式通常如下：

```
B reset           ;复位异常
LDR PC,_fiq       ;快速中断异常
```

我们可以把ARM处理器的异常向量表理解为发生某种特定情况时，开始执行的程序代码的入口地址列表，其占据了ARM处理器一块特殊的地址空间，硬件只需要判断出异常类型，然后跳到对应地址即可，接下来的工作会交给对应的异常响应代码来完成。

ARM处理器支持多个异常同时发生。当多个异常同时发生时，ARM处理器会根据固定的优先级决定异常的处理次序并且进入对应的异常模式。这些异常的优先级别可以参考表3-16的“优先级”列，其中数字“1”为最高优先级，“6”为最低优先级，其降序排列如表3-17所示。我们可以看到，复位的优先级是最高的，当产生该异常之后ARM处理器将无条件将程序计数器跳转到0x00000000地址处去执行第一条语句，此外其中未定义指令和软件中断异常是互斥的，它们不可能同时发生，所以可以拥有相同的优先级而不冲突。

表3-17 ARM处理器的异常优先级别列表

复位(Reset)	1(最高优先级)
数据中止(DABT)	2
快速中断请求(FIQ)	3
外部中断请求(IRQ)	4
指令预取中止(PABT)	5
未定义指令(UND)	6
软件中断(SWI)	6(最低优先级)

3.8.3 ARM处理器对异常的处理和返回

异常发生会使得当前ARM处理器正在执行的正常的程序流程被暂时停止，此时应该首先保存处理器的当前状态（通常称为现场保护），以便当异常处理程序完成后处理器能回到原来程序的断点处继续执行，然后，ARM处理器进入异常处理程序。需要注意的是，除了复位异常会导致处理器立刻中止当前指令之外，其余情况都是当处理器完成当前指令后才进入异常处理程序。

ARM 处理器的异常处理是通过硬件和软件协同工作完成的。硬件可以实现部分的现场保护，而软件则会实现其他的现场保护（通常是寄存器值）。在通常的现场保护过程中，会保护所有要处理的异常模式对应的通用寄存器。如果涉及工作模式的再次切换或者重入，那么状态寄存器、链接寄存器也需要被保护。

1. ARM 处理器的硬件异常响应

ARM 处理器硬件的异常处理过程可以分为如下几个步骤。

(1) 将下一条指令的地址存入相应的链接寄存器 LR，以便程序在处理异常返回时能从正确的位置重新开始执行。若异常是从 ARM 状态进入的，则 LR 寄存器中保存的是下一条指令的地址（当前 PC＋4 或 PC＋8，与异常的类型有关）；若异常是从 Thumb 状态进入的，则在 LR 寄存器中保存当前 PC 的偏移量。这样，异常处理程序就不需要确定异常是从何种状态进入的。

(2) 将 CPSR 寄存器的值复制到相应的 SPSR 寄存器中。

(3) 根据发生的异常类型，设置 CPSR 寄存器的运行模式位以使得处理器进入对应的异常工作模式，进而对异常情况进行处理，同时屏蔽中断以禁止新的中断发生。如果 ARM 处理器原先处于 Thumb 状态则会自动切换到 ARM 状态，使得在接下来的软件处理中总能以字符为单位取到新执行的指令，而不至于因为状态未知而导致取值宽度不确定。

(4) 将程序计数器跳转到存放着对应异常处理程序的异常向量地址，ARM 处理器硬件对异常的自动响应到此结束，后续操作则由异常处理程序进行。

2. ARM 处理器的硬件异常返回

除了复位异常会自动使得处理器从 0x00000000 开始执行代码而不需要硬件异常返回之外，其他所有异常处理完毕后都必须回到原先的程序处继续向下执行，其可以分为如下几个步骤。

(1) 将链接寄存器 LR 的值减去相应的偏移量后送到 PC 中。需要注意的是，从不同的异常返回时需要减去的偏移量是不同的。表 3-18 总结了进入异常处理时保存在相应的 R14 中的 PC 值，及在退出异常处理时推荐使用的指令。

(2) 将 SPSR 寄存器的值复制回 CPSR 寄存器中。

(3) 清除在进入异常处理时设置的中断禁止位。

表 3-18　推荐使用的指令和需要保存在 R14 中的 PC 值

异常	返回指令	以前的状态	
		ARM　R14_x	Thumb R14_x
BL	MOV PC，R14	PC＋4	PC＋2
SWI	MOVS PC，R14_svc	PC＋4	PC＋2
UDEF	MOVS PC，R14_und	PC＋4	PC＋2
FIQ	SUBS PC，R14_fiq，＃4	PC＋4	PC＋4
IRQ	SUBS PC，R14_irq，＃4	PC＋4	PC＋4
PABT	SUBS PC，R14_abt，＃4	PC＋4	PC＋4
DABT	SUBS PC，R14_abt，＃8	PC＋8	PC＋8
Reset	N/A	—	—

当一个异常处理返回时，需要恢复通用寄存器、状态寄存器和程序计数器。其中，通用寄存器的恢复采用一般的堆栈操作指令，而状态寄存器和程序计数器的恢复可以通过一条指令来实现。

异常返回时另一个非常重要的问题是返回地址的确定。进入异常时，处理器会有一个保存 LR 寄存器的动作，但是该保存值并不一定是正确中断的返回地址。图 3-13 以一个简单的三级指令流水执行状态图来说明了为什么保存值不正确。

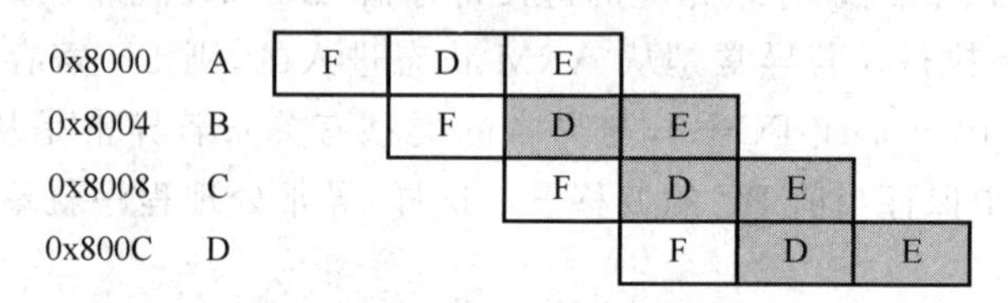

图 3-13 ARM 状态下的三级指令流水线执行说明

3. 在应用程序中处理异常

当 ARM 系统运行时，异常可能会随时发生。为保证在 ARM 处理器在发生异常时不至于处于未知状态，在应用程序的设计中，首先要进行异常处理。采用的方式是在异常向量表中的特定位置放置一条跳转指令，使其跳转到异常处理程序。当 ARM 处理器发生异常时，程序计数器 PC 会被强制设置为对应的异常向量，从而跳转到异常处理程序。当异常处理完成以后，返回到主程序继续执行。

图 3-14 以外部中断异常为例，解析了异常从发生到处理、返回的具体过程。假设在地址 A+4 处发生了一次外部中断异常，则 ARM 处理器会按照如图 3-14 所示的顺序进行处理。

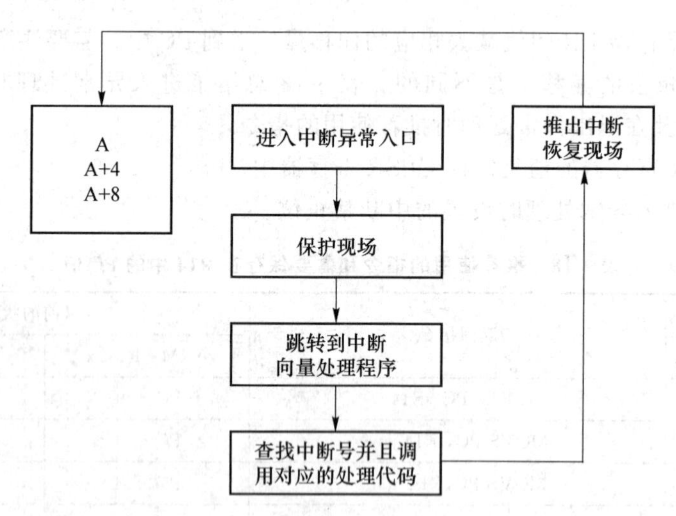

图 3-14 处理外部中断异常

思考与习题

1. 基于 ARM 架构的微处理器有哪些特点?

2. 常见的 ARM 系列微处理器有哪些?

3. ARM 的寻址方式有几种?举例并分别说明。

4. 简述 ARM 指令集的分类。

5. 假设 R0 的内容为 0x8000,寄存器 R1、R2 的内容分别为 0x01 和 0x10,存储器的内容为空。执行下述指令后,试说明 PC 如何变化。存储器及寄存器的内容如何变化?

```
STMIB  R0!,{R1 ,R2}
LDMIA  R0!,{R1 ,R2}
```

6. 将一个 32 位的数 0x2168465 存储到 2000 H～2003 H 四个字节单元中,若以大尾端模式存储,则 2000 H 存储单位的内容为多少?

7. 如何从 ARM 指令集跳转到 Thumb 指令集?ARM 指令集中的跳转指令与汇编语言中的跳转指令有什么区别?

8. 简述异常处理模式和优先级状态,当一个异常出现以后会执行哪几步操作。

第4章 总线和外设接口

4.1 总线和外设接口概述

4.1.1 总线的简介

总线就是各种信号线的集合，是计算机各部件之间传送数据、地址和控制信息的公共通路。总线的主要分类如下。

1. 总线的带宽

总线的带宽指的是一定时间内总线上可传送的数据量，即我们常说的每秒钟传送多少兆字节的最大稳态数据传输率。与总线带宽密切相关的两个概念是总线的位宽和总线的工作时钟频率。

2. 总线的位宽

总线的位宽指的是总线能同时传送的数据位数，即我们常说的 32 位、64 位等总线宽度的概念。总线的位宽越宽则总线每秒传输的数据量越大，也即总线带宽越宽。

3. 总线的工作时钟频率

总线的工作时钟频率以兆赫兹（MHz）为单位，工作频率越高则总线工作速度越快，也即总线带宽越宽。

常见的总线有 ISA 总线、PCI 总线、I^2C 总线、SPI 总线、PC104 总线、CAN 总线等。物联网和嵌入式系统中经常用的总线是 I^2C 总线、SPI 总线和 CAN 总线。

4.1.2 接口的简介

CPU 与外部设备、存储器的连接，以及与它们进行数据交换都需要通过接口设备来实现，前者被称为 I/O 接口，后者则被称为存储器接口。存储器通常在 CPU 的同步控制下工作，接口电路比较简单，而 I/O 设备品种繁多，其相应的接口电路也各不相同，因此，人们习惯上在说到接口时通常只是指 I/O 接口。目前物联网和嵌入式系统中常用的 I/O 接口有

GPIO、RS-232、Ethernet 接口等。

4.2 现场总线

4.2.1 现场总线概述

1. 现场总线的简介

现场总线是指安装在制造或过程区域的现场装置与控制室内的自动装置之间的数字式、串行、多点通信的数据总线，它是一种工业数据总线，是自动化领域中的底层数据通信网络。

简单地说，现场总线以数字通信替代了传统的 4 mA～20 mA 模拟信号及普通开关量信号的传输，是连接智能现场设备和自动化系统的全数字、双向、多站的通信系统，它主要解决工业现场的智能化仪器仪表、控制器、执行机构等现场设备间的数字通信问题，以及这些现场控制设备和高级控制系统之间的信息传递问题。

现场总线的产生对工业的发展起着非常重要的作用，对国民经济的增长有着非常重要的影响，主要应用于石油、化工、电力、医药、加工制造、交通运输、国防、航天等领域。

2. 现场总线的特点

现场总线的优点有：

(1) 现场总线使自控设备与系统步入了信息网络的行列，为其应用开拓了更为广阔的领域；

(2) 一对双绞线上可挂接多个控制设备，便于节省安装费用；

(3) 节省维护开销；

(4) 提高系统的可靠性；

(5) 为用户提供了更为灵活的系统集成主动权。

现场总线的缺点有：

(1) 网络通信中数据包的传输延迟；

(2) 通信系统的瞬时错误和数据包丢失；

(3) 发送与到达次序的不一致等都会破坏传统控制系统原本具有的确定性，使得控制系统的分析与综合变得更复杂，使控制系统的性能受到负面影响。

4.2.2 主流的现场总线

1. 基金会现场总线

基金会现场总线(FF，Foundation Fieldbus)是由以美国 Fisher-Rousemount 公司为首，联合了横河、ABB、西门子、英维斯等 80 家公司制定的 ISP 协议和以 Honeywell 公司为首，联合了欧洲等地 150 余家公司制定的 World FIP 协议于 1994 年 9 月合并而产生的，该总线在过程自动化领域得到了广泛的应用，具有良好的发展前景。

基金会现场总线采用国际标准化组织 ISO 的开放化系统互联 OSI 的简化模型(1、2/7 层)，取其物理层、数据链路层和应用层作为 FF 通信模型的相应层次，另外还增加了用户层。FF 分低速 H1 和高速 H2 两种通信速率，前者传输速率为 31.25 kbit/s，通信距离可达1 900 m，可支持总线供电和本质安全防爆环境。后者传输速率有 1 Mbit/s 和 2.5 Mbit/s 两种，通信距离分别为 750 m 和 500 m，支持双绞线、光缆和无线发射，协议符合 IEC1158-2 标准。FF 的物理媒介的传输信号采用曼彻斯特编码。

2. 控制器局域网

控制器局域网(CAN，controller area network)最早由德国 BOSCH 公司推出，它广泛应用于离散控制领域，其总线规范已被 ISO 国际标准组织制定为国际标准，得到了 Intel、Motorola、NEC 等公司的支持。CAN 协议分为两层：物理层和数据链路层。CAN 的信号传输采用短帧结构、传输时间短、具有自动关闭功能和较强的抗干扰能力。CAN 支持多主工作方式，并采用了非破坏性总线仲裁技术，通过设置优先级来避免冲突，通信距离最远可达 10 km(此时通信速率为 5 kbit/s)，通信速率最高可达 1 Mbit/s(此时通信距离为 40 m)，网络节点数实际可达 110 个。已有多家公司开发了符合 CAN 协议的通信芯片。在后面的小结中我们还会具体介绍。

3. Lonworks

它由美国 Echelon 公司推出，并由 Motorola、Toshiba 公司共同倡导，采用 ISO/OSI 模型的全部 7 层通信协议，采用面向对象的设计方法，通过网络变量把网络通信设计简化为参数设置。支持双绞线、光缆、同轴电缆和红外线等多种通信介质，通信速率从 300 bit/s 到 1.5 Mbit/s，直接通信距离可达 2 700 m(此时通信速率为 78 kbit/s)，被誉为通用控制网络。Lonworks 技术采用的 LonTalk 协议被封装到 Neuron(神经元)的芯片中，并得以实现。采用 Lonworks 技术和神经元芯片的产品，被广泛应用在楼宇自动化、家庭自动化、安保系统、办公设备、交通运输、工业过程控制等方面。

4. DeviceNet

DeviceNet 是一种低成本的通信连接，也是一种简单的网络解决方案，它有着开放的网络标准。DeviceNet 所具有的直接互连性不仅改善了设备间的通信，而且提供了相当重要的设备级阵地功能。DeviceNet 基于 CAN 技术，传输率为 125 kbit/s～500 kbit/s，每个网络的最多节点为 64 个，其通信模式为生产者/客户(producer/consumer)，采用多信道广播信息发送方式。位于 DeviceNet 网络上的设备可以自由连接或者断开，不影响网上的其他设备，而且其设备的安装布线成本也较低。DeviceNet 总线的组织结构是开放式设备网络供应商协会(ODVA，open devicenet vendor association)。

5. PROFIBUS

PROFIBUS 是德国标准(DIN19245)和欧洲标准(EN50170)的现场总线标准，由 PROFIBUS-DP、PROFIBUS-FMS、PROFIBUS-PA 系列组成。DP 用于分散外设间高速数据传输，适用于加工自动化领域；FMS 适用于纺织、楼宇自动化、可编程控制器、低压开关等；PA 适用于过程自动化的总线类型，遵守 IEC 1158-2 标准。PROFIBUS 支持主-从系统、纯主站系统、多主多从混合系统等几种传输方式，其传输速率为 9.6 kbit/s～12 Mbit/s，当传输速率为 9.6 kbit/s 时，最大传输距离为 1 200 m，当传输速率为 12 Mbit/s 时，最大传输距离为 200 m，还可采用中继器延长至 10 km，传输介质为双绞线或者光缆，最多可挂接 127 个站点。

6. HART

HART 是 highway addressable remote transducer 的缩写,最早由 Rosemount 公司开发,其特点是在现有模拟信号传输线上实现数字信号通信,属于模拟系统向数字系统转变的过渡产品。其通信模型采用物理层、数据链路层和应用层 3 层,支持点对点、主从应答方式和多点广播方式。由于它采用模拟数字信号混合,因此难以开发通用的通信接口芯片。HART 利用总线供电,可满足本质安全防爆的要求,并可用于由手持编程器与管理系统主机作为主设备的双主设备系统。

7. CC-Link

CC-Link 是 control & communication link(控制与通信链路系统)的缩写,在 1996 年 11 月,由以三菱电机为主导的多家公司推出,其销量增长势头迅猛,在亚洲市场占有较大的份额。在其系统中,可以将控制和信息数据同时以 10 Mbit/s 的速率高速传送至现场网络,具有性能卓越、使用简单、应用广泛、成本实惠等优点。CC-Link 不仅解决了工业现场配线复杂的问题,同时具有优异的抗噪性和兼容性,是一个以设备层为主的网络,同时也可覆盖较高层次的控制层和较低层次的传感层。2005 年 7 月 CC-Link 被中国国家标准委员会批准为中国国家标准指导性技术文件。

8. World FIP

World FIP 的北美部分与 ISP 合并为 FF 以后,World FIP 的欧洲部分仍保持独立,其总部设在法国,在欧洲市场占有重要地位,特别是在法国市场占有率大约为 60%。World FIP 的特点是通过单一的总线结构来满足不同应用领域的需求,而且没有任何网关或网桥,用软件的办法来解决高速和低速的衔接问题。World FIP 与 FFHS 可以实现"透明连接",并对 FF 的 H1 进行了技术拓展,如速率等方面。在与 IEC61158 第一类型的连接方面,World FIP 做得最好,走在世界前列。

此外,较有影响的现场总线还有丹麦公司 Process-Data A/S 提出的 P-Net,该总线主要应用于农业、林业、水利、食品等行业;SWIFT Net 现场总线主要使用在航空航天等领域,还有一些其他的现场总线这里就不再赘述了。

4.3 GPIO 接口

通用输入输出接口(GPIO,general purpose input output)是以位(bit)为基础单位,提供简单的"1"和"0"两种逻辑状态(可能还有开漏、高阻等电路状态)的接口,其通常以嵌入式处理器芯片普通引脚的形式存在(可能会被复用为其他功能引脚),可以用于驱动逻辑较为简单的外部模块,如发光二极管(LED)、按钮等,也可以使用较复杂的软件设计来实现其他接口总线的时序以模拟该总线进行数据通信。

4.4 UART 接口

通用异步收发传输器(UART,universal asynchronous receiver/transmitter)是一种异

步收发传输器，是嵌入式处理器上最常见的通信接口，其使用串行的方式实现数据交互，具有占用引脚资源较少、通信距离较长的特点。串行通信（包括后面介绍的 I^2C 总线和 SPI 总线）有如下一些术语需要我们了解。

（1）同步通信方式：一种基于位（bit）数据的通信方式，要求发收双方具有同频同相的同步时钟信号，只需在传送数据的最前面附加特定的同步字符使发收双方建立同步即可在同步时钟的控制下逐位发送/接收。在通信过程中数据的收发必须是连续的。

（2）异步通信方式：这也是一种基于位（bit）的数据通信方式，不需要收发双方具有相同的时钟信号，但是需要它们有相同的数据帧结构和波特率，在通信过程中数据的收发不需要连续。

（3）全双工通信：参与通信的双方可以同时进行数据发送和接收操作的通信方式。

（4）半双工通信：参与通信的双方可以切换进行但不能同时进行数据发送和接收操作的通信方式。

（5）单工通信：参与通信的双方只能进行单向数据发送或者接收操作的通信方式。

（6）波特率：每秒钟传送的二进制位数，通常用 bit/s 作为单位。

（7）通信协议：通信双方为了完成通信所必须遵循的规则和约定。

4.4.1 UART 接口的通信协议

UART 接口的通信协议是一种低速通信协议，其支持 RS-232 协议、RS-422 协议、RS-485 协议和红外协议（IrDA）等。其工作原理是将待传输的数据的每个字符以如图 4-1 所示的串行方式按位的方式进行传输，其中各个位的意义说明如下。

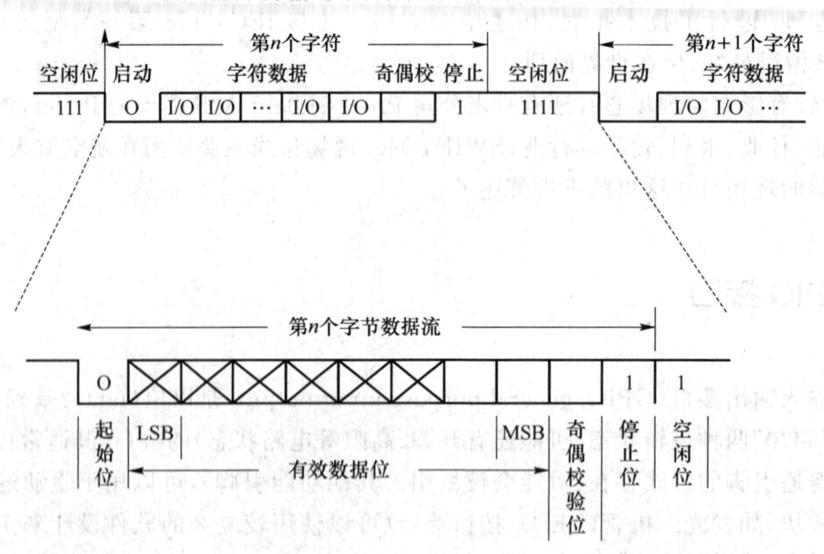

图 4-1 UART 的字符流

（1）起始位：发出一个逻辑“0”来表示即将开始传输一个字符的数据。

（2）数据位：可以是 5～8 位逻辑“0”或“1”，如 ASCII 码（7 位）、扩展 BCD 码（8 位），使用低位在前的小端传输。

（3）校验位：对当前传输的数据进行校验，当加上该位后应该使得“1”的位数为偶数（偶校验)或奇数(奇校验)。

(4) 停止位:表示当前字符数据的结束,可以是1位、1.5位、2位的逻辑“1”。

(5) 空闲位:处于逻辑“1”状态,表示当前线路上没有数据传送。

从图4-1中可以看到,UART的通信是按字符传输的,接收设备在收到起始信号之后只要在一个字符的传输时间内能和发送设备保持同步就能正确接收,下一个字符起始位的到来又使发送方与接收方同步重新校准(依靠检测起始位来实现发送与接收方的时钟自同步)。

UART的传输以一个字符为单位,传输过程中两个字符间的时间间隔是不固定的。然而,在同一个字符中的两个相邻位间的时间间隔是固定的,也就是说数据传输速率是固定的,其被称为波特率(bit/s),也即为每秒钟传送的二进制位数。例如,数据传送速率为960字符/秒,而每一个字符为10位(1个起始位,7个数据位,1个校验位,1个结束位),则其传送的波特率为10×960=9 600 bit/s。

4.4.2 UART接口的硬件模块

UART接口的硬件模块的基本结构如图4-2所示,由输出缓冲寄存器、输出移位寄存器、输入移位寄存器、输入缓冲寄存器、波特率发生器、控制寄存器和状态寄存器组成,各个部分的说明如下。

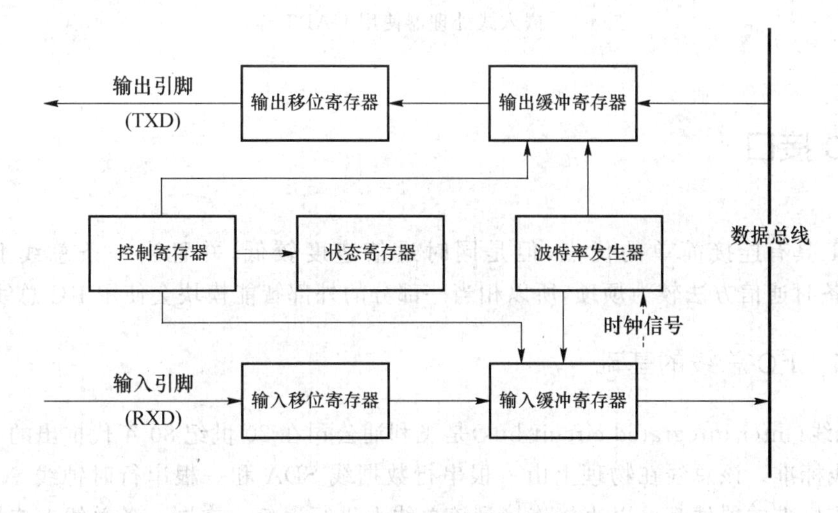

图4-2　UART接口的硬件模块

(1) 输出缓冲寄存器:接收并且保存数据总线上传送的待发送并行数据。

(2) 输出移位寄存器:接收从输出缓冲器送来的并行数据,以发送时钟的速率把数据逐位移出,即将并行数据转换为串行数据输出。

(3) 输入移位寄存器:以接收时钟的速率把出现在串行数据输入线上的数据逐位移入,当寄存器装满后并行送往输入缓冲寄存器,即将串行数据转换成并行数据。

(4) 输入缓冲寄存器:从输入移位寄存器中接收并行数据,然后传送给处理器。

(5) 波特率发生器:在时钟的驱动下产生波特率移位信号。

(6) 控制寄存器:接收处理器送来的控制字,并且按照控制字的内容决定通信时的传输方式及数据格式等。

(7) 状态寄存器:存放 UART 的各种状态信息,如输出缓冲区是否空出、输入字符是否准备好等。在数据交互过程中,当符合某种状态时,接口中的状态检测逻辑在状态寄存器的相应位产生"1"或"0"状态以便于嵌入式处理器查询。

4.4.3 嵌入式处理器中的 UART

基本上所有的嵌入式处理器中都集成了 UART 模块,有些还集成了多个独立的 UART 模块,通常来说处理器会提供对应的寄存器以实现相应的操作,并且还会提供外部发送引脚(TXD)和接收引脚(RXD)以实现电平的传输。最简单的嵌入式处理器和其他模块使用 UART 进行数据交互的连接示意图如图 4-3 所示,只需要使用 3 根连线即可,但是如果传输距离较长则需要使用逻辑电平转换接口,如 RS-232、RS-422 等。

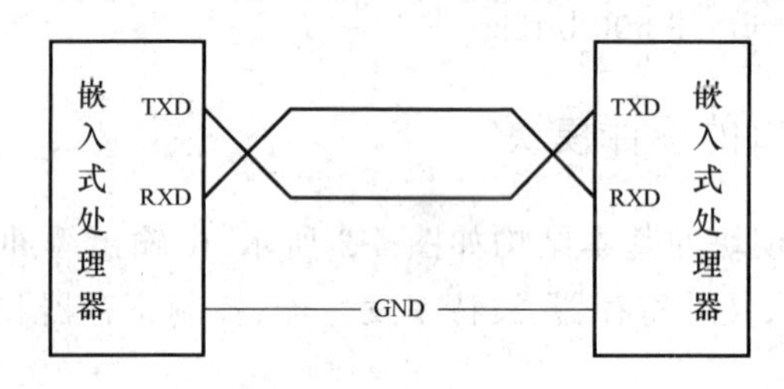

图 4-3　嵌入式处理器使用 UART 连接

4.5 I²C 接口

UART 具有连接简单的优点,但是同时通信速度较低,并且当一条总线上有多个 UART 设备时通信方法较为烦琐,所以相当一部分的外部智能模块会使用 I²C 总线接口。

4.5.1 I²C 总线的基础

I²C 总线(inter integrated circuit bus)是飞利浦公司在 20 世纪 80 年代推出的一种两线制串行总线标准。该总线在物理上由一根串行数据线 SDA 和一根串行时钟线 SCL 组成,各种使用该标准的器件都可以直接连接到该总线上进行通信。在同一条总线上连接多个外部资源,是嵌入式处理器常用的外部资源扩展方法之一。表 4-1 是 I²C 总线中一些常用的术语介绍。

表 4-1　I²C 总线中的常用术语

术语	描述
发送器	I²C 总线上发送数据的器件
接收器	I²C 总线上接收数据的器件
主机	I²C 总线上能发送时钟信号的器件
从机	I²C 总线上不能发送时钟信号的器件

续表

术语	描述
多主机	同一条 I^2C 总线上有一个以上的主机且都使用该 I^2C 总线
主器件地址	主机的内部地址，每一种主器件有其特定的主器件地址
从器件地址	从机的内部地址，每一种从器件有其特定的从器件地址
仲裁过程	同时有一个以上的主机尝试操作总线时，I^2C 总线使其中一个主机获得总线的使用权并不破坏数据交互的过程
同步过程	两个或者两个以上的器件同步时钟信号的过程

如图 4-4 所示是嵌入式处理器使用 I^2C 总线扩展多个外部资源的示意图，符合 I^2C 总线标准的外部资源必须符合以下几个基本特征：

(1) 具有相同的硬件接口 SDA 和 SCL，用户只需要简单地将这两根引脚连接到其他器件上即可完成硬件的设计；

(2) 都拥有唯一的器件地址，在使用过程不会混淆；

(3) 所有器件可以分为主器件、从器件和主从器件 3 类，其中主器件可以发出串行时钟信号，而从器件只能被动地接收串行时钟信号，主从器件则既可以主动地发出串行时钟信号，又可以被动地接收串行时钟信号。

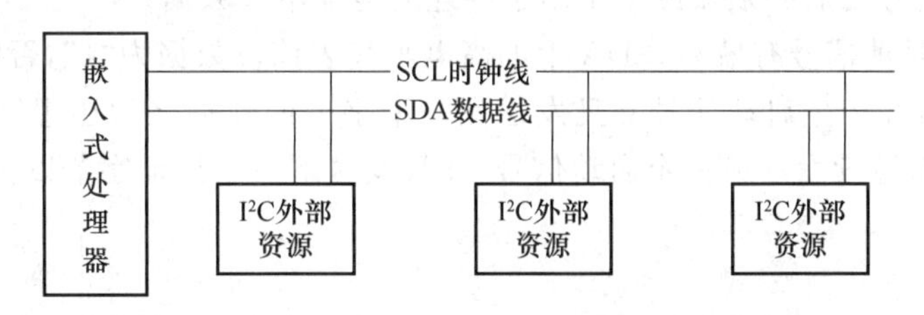

图 4-4 嵌入式处理器使用 I^2C 总线扩展多个外部资源

4.5.2 I^2C 总线的信号

I^2C 总线上的时钟信号 SCL 是由所有连接到该信号线上的 I^2C 器件的 SCL 信号进行逻辑“与”产生的。当这些器件中任何一个 SCL 引脚上的电平被拉低时。SCL 信号线就将一直保持低电平，只有当所有器件的 SCL 引脚都恢复到高电平之后，SCL 总线才能恢复为高电平状态，所以这个时钟信号的长度由维持低电平时间最长的 I^2C 器件来决定。在下一个时钟周期内，第一个 SCL 引脚被拉低的器件又将再次将 SCL 总线拉低，这样就形成了连续的 SCL 时钟信号。

在 I^2C 总线协议中，数据的传输必须由主器件发送的启动信号开始，然后以主器件发送的停止信号结束，从器件在收到启动信号之后需要发送应答信号来通知主器件已经完成了一次数据接收。I^2C 总线的启动信号是在读写信号之前，当 SCL 处于高电平时，SDA 从高到低的一个跳变。当 SCL 处于高电平时，SDA 从低到高的一个跳变被当作 I^2C 总线的停止信号，标志着操作的结束，即将结束所有相关的通信。图 4-5 所示是启动信号和停止信号时序图。

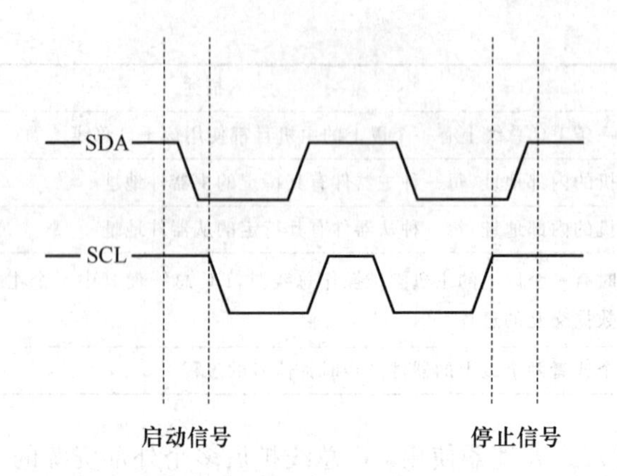

图 4-5　I^2C 总线的启动信号和停止信号的时序

在启动信号后跟着一个或者多个字节的数据，每个字节的高位在前、低位在后。主机在发送完成一个字节之后需要等待从机返回的应答信号。应答信号是从机在接收到主机发送完成的一个字节数据后，在下一次时钟到来时在 SDA 上给出的一个低电平，其时序如图 4-6 所示。

在 I^2C 总线进行的数据传输必须经过以下步骤：

(1) 在启动信号之后必须紧跟一个用于寻址的地址字节数据；

(2) 当 SCL 时钟信号有效时，SDA 上的高电平代表该位数据为"1"，否则为"0"；

(3) 如果主机在产生启动信号并且发送完一个字节的数据之后还想继续通信，则可以不发送停止信号而继续发送另一个启动信号，并且发送下一个地址字节以供连续通信。

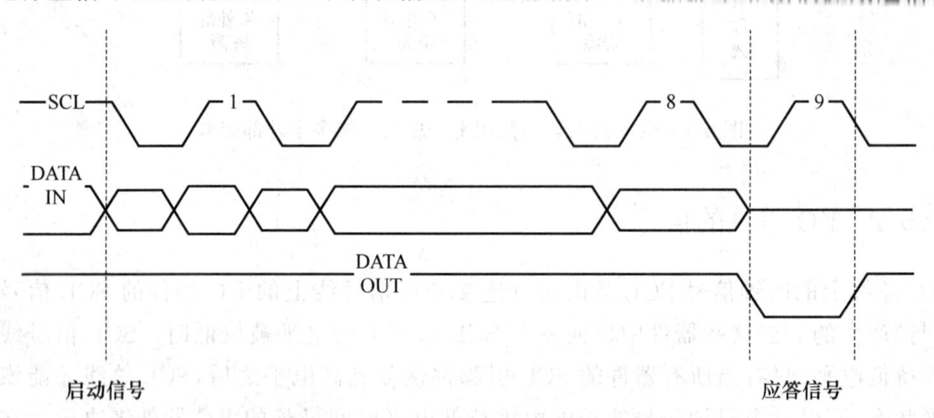

图 4-6　I^2C 总线应答信号的时序

I^2C 总线的 SDA 和 SCL 数据线上均接有 10 K 左右的上拉电阻，当 SCL 为高电平时（此时称 SCL 时钟信号有效），对应的 SDA 的数据为有效数据；当 SCL 为低电平时，SDA 上的电平变化被忽略。总线上任何一个主机发送出一个启动信号之后，该 I^2C 总线被定义为"忙状态"，此时禁止同一条总线上其他没有获得总线控制权的主机操作该条总线；而在该主机发送停止信号之后，总线被定义为"空闲状态"，此时允许其他主机通过总线仲裁来获得总线的使用权，从而进行下一次的数据传送。

在 I^2C 某一条总线上可能会挂接几个都会对总线进行操作的主机，如果有一个以上的主机需要同时对总线进行操作，I^2C 总线就必须使用仲裁来决定哪一个主机能够获得总线的操作权。I^2C 总线的仲裁是在 SCL 信号为高电平时，根据当前 SDA 状态来进行的。在总线仲裁期间，如果有其他的主机已经在 SDA 上发送了一个低电平，那么发送高电平的主机将会发现该时刻 SDA 上的信号和自己发送的信号不一致，此时该主机则自动被仲裁为失去对总线的控制权，这个过程如图 4-7 所示。

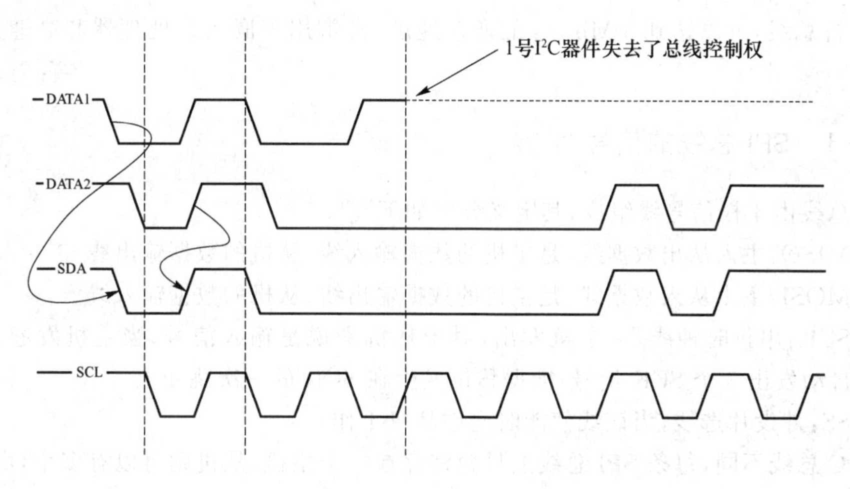

图 4-7 I^2C 总线的仲裁过程

4.5.3 I^2C 总线的地址

使用 I^2C 总线的外部资源都有自己的 I^2C 地址，不同的器件有不同且唯一的地址。I^2C 总线上的主机通过对总线上器件的地址的寻址操作来和该器件进行数据交换。如表 4-2 所示是 I^2C 器件的地址分配示意，地址字节中的前 7 位为该器件的 I^2C 地址，地址字节的第 8 位用来表明数据的传输方向，也称为读/写标志位。当该标志位为“0”时为写操作，数据方向为自主机到从机；当该标志位为“1”时为读操作，数据方向为自从机到主机。

表 4-2 I^2C 器件地址分配示意

地址最高位	地址第 6 位	地址第 5 位	地址第 4 位	地址第 3 位	地址第 2 位	地址第 1 位	R/W

注意：I^2C 总线中还有一个广播地址，如果主机使用该地址进行寻址，那么在总线上的所有器件均能收到，具体信息可以参考相关手册。

4.5.4 嵌入式处理器中的 I^2C 总线接口

高端的嵌入式处理器中常常会集成 I^2C 总线接口并提供相应的寄存器以便对其进行控制，其通常可以设置为主器件模式或从器件模式，但是在实际应用中，嵌入式处理器都是工作于主器件模式，通过 I^2C 总线和外围智能器件来进行数据交互的。

4.6 SPI 总线接口

SPI(serial peripheral interface)总线是由摩托罗拉公司开发的一种总线标准,是一种全双工的串行总线,可以达到 3 Mbit/s 的通信速度,常常用于嵌入式处理器和高速外部资源的通信。

4.6.1 SPI 总线的信号

SPI 总线由 4 根信号线组成,其定义分别如下。

(1) MISO:主入从出数据线,是主机的数据输入线、从机的数据输出线。

(2) MOSI:主出从入数据线,是主机的数据输出线、从机的数据输入线。

(3) SCK:串行时钟线,由主机发出,对于从机来说是输入信号,当主机发起一次传送时,SCK 自动发出 8 个 SCK 信号,数据移位发生在 SCK 的一次跳变上。

(4) SS:外设片选线,当该线使能时允许从机工作。

和 I^2C 总线不同,每条 SPI 总线上只允许存在一个主机,从机则可以有多个,由 SS 数据线来选择使用哪一个从机。在时钟信号 SCK 的上升/下降沿来到时,数据从主机的 MOSI 引脚上发送到被 SS 选中的从机的 MISO 引脚上,而在下一次下降/上升沿来到时,数据从从机的 MISO 引脚上发送到主机的 MOSI 引脚上。SPI 总线的工作过程类似于一个 16 位的移位寄存器,其中 8 位数据在主机中,另外 8 位数据在从机中。嵌入式处理器使用 SPI 总线扩展外部资源的示意图如图 4-8 所示。

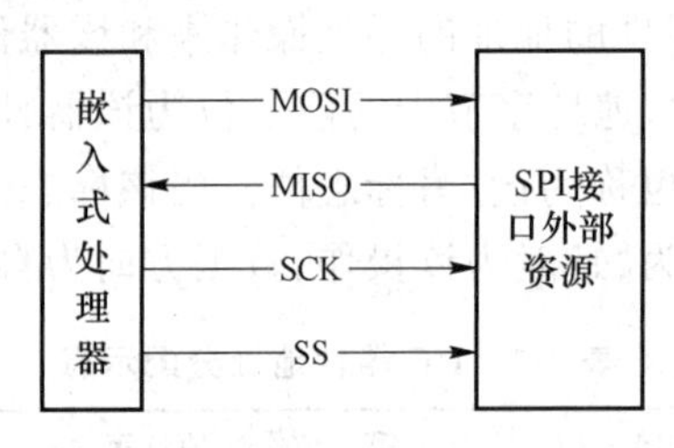

图 4-8 嵌入式处理器使用 SPI 接口扩展外部资源

和 I^2C 总线类似,SPI 总线的数据传输过程也需要时钟驱动。SPI 总线的时钟信号 SCK 有时钟极性(CPOL)和时钟相位(CPHA)两个参数,前者决定了有效时钟是高电平还是低电平,后者决定了有效时钟的相位,这两个参数配合起来决定了 SPI 总线的数据时序,如图 4-9 所示。

从图 4-9 可见:

(1) 如果 CPOL=0,串行同步时钟的空闲状态为低电平;

(2) 如果 CPOL=1,串行同步时钟的空闲状态为高电平;

(3) 如果 CPHA=0,在串行同步时钟的第一个跳变沿(上升或下降)数据有效;

(4) 如果 CPHA=1,在串行同步时钟的第二个跳变沿(上升或下降)数据有效。

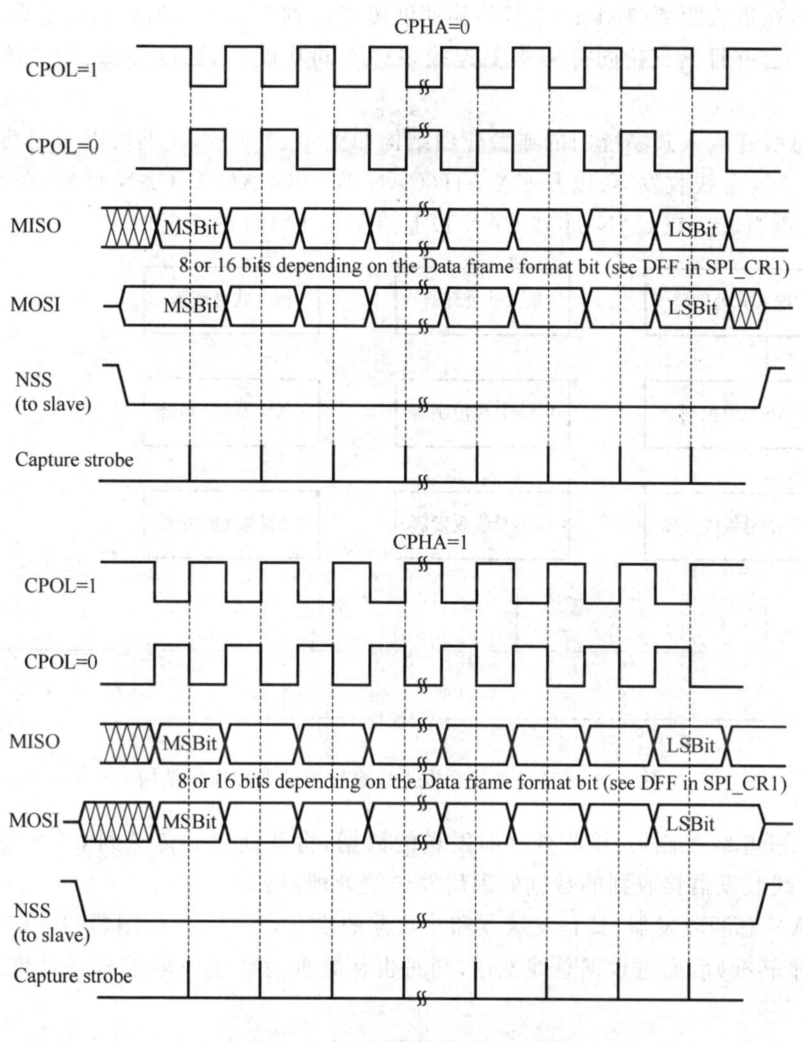

图 4-9 SPI 总线数据传输时序

4.6.2 嵌入式处理器中的 SPI 总线接口

高端的嵌入式处理器中也常常会集成 SPI 总线接口并提供相应的寄存器以便对其进行控制,但是在实际应用中嵌入式处理器都工作于主器件模式,通过 SPI 总线和外围智能器件进行数据交互,偶尔也有两个嵌入式处理器使用 SPI 进行高速数据交互的状态发生。

4.7 CAN 总线接口

4.7.1 CAN 总线的组成

CAN 总线可以提供较高速度的数据传送功能,在较短距离(40 m)上其传输速度可以达到 1 Mbit/s，在最长距离(10 km)上其传输速度可以达到 5 kbit/s，所以它极适合被用在高速的工业自控上，并且其支持同一网络上连接多种不同功能(如温度传感、压力传感等)的传感器。

CAN 总线在嵌入式系统中的典型应用结构如图 4-10 所示，我们可以看到其由 CAN 总线控制器、CAN 总线收发器，以及 CAN-H(CAN-高)和 CAN-L(CAN-低)两条线缆构成的数据传输通道组成。在 CAN-H 和 CAN-L 上使用了 120 Ω 的匹配电阻。

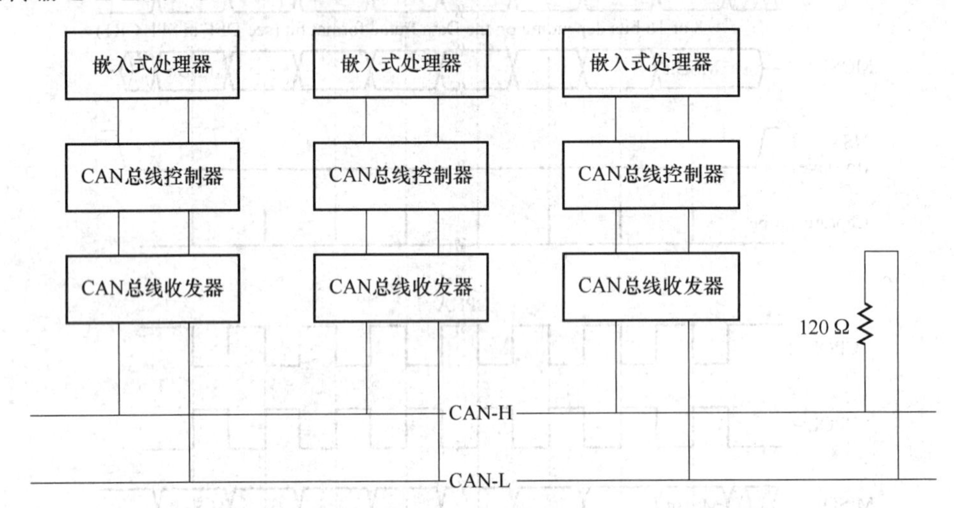

图 4-10　CAN 总线在嵌入式系统中的典型应用结构

(1) CAN 总线控制器：接收处理器发送的数据，将其处理后传送到 CAN 总线收发器，同时也将总线收发器接收到的数据处理后发送给处理器。

(2) CAN 总线收发器：其是发送器和接收器的组合，将 CAN 控制器的电信号转换为差分信号(电平转换)后通过数据总线发送，同时也从数据总线接收电信号并且将其转换为数据信号。

(3) CAN 数据总线：CAN 总线在数据总线上是以差分电信号方式传输的，所以其物理总线可以分为 CAN-H 和 CAN-L 两根，通常使用带颜色的双绞线。

(4) 匹配电阻：其和 RS-422/RS485 总线类似，是为了避免数据传输结束后产生反射波而使数据遭受到破坏的电阻。

4.7.2 CAN 总线的特点

CAN 总线可以以多种方式工作，网络上的任意节点均可以在任意时刻主动地向总线上的其他节点发送信息，从而可以实现以点对点、一点对多点及全局广播的几种方式来发送接收数据。此外，CAN 采用非破坏性总线仲裁技术，当两个节点同时向总线发送信息时，优先级低的节点主动停止数据发送，而优先级高的节点可不受影响地继续传输数据，从而节省了总线冲突仲裁时间。

CAN 总线具有以下特点。

(1) CAN 总线是到目前为止唯一有国际标准的现场总线。

(2) CAN 总线以多主方式工作，网络上的任一节点均可在任一时刻主动地向网络上的其他节点发送信息,而且不分主从。

(3) 在报文标识符上,CAN 总线上的节点被分成不同的优先级,可满足不同的实时需要,优先级高的数据最多可在 134 μm 内得到传输。

(4) CAN 总线采用非破坏总线仲裁技术。当多个节点同时向总线发送信息时,优先级较低的节点会主动地退出发送,而优先级最高的节点可不受影响地继续传输数据,从而大大节省了总线冲突仲裁时间。即使是在网络负载很重的情况下,也不会出现网络瘫痪的情况。

(5) CAN 总线的节点只需要通过对报文的标识符滤波即可实现以点对点、一点对多点及全局广播等的方式来传送/接收数据。

(6) CAN 总线的直接通信距离最远可达 10 km(此时速率在 5 kbit/s 以下);通信速率最高可达 1 Mbit/s(此时通信距离最长为 40 m)。

(7) CAN 总线上的节点数取决于总线驱动电路,目前可达 110 个。在标准帧的报文标识符有 11 位,而在扩展帧的报文标识符的个数(目前有 29 位)几乎不受限制。

(8) CAN 总线报文采用短帧结构,传输时间短,受干扰概率低,数据出错率极低。

(9) CAN 总线的每帧信息都有 CRC 校验及其他检错措施,具有极好的检错效果。

4.7.3 CAN 总线的数据报文

CAN 总线是一种串行数据通信协议,其通信接口中集成了 CAN 协议的物理层和数据链路层功能,可完成对数据的成帧处理,用户可在其基础上开发适应系统实际需求的应用层通信协议。CAN 协议一个最大的特点是它废除了传统的站地址编码,而是对通信数据块编码。采用这种方法可使网络内的节点个数在理论上不受限制,还可使不同的节点同时收到相同的数据。

CAN 总线的数据报文是需要在数据总线上传送的数据,其长度受到帧结构的限制。当 CAN 总线空闲的时候即可开始发送新的报文,在 CAN 2.0 的技术规范 2.0A 中报文的标识符为 11 位,而在 2.0B 标准格式中标识符为 19 位,在 2.0B 扩展格式中标识符为 29 位。CAN 的报文主要可以分为数据帧、远程帧、出错帧和超载帧 4 种,其中最常用、最重要的是数据帧。

CAN 总线的数据帧的组成如表 4-3 所示,包括帧起始、仲裁域、控制域、数据域、CRC 域、应答域和帧结尾,其中数据域长度为 0~8 字节。

表 4-3 CAN 总线的数据帧结构

1	2	3	4	5	6	7
帧起始	仲裁域	控制域	数据域	CRC 域	应答域	帧结尾

各个域的说明如下。

(1) 帧起始:用于标志一个报文的开始。

(2) 仲裁域:用于标志报文的优先级,主要用于在总线上解决冲突,其由报文标识符和远程发送请求位(RTR 位)组成。

(3) 控制域:用于表示报文的字节数和保留位。

(4) 数据域:由待发送数据组成,其长度是 0~8 字节,字节中采用高位在前、低位在后的顺序发送。

(5) CRC 域:用于校验报文的数据是否正确,是一串 CRC 序列,最后是 CRC 界定符。

(6) 应答域:用于收到报文后的反馈,包括应答间隙和应答界定符。

(7) 帧结尾:用于标志一个报文的结束。

4.8 以太网接口

嵌入式系统常常还会使用以太网作为数据交互的通道,还可以通过该接口连接到互联网以实现远程控制和被控。

4.8.1 以太网接口的基础

嵌入式系统的以太网接口结构如图 4-11 所示,由以太网控制器、以太网收发器、网络变压器和 RJ45 插座构成。

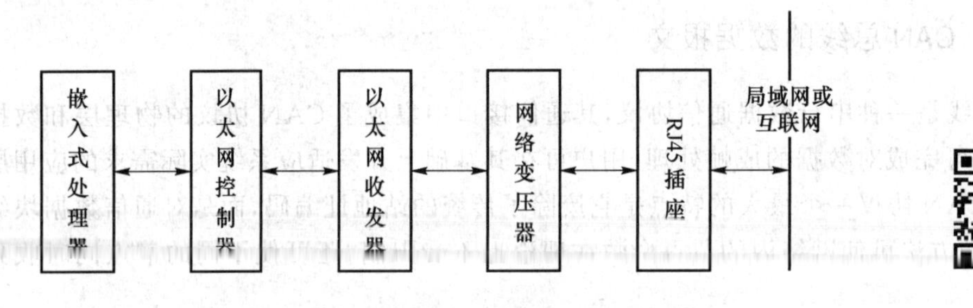

图 4-11 嵌入式系统的以太网接口结构

以太网接口

(1) 以太网控制器:和 CAN 总线控制器类似,它将嵌入式处理器待发送的数据传送给以太网收发器,并且将以太网收发器上的数据反馈到嵌入式处理器。

(2) 以太网收发器:将待发送的数据转换为物理电平,将接收到的物理电平转换为数据。

(3) 网络变压器:网络变压器是实现对网络传输信号的隔离和电平转换的部件,其实物外观和内部电路结构如图 4-12 所示。

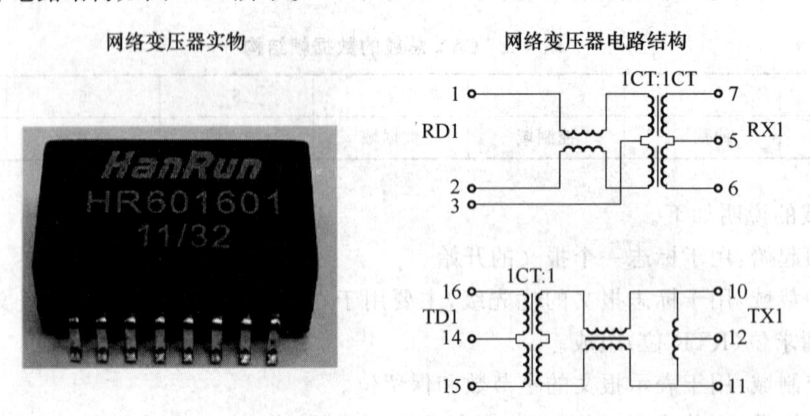

图 4-12 网络变压器实物和电路结构

(4) RJ45 插座:提供网线接入通道,其实物如图 4-13 所示,可以分为单个和连排(多个一组)两种,在普通嵌入式系统上使用的通常为单个,而在路由器、交换机等嵌入式系统上使用的则为连排。RJ45 插座使用的是 8 芯网线,但是其中有效的数据线只有 4 根,分别为 RX+、RX-、TX+和 TX-,有 568-A(直连)和 568-B(交叉)两种线序。

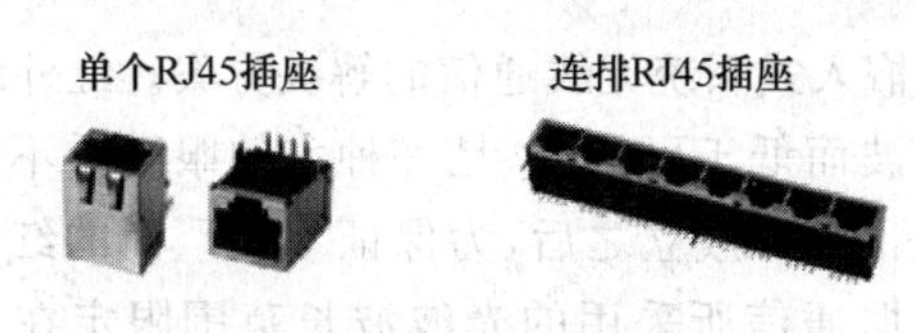

图 4-13 RJ45 插座实物

4.8.2 以太网接口在嵌入式系统中的应用

某些嵌入式处理器中已经集成了以太网络控制器(如 LPC1700),还有部分嵌入式处理器集成了以太网物理收发器(如 LM3S6000),它们直接外加剩余的部件即可得到以太网接口,但是如果是不具有这两个模块的嵌入式处理器(如 S3C2440),则需要自行扩展以太网接口芯片。这些芯片可以通过并行总线、SPI 接口、USB 接口等和嵌入式处理器进行连接,如使用并行总线接口的 DM9000 和使用 USB 接口的 LAN9512。

LAN9512 拥有一个 USB2.0 输入端口,该端口和嵌入式处理器上提供的 USB 端口连接。其拥有 3 个 USB2.0 的输出端口,其中两个可以用于扩展 USB 外部接口,另外一个则在芯片内部连接到了网络控制模块,其输出通过网络变压器连接到 RJ45 插座以提供传输速率为 10 Mbit/s/100 Mbit/s 的以太网络接口,其典型电路框图如图 4-14 所示。

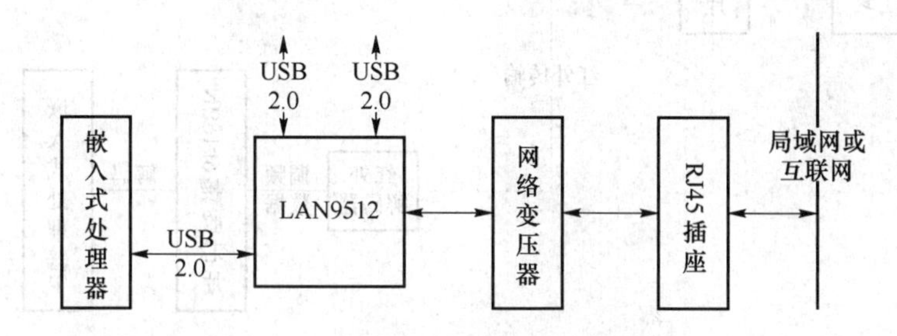

图 4-14 LAN9512 的结构

由于 LAN9512 的网络接口和 2 个 USB 接口一起分享了同一个与处理器相连的 USB 接口,所以它们也分享了处理器的 USB 接口的数据带宽。也就是说,当同时使用树莓派上的 USB 端口和网络接口时,可能会遇到数据传输过慢的问题,但这也是充分考虑了成本、体积的必然结果。

4.9 无线通信接口

当嵌入式系统因为物理距离等因素不方便使用电缆等有线物理通道和其他系统进行数据交换时,尤其是当物联网的海量设备终端应用,无法采用有线的方式部署时,就可以通过无线通信接口使用无线电波作为通信媒介以实现物联网应用。嵌入式系统中常见的无线通信接口包括红外、蓝牙、GPRS、3G、4G、Wi-Fi,以及无线数传模块。

4.9.1 红外和蓝牙

红外和蓝牙是最早期的嵌入式系统无线通信的解决方案。红外线是波长在 760 nm～1 mm 的电磁波,它的频率高于微波而低于可见光,是一种人的眼睛看不到的光线。红外数据协会(INDA,infrared data association)成立之后,为保证不同厂商的红外产品获得最佳的通信效果,红外通信协议将红外数据通信所采用的光波波长范围限定在 850～900 nm。由于红外线的波长较短,对障碍物的衍射能力差,所以适合应用在短距离无线通信的场合来进行点对点的直线数据传输。通常使用红外收发芯片组来完成信息的交互,其芯片组由红外发射芯片和红外接收芯片组成,最常见的红外收发芯片是 NB9148(发射芯片)和 NB9149(接收芯片)。

一个完整的红外收发模型如图 4-15 所示,嵌入式处理器 A 通过对 NB9148 的引脚的控制将需要交互的命令提供给 NB9148 并且等待 NB9148 通过红外二极管发送出去。当红外解码器接收到红外数据之后将其滤掉载波信号,然后传输给 NB9149,嵌入式处理器 B 通过对 NB9149 的相应输出引脚状态的查询来获得这些命令。

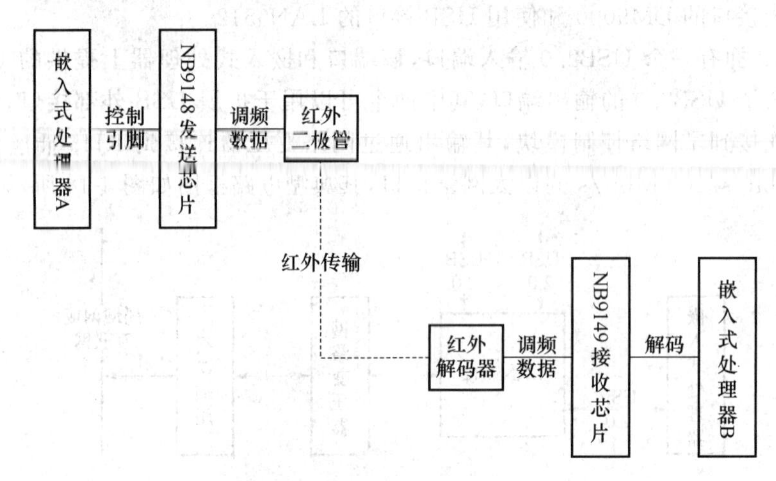

图 4-15 红外收发模型

蓝牙模块是使用蓝牙功能的电路模块,其按功能可以分为蓝牙数据模块和蓝牙语音模块,在普通嵌入式系统中常使用的是前者,而在智能手机、无线耳机、车载电话等嵌入式系统中常使用的是后者。如图 4-16 所示是蓝牙模块的实物示意图。

图 4-16 蓝牙模块实物

蓝牙模块支持短距离(通常在10 m之内)范围内的点对点(或者多点)的慢速(1 Mbit/s以下)数据交互,其和嵌入式处理器可以通过UART、USB、并行I/O端口或者SPI总线接口进行数据交互。

4.9.2　无线数传模块

红外收发芯片只能实现短距离内简单指令的无线数据通信,如果要对较大量的数据进行较远距离的传输,则可以使用433/915 MHz频段的无线数据通信模块,其具有通信速率高,不需要复杂的协议支持,以及和嵌入式处理器接口简单等优点。这些模块将数据调制到无线电波上进行传输,其实物如图4-17所示。

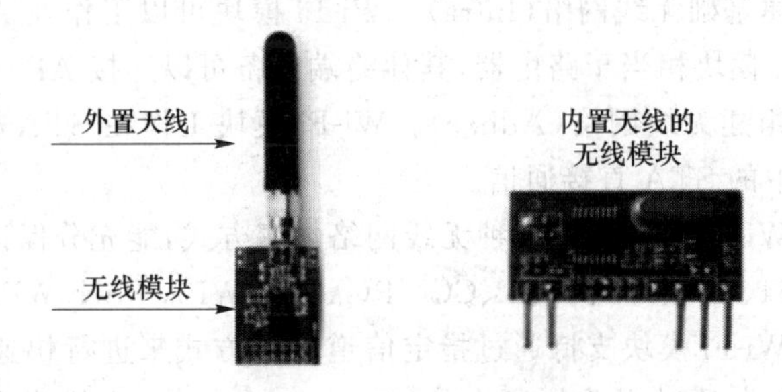

图4-17　无线数传模块实物

无线数传模块具有如下的特点。

(1) 模块可以工作在433/868/915 MHz频段,多频道多频段。

(2) 模块采用1.9~3.6 V低电压供电,待机功耗低到2 μA。

(3) 模块最大发射功率10 dBm,采用高抗干扰性的GFSK调制,可以跳频,速度可以达到50 kbit/s。

(4) 模块有独特的载波检测输出、地址匹配输出、数据就绪输出。

(5) 模块内置完整的通信协议和CRC校验,和嵌入式处理器之间可以采用SPI接口、USB、并行等多种接口进行通信。

(6) 模块内置环形天线,也可以外接有线天线。

4.9.3　Wi-Fi模块

Wi-Fi模块又名串口Wi-Fi模块,属于物联网的传输层,其功能是将串口或TTL电平转为符合Wi-Fi无线网络通信标准的嵌入式模块,大部分模块其本身也是一个基于嵌入式处理器的嵌入式系统,它们内置了Wi-Fi的驱动和无线网络协议IEEE 802.11b.g.n协议栈,以及TCP/IP协议栈。Wi-Fi模块可以和其他嵌入式处理器使用UART、SPI总线接口等进行数据交互。传统的硬件设备嵌入了Wi-Fi模块,可以直接利用Wi-Fi联入互联网,是实现无线智能家居、M2M等物联网应用的重要组成部分。如图4-18所示是Wi-Fi模块的实物示意。

图 4-18 Wi-Fi 模块实物

Wi-Fi 模块具有如下的功能和特点。

(1) 基于 AP 组建基础无线网络(Infra)。Wi-Fi 模块可以工作在 AP 模式下,由 Wi-Fi 模块创建 Infra,Wi-Fi 模块相当于路由器,其他终端设备可以连接 AP。

(2) 基于自组网组建无线网络(Adhoc)。Wi-Fi 模块工作在 STA 模式,连接路由器的 AP 或者与其他网络中的 STA 直接通信。

(3) 安全机制。Wi-Fi 模块支持多种无线网络加密方式,能充分保证用户数据的安全传输,包括 WEP、WEP64、WEP128、TKIP、CCMP(AES)、WPA-PSK、WPA2-PSK。

(4) 快速联网。Wi-Fi 模块支持通过指定信道号的方式来进行快速联网。在通常的无线联网过程中,会首先自动对当前的所有信道进行一次扫描,来搜索准备连接的目的 AP(或 Adhoc)创建的网络。模块提供了设置工作信道的参数,在已知目的网络所在信道的条件下,可以直接指定模块的工作信道,从而达到加快联网速度的目的。

(5) 地址绑定。Wi-Fi 模块支持在联网过程中绑定目的网络的 BSSID 地址。根据 802.11 协议规定,不同的无线网络可以具有相同的网络名称(也就是 SSID/ESSID),但是必须对应一个唯一的 BSSID 地址。非法入侵者可以通过建立具有相同的 SSID/ESSID 的无线网络的方法,使网络中的 STA 连接到非法的 AP 上,从而造成网络的泄密。通过 BSSID 地址绑定的方式,可以防止 STA 接入到非法的网络,从而提高无线网络的安全性。

(6) 无线漫游。Wi-Fi 模块支持基于 802.11 协议的无线漫游功能。无线漫游指的是为了扩大一个无线网络的覆盖范围,由多个 AP 共同创建一个具有相同的 SSID/ESSID 的无线网络,每个 AP 用来覆盖不同的区域,接入到网络的 STA 可以根据所处位置选择信号最强的 AP 接入,而且随着 STA 的移动自动在不同的 AP 之间切换。

Wi-Fi 模块的工作方式有主动型和被动型。

主动型设备联网指的是由设备主动发起连接,并与后台服务器进行数据交互(上传或下载)的方式。典型的主动型设备,如无线 POS 机,在每次刷卡交易完成后即开始连接后台服务器,并上传交易数据。其中,后台服务器作为 TCP 服务端,设备通过无线 AP/路由器接入到网络中,并作为 TCP 客户端。

被动型设备联网指的是,系统中所有设备一直处于被动等待连接的状态,仅由后台服务器主动发起与设备的连接,并进行请求或下传数据的方式。典型的应用,如在某些无线传感器网络中,每个传感器终端始终在实时采集数据,但是采集到的数据并没有马上上传,而是暂时保存在设备中。而后台服务器则周期性地每隔一段时间主动连接设备,并请求上传或下载数据。此时,后台服务器实际上作为 TCP 客户端,而设备则是作为 TCP 服务端。

4.10 A/D接口

A/D转换器是模拟信号源和CPU之间联系的接口,它的任务是将连续变化的模拟信号转换为数字信号,以便计算机和数字系统进行处理、存储、控制和显示。在工业控制和数据采集及许多其他领域中,A/D转换是不可缺少的。

4.10.1 A/D转换器的类型

A/D转换器有以下类型:逐位比较型、积分型、计数型、并行比较型、电压-频率型,主要应根据使用场合的具体要求,按照转换速度、精度、价格、功能及接口条件等因素来决定选择何种类型。常用的有以下两种。

1. 双积分型的A/D转换器

双积分型也称二重积分式,其实质是测量和比较两个积分的时间,一个是对模拟输入电压积分的时间T_0,此时间往往是固定的;另一个是以充电后的电压为初值,对参考电源V_{Ref}反向积分,积分电容被放电至零所需的时间T_1。模拟输入电压V_i与参考电压V_{Ref}之比,等于上述两个时间之比。由于V_{Ref}、T_0固定,而放电时间T_1可以测出,因而可计算出模拟输入电压的大小(V_{Ref}与V_i符号相反)。

由于T_0、V_{Ref}为已知的固定常数,因此反向积分时间T_1与输入模拟电压V_i在T_0时间内的平均值成正比。输入电压V_i越高,V_A越大,T_1就越长。在T_1开始时刻,控制逻辑打开计数器的控制门开始计数,直到积分器恢复到零电平时,计数停止。计数器所计出的数字正比于输入电压V_i在T_0时间内的平均值,于是完成了一次A/D转换。

由于双积分型A/D转换是测量输入电压V_i在T_0时间内的平均值的,所以对常态干扰(串模干扰)有很强的抑制作用,尤其对正负波形对称的干扰信号,其抑制效果更好。

双积分型的A/D转换器电路简单,抗干扰能力强、精度高,这是其突出的优点,但转换速度比较慢,常用的A/D转换芯片的转换时间为毫秒级。例如,12位的积分型A/D芯片ADCET12BC,其转换时间为1 ms,因此适用于模拟信号变化缓慢,对采样速率要求较低,而对精度要求较高,或现场干扰较严重的场合,在数字电压表中常被采用。

2. 逐次逼近型的A/D转换器

逐次逼近型(也称逐位比较式)的A/D转换器,其应用比积分型更为广泛,主要由逐次逼近寄存器SAR、D/A转换器、比较器及时序和控制逻辑等部分组成。它的实质是逐次把设定的SAR寄存器中的数字量经D/A转换后得到的电压V_c与待转换模拟电压V进行比较。比较时,先从SAR的最高位开始,逐次确定各位的数码应是“1”还是“0”,其工作过程如下。

转换前,先将SAR寄存器中各位清零。转换开始时,控制逻辑电路先设定SAR寄存器的最高位为“1”,其余位为“0”,此试探值经D/A转换成电压V_c,然后将V_c与模拟输入电压V_x比较。如果$V_x \geqslant V_c$,说明SAR最高位的“1”应予保留;如果$V_x < V_c$,说明SAR该位应予清零,然后再对SAR寄存器的次高位置“1”,依上述方法进行D/A转换和比较。如此重复上述过程,直至确定SAR寄存器的最低位为止。过程结束后,状态线改变状态,表明已完成

一次转换。最后，逐次逼近寄存器 SAR 中的内容就是与输入模拟量 V 相对应的二进制数字量。显然 A/D 转换器的位数 n 取决于 SAR 的位数和 D/A 的位数。转换结果能否准确逼近模拟信号，主要取决于 SAR 和 D/A 的位数。位数越多，越能准确逼近模拟量，但转换所需的时间也越长。

逐次逼近式的 A/D 转换器的主要特点是：转换速度较快，在 1 μs～100 μs 以内分辨率可以达 18 位，特别适用于工业控制系统；转换时间固定，不随输入信号的变化而变化；抗干扰能力相对积分型的差，例如，对于模拟输入信号，采样过程中，若在采样时刻有一个干扰脉冲叠加在模拟信号上，则采样时，包括干扰信号在内，都会被采样并转换为数字量，这就会造成较大的误差，所以有必要采取适当的滤波措施。

4.10.2 A/D 转换的重要指标

1. 分辨率

分辨率(resolution)反映的是 A/D 转换器对输入微小变化的响应能力，通常采用数字输出最低位(LSB)所对应的模拟输入的电平值来表示。n 位 A/D 能反映 $1/2n$ 满量程的模拟输入电平。由于分辨率直接与转换器的位数有关，所以一般也可简单地用数字量的位数来表示分辨率，即 n 位二进制数，最低位所具有的权值就是它的分辨率。值得注意的是，分辨率与精度是两个不同的概念，不要把两者混淆。即使分辨率很高，也可能由于温度漂移、线性度等原因，而使其精度不够高。

2. 精度

精度(accuracy)可用绝对误差(absolute accuracy)和相对误差(relative accuracy)两种方法表示。

绝对误差：在一个转换器中，一个数字量的实际模拟输入电压和理想模拟输入电压之差并非是一个常数。我们把它们之间的差的最大值定义为“绝对误差”。通常以数字量的最小有效位(LSB)的分数值来表示绝对误差，如±1 LSB 等。绝对误差包括量化误差和其他所有误差。

相对误差：是指在整个转换范围内，任一数字量所对应的模拟输入量的实际值与理论值之差，用模拟电压满量程的百分比表示。例如，10 位 A/D 芯片，满量程为 10 V，若其绝对误差为±1/2 LSB，则其最小有效位的量化单位为 9.77 mV，其绝对误差为 4.88 mV，其相对误差为 0.048%。

3. 转换时间

转换时间(conversion time)是指完成一次 A/D 转换所需的时间，即由发出启动转换命令信号到转换结束信号开始有效的时间间隔。转换时间的倒数称为转换速率。例如，AD570 的转换时间为 25 μs，其转换速率为 40 kHz。

4. 电源灵敏度

电源灵敏度(power supply sensitivity)是指 A/D 转换芯片的供电电源的电压发生变化时产生的转换误差。一般用电源电压变化 1%时相当的模拟量变化的百分数来表示。

5. 量程

量程是指所能转换的模拟输入电压范围，分单极性、双极性两种类型。例如，单极性量程为 0～+5 V，0～+10 V，0～+20 V；双极性量程为−5～+5 V，−10～+10 V。

6. 输出逻辑电平

多数 A/D 转换器的输出逻辑电平与 TTL 电平兼容。我们在考虑数字量输出与微处理的数据总线接口时,应注意是否要三态逻辑输出,是否要对数据进行锁存等。

7. 工作温度范围

由于温度会对比较器、运算放大器、电阻网络等产生影响,故只在一定的温度范围内才能保证额定精度指标。一般 A/D 转换器的工作温度范围为 0 ℃～700 ℃,军用品的工作温度范围为－55 ℃～＋125 ℃。

4.11 D/A 接口

4.11.1 D/A 转换器的种类

D/A 转换器的内部电路构成无太大差异,一般按输出是电流还是电压,能否作乘法运算等进行分类。大多数 D/A 转换器由电阻阵列和 n 个电流开关(或电压开关)构成。按数字输入值切换开关,产生比例于输入值的电流(或电压)。

1. 电压输出型

电压输出型 D/A 转换器(如 TLC5620)虽有直接从电阻阵列输出电压的,但一般采用内置输出放大器以降低阻抗输出。直接输出电压的器件仅用于高阻抗负载,由于无输出放大器部分的延迟,故常作为高速 D/A 转换器使用。

2. 电流输出型

电流输出型 D/A 转换器(如 THS5661A)很少直接利用电流输出,大多外接电流-电压转换电路得到电压输出,后者有两种方法:一是只在输出引脚上接负载电阻而进行电流-电压转换;二是外接运算放大器。用负载电阻进行电流-电压转换的方法虽可在电流输出引脚上出现电压,但必须在规定的输出电压范围内使用,而且由于输出阻抗高,所以一般外接运算放大器来使用。此外,大部分 CMOS D/A 转换器当输出电压不为零时不能正确动作,所以必须外接运算放大器。当外接运算放大器进行电流-电压转换时,电路构成基本上与内置放大器的电压输出型 D/A 转换器相同,这时由于在 D/A 转换器的电流建立时间上加入了运算放大器的延迟,因此响应变慢。此外,这种电路中运算放大器因输出引脚的内部电容而容易起振,有时必须作相位补偿。

3. 乘算型

D/A 转换器(如 AD7533)中有使用恒定基准电压的,也有在基准电压输入上加上交流信号的,后者由于能得到数字输入和基准电压输入相乘的结果而输出,因而被称为乘算型 D/A 转换器。乘算型 D/A 转换器一般不仅可以进行乘法运算,还可以作为使输入信号数字化地衰减的衰减器及对输入信号进行调制的调制器。

4.11.2 D/A 转换器的主要技术指标

1. 分辨率

分辨率(resolution)是指最小模拟输出量(对应数字量仅最低位为“1”)与最大模拟输出

量(对应数字量所有有效位为“1”)之比。

2. 建立时间

建立时间(setting time)是指将一个数字量转换为稳定模拟信号所需的时间,也可以认为是转换时间。D/A 中常用建立时间来描述其速度,而不是 A/D 中常用的转换速率。一般地,电流输出 D/A 的建立时间较短,电压输出 D/A 的建立时间则较长。

其他指标还有线性度(linearity)、转换精度、温度系数/漂移等。

4.12 JTAG 接口

JTAG 是英文 Joint Test Action Group(联合测试行为组织)的缩写,该组织成立于 1985 年,JTAG 国际标准测试协议是由几家主要的电子制造商发起制定的 PCB 和 IC 测试标准。JTAG 协议于 1990 年被 IEEE 批准为 IEEE 1149. 3—1990 测试访问端口和边界扫描结构标准。该标准规定了进行边界扫描所需要的硬件和软件。自从 1990 年批准后,IEEE 分别于 1993 年和 1995 年对该标准作了补充,形成了现在使用的 IEEE 1149. 1a—1993 和 IEEE 1149. 1b—1994。JTAG 主要应用于电路的边界扫描测试和可编程芯片的系统编程。

采用电路的边界扫描测试技术,通过由具有边界扫描功能的芯片构成的印刷板,以及相应的测试设备,检测已安装在印刷板上的芯片的功能,以及印刷板连线的正确性,同时,可以方便地检测该印刷板是否具有预定的逻辑功能,进而对由这种印刷板构成的数字电气装置进行故障检测和故障定位。

在硬件结构上,JTAG 接口包括两部分:JTAG 端口和控制器。与 JTAG 接口兼容的器件可以是微处理器(MPU)、微控制器(MCU)、PLD、CPL、FPGA、ASIC 或其他符合 IEEE 1149. 1 规范的芯片。IEEE 1149. 1 标准中规定对应于数字集成电路芯片的每个引脚都设有一个移位寄存单元,称为边界扫描单元 BSC。它将 JTAG 电路与内核逻辑电路联系起来,同时隔离内核逻辑电路和芯片引脚。由集成电路的所有边界扫描单元构成边界扫描寄存器 BSR。边界扫描寄存器电路仅在进行 JTAG 测试时有效,在集成电路正常工作时无效,不影响集成电路的功能。具有 JTAG 接口的芯片的内部结构如图 4-19 所示。

JTAG 接口

在对多个 JTAG 芯片编程时,可以组成 JTAG 菊花链结构(daisy chain),它是一种特殊的串行编程方式。每片 TDI 输入端与前面一片的 TDO 输出端相连,最前面一片的 TDI 端和最后一片的 TDO 端分别与 JTAG 编程接口的 TDI、TDO 相连,如图 4-20 所示。链中的器件数可以很多,只要不超出接口的驱动能力即可。通过状态机控制,可以使没有被编程的器件的 TDI 端直通 TDO 端,这样就可以使数据流形成环路,对各器件按序进行编程。使用者可以通过读取每个芯片特有的识别码以确定该器件在链中的位置。

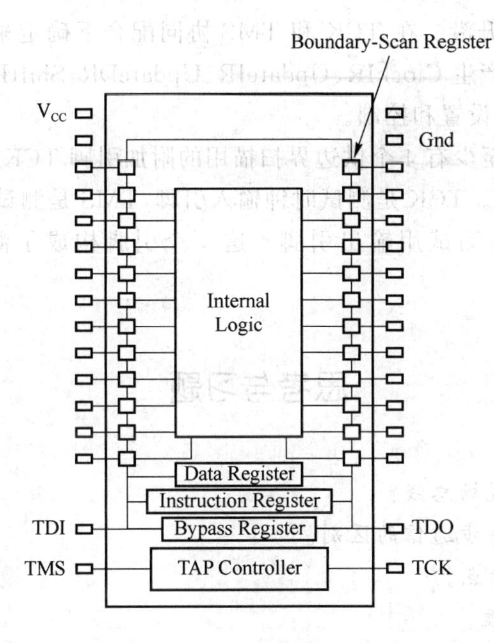

图 4-19 JTAG 接口芯片的内部结构

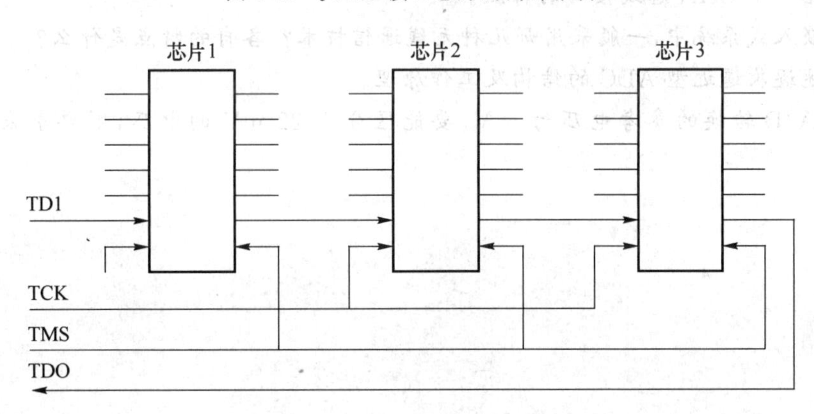

图 4-20 JTAG 菊花链结构

JTAG 菊花链的结构说明如下。

指令寄存器 IR:由两个或两个以上指令寄存单元和指令译码器组成,通过它可以串行输入执行各种操作的指令。

数据寄存器组:是一组基于电路的移位寄存器。操作指令被串行装入由当前指令所选择的数据寄存器。随着操作的执行,测试结果被移出。

边界寄存器 DR:在内部逻辑电路和各引脚之间均插入了一串边界扫描单元,形成了由 TDI 到 TDO 之间的边界寄存器链。

旁路寄存器 BP:它是 1 位寄存器。它的一端与 TDI 相连,另一端与 TDO 相连。在指令控制下,由 TDI 输入的数据可以直接经由本片的旁路寄存器送到 TDO。使用旁路寄存器,可以越过芯片 1、芯片 2 的边界寄存器,仅经过它们的旁路寄存器就能直接向芯片 3 输入数据。

测试访问端口(TAP)控制器:TAP 控制器是一个 16 位状态的莫尔型同步时序电路,响应于测试时钟 TCK 的上升沿。在 TCK 和 TMS 协同配合下确定来自 TDI 的串行数据是指令码还是测试码，进而产生 ClockIR、UpdateIR、UpdateDR、ShiftDR、Mode 和 Control 等信号，实现对 IR 和 DR 的设置和控制。

测试总线：这种芯片至少有 4 个供边界扫描用的附加引脚 TCK、TMS、TDI 和 TDO，还可以另设一个引脚 TRST。TCK 是测试时钟输入引脚，TMS 是测试方式选择引脚，TDI 是测试用输入引脚，TDO 是测试用输出引脚。这 4 个引脚构成了测试总线。TRST 是供 TAP 控制器复位用的。

思考与习题

1. 列举几种常见的现场总线？
2. 简述同步通信与异步通信的区别。
3. 简述 I^2C 总线的特点。
4. 简述 SPI 工作原理。
5. 介绍一下 CAN 总线接口的特点。
6. 在嵌入式系统中，一般采用哪几种无线通信技术？各自的特点是什么？
7. 简述逐次逼近型 ADC 的结构及工作原理。
8. 若 A/D 转换的参考电压为 5 V，要能区分 1.22 mV 的电压，则要求采样位数为多少？

第 5 章 嵌入式系统的软件体系结构

5.1 嵌入式系统的软件层次

单片机程序设计中的“分层思想”

嵌入式系统的结构如图 5-1 所示，其软件层由中间驱动层（也称硬件抽象层或板级支持包）、操作系统层和应用软件层组成。

应用软件层

操作系统层

中间驱动层

嵌入式处理器

其他外围硬件

图 5-1 嵌入式系统结构

中间驱动层为硬件层与系统软件层之间的部分，有时也称为硬件抽象层（HAL，hardware abstract layer）或者板级支持包（BSP，board support package）。对于上层的操作系统，中间驱动层提供了操作和控制硬件的方法和规则；而对于底层的硬件，中间驱动层主要负责相关硬件设备的驱动等。

嵌入式系统的四层结构

中间驱动层将系统上层软件与底层硬件分离开来，使系统的底层驱动程序与硬件无关，上层软件开发人员无须关心底层硬件的具体情况，根据中间驱动层提供的接口即可进行开发。

中间驱动层主要包含以下几个功能：底层硬件初始化、硬件设备配置及相关设备驱动程序的初始化。

(1) 底层硬件初始化操作按照自底而上、从硬件到软件的次序分为3个环节，依次是片级初始化、板级初始化和系统级初始化。

(2) 硬件设备配置对相关系统的硬件参数进行合理的控制以满足正常工作。

(3) 硬件相关的设备驱动程序的初始化通常是一个从高到低的过程。尽管中间层包含与硬件相关的设备驱动程序，但是这些设备驱动程序通常不直接由中间层使用，而是在系统初始化过程中由中间层将它们与操作系统中通用的设备驱动程序关联起来，并在随后的应用中由通用的设备驱动程序调用，实现对硬件设备的操作。

操作系统层由实时多任务操作系统(RTOS，real-time operation system)及其实现辅助功能的文件系统、GUI、网络系统和通用组件模块组成，其中RTOS是整个嵌入式系统开发的软件基础和平台。

应用软件层是开发设计人员在系统软件层的基础之上，根据需要实现的功能，结合系统的硬件环境所开发的软件。

5.2 嵌入式系统的中间驱动层

嵌入式系统的中间驱动层用于隔离实际硬件和操作系统，是将所有的硬件包装好形成独立接口的软件层，通常包括引导程序(Bootloader)、硬件配置程序和硬件访问代码三个部分。其会给操作系统和应用软件提供硬件抽象层的编程接口，从而使得上层软件开发用户不需要关心底层硬件的具体细节和差异，并且使得这些上层软件可以在不同的嵌入式硬件平台系统上进行移植。

5.2.1 中间驱动层的基础

中间驱动层又称为硬件抽象层(HAL)或板级支持包(BSP)，这两者大部分时候表达的意思相同，但是还是有一定区别的。

(1) HAL：是为了实现操作系统在不同的硬件平台之间的可移植性提出的一系列规范，通常由操作系统厂商提出。

(2) BSP：是按照HAL规范为不同的嵌入式系统硬件编写的应用代码，通常由硬件厂商给出。

HAL/BSP极大地提高了操作系统的硬件无关性，使得操作系统和应用程序可以控制和操作具体的硬件以完成相应的功能，所以其成了嵌入式系统中的必备部分。其具有硬件相关性和操作系统相关性两个特点。

(1) 硬件相关性：作为硬件和软件之间的接口，BSP必须提供操作和控制硬件模块的方法。

(2) 操作系统相关性：不同的操作系统具有不同的硬件层次结构，因此不同的操作系统具有特定的硬件接口形式。

BSP本质上是用于引导嵌入式系统启动一段代码的，和普通个人电脑的BIOS类似(BIOS在某种意义上也可以被看作BSP)，二者特点的对比如表5-1所示。一个嵌入式系统针对不同的操作系统通常会使用不同的BSP；同样，针对相同的操作系统，如果硬件有差异，也会使用不同的BSP。

表5-1 BIOS和BSP的对比

对比项	BIOS	BSP
系统启动	检测、初始化系统设备，装入操作系统并调度操作系统向硬件发出的指令	初始化嵌入式处理器和系统总线
是否和操作系统捆绑	否，是独立于主板的代码	是，通常和操作系统捆绑在一起运行
是否包括硬件驱动	否	是
用户修改	不能(通常意义)，只能进行参数设置	用户可以编程修改BSP，在BSP中任意添加与系统无关的驱动或者程序，甚至可以放入应用程序

BSP在嵌入式系统中的位置如图5-2所示，其为操作系统和硬件设备的互操作建了一个桥梁，操作系统通过BSP来完成对指定硬件的配置和管理，BSP向上层提供操作系统内核接口、操作系统I/O接口，以及与应用程序的接口。

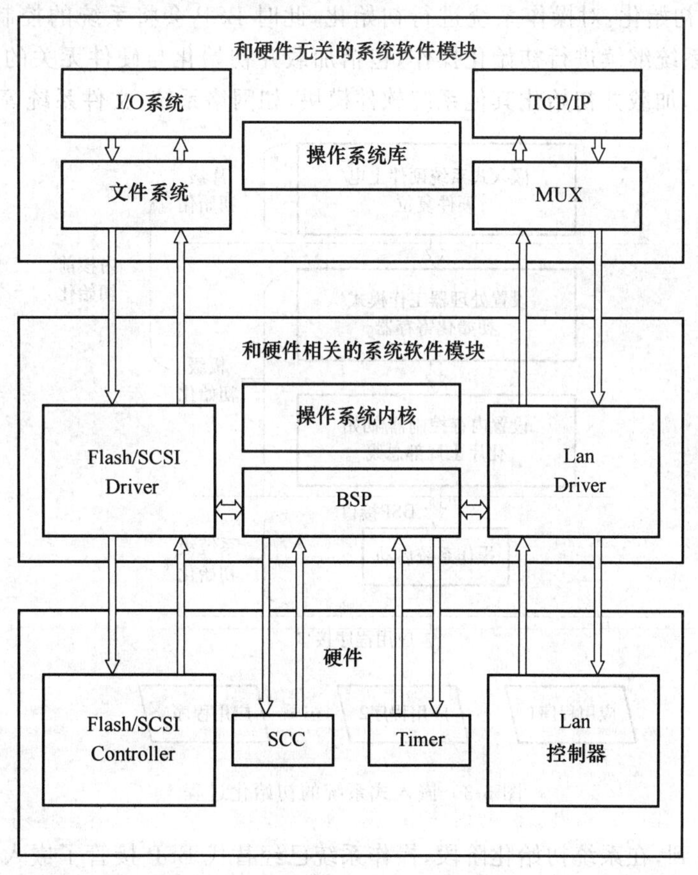

图5-2 BSP在嵌入式系统中的位置

5.2.2 BSP的功能

BSP的功能包括初始化嵌入式系统，以及处理嵌入式系统中与硬件相关的设备驱动，其来源于嵌入式操作系统与嵌入式硬件无关的设计思想，将操作系统运行在虚拟的硬件平台上。对于具体的硬件平台，与硬件相关的代码都被封装在BSP中，由BSP向上提供虚拟的硬件平台，与操作系统通过定义好的接口进行交互。BSP是所有与硬件相关的代码体的集合。

1. 初始化嵌入式系统

对嵌入式系统进行初始化是BSP的两个主要的功能之一，嵌入式系统的初始化过程包括软件初始化和硬件初始化，整体来说是按照自底向上、从硬件到软件的次序来进行的，可以分为如图5-3所示的片级初始化、板级初始化和系统级初始化3个步骤。

(1) 片级初始化：主要是完成对嵌入式处理器的初始化，包括通过对寄存器的设置来完成工作模式的选择等，其会把嵌入式处理器从上电时的默认状态切换到用户所要求的工作状态。

(2) 板级初始化：对嵌入式系统中其他硬件模块进行初始化，此外可能还需要设置某些软件的数据结构和参数，为随后的操作系统初始化做准备。

(3) 系统级初始化：对操作系统进行初始化，此时BSP会将系统的控制权交给操作系统，然后由操作系统继续进行初始化操作，包括加载并初始化与硬件无关的设备驱动程序，建立系统内存区，加载并初始化其他系统软件模块，如网络系统、文件系统等。

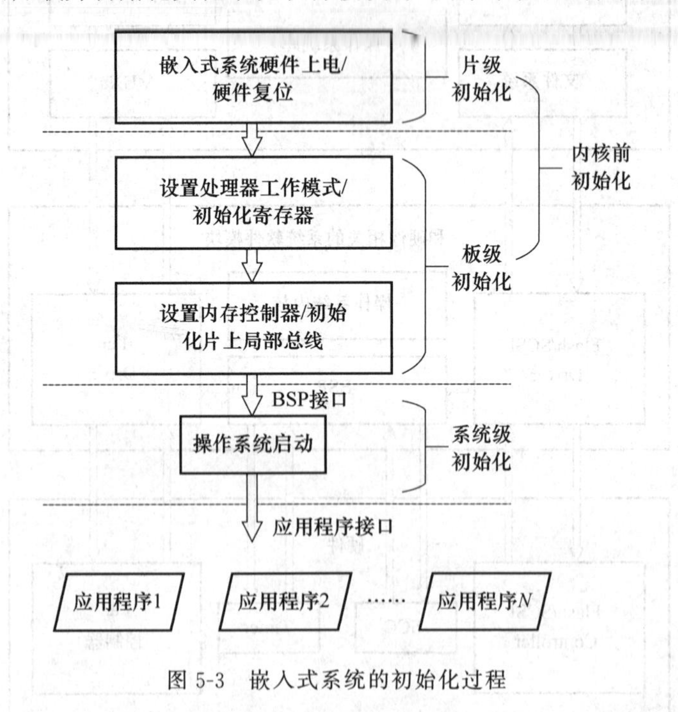

图5-3 嵌入式系统的初始化过程

我们可以看到，在系统初始化阶段，操作系统已经替代BSP接管了嵌入式系统硬件，但是其是否能成功的关键在于BSP主导的前两个阶段。

2. 处理与硬件相关的设备驱动程序

和系统初始化过程相反，嵌入式系统的硬件设备初始化和使用是一个从高层到底层的过程，尽管 BSP 中包含了与硬件相关的设备驱动程序，但是这些设备驱动程序通常不直接由 BSP 使用而是在系统初始化过程中由 BSP 将它们和操作系统中通用的设备驱动程序关联起来，并且在随后的应用中由通用的设备驱动程序来调用，从而实现对硬件设备的操作。

5.2.3 BSP 的设计

通常来说，BSP 的设计有以经典 BSP 作为参考和使用目标嵌入式操作系统提供的 BSP 模板两种方法。由于 BSP 包括嵌入式系统中大部分与硬件相关的软件模块，其在功能上包括嵌入式系统初始化及与硬件相关的设备驱动两个部分，所以一个完整的 BSP 设计和实现也需要包括嵌入式系统引导加载程序(Bootloader)和驱动程序设计两个部分，从而通常会使用“自下而上”的方法来实现 BSP 中的初始化操作，而使用“自上而下”的方法来实现与硬件相关的程序驱动。

BSP 软件与其他软件的最大区别在于其有一整套模板和格式，开发人员必须严格遵守，不允许任意发挥。在 BSP 软件中，绝大部分文件的文件名和所要完成的功能都是固定的，所以其开发一般来说都是在一个基本成型的 BSP 软件上进行修改，以适应不同嵌入式硬件的需求。针对某类处理器的嵌入式操作系统通常会提供一个基于最小系统的 BSP 包，用户可以以其为基础和参考开发自己的 BSP，其主要流程如下：

(1) 掌握开发 BSP 所使用的 PC 电脑上的操作系统、嵌入式系统上的目标操作系统，以及在这两个操作系统下开发 BSP 的要求；

(2) 熟悉目标嵌入式处理器的使用方法；

(3) 熟悉嵌入式系统中其他硬件的使用方法和嵌入式系统的硬件结构；

(4) 根据嵌入式系统硬件确定一个最小 BSP 模板；

(5) 利用仿真器等设备进行调试，将这个最小 BSP 移植到目标嵌入式系统上；

(6) 在最小 BSP 的基础上，利用集成开发环境等软件进一步调试外围设备，配置、完善系统；

(7) 设计嵌入式系统的硬件设备驱动程序。

5.3 嵌入式系统的引导加载程序

5.3.1 Bootloader 的基础

嵌入式系统引导软件(Bootloader)是 BSP 的一部分，是嵌入式系统上电后运行的第一段软件代码，是整个系统执行的第一步。Bootloader 依赖于具体的嵌入式硬件结构，核心功能是操作系统引导(boot)和加载(load)，此外还可以支持简单的用户命令交互、操作系统启动参数设置、系统自检和硬件调试等功能。Bootloader 通常会存放在被称为 boot ROM 的非易失性的存储器(通常是 NOR Flash ROM)中，可以存储操作系统映像、应用程序代码和用户配置数据等信息。

Bootloader 不仅应用于嵌入式系统中,还存在于普通个人电脑中。例如,和 BIOS 一起引导操作系统加载的 LILO 和 GRUB,个人电脑的 BIOS 在完成硬件检测和资源分配后,将硬盘中的 Bootloader 读到 RAM 中,然后将控制权交给 Bootloader,Bootloader 主要的运行任务就是将内核镜像从硬盘上读到 RAM 中,然后跳转到内核的入口点去运行,即开始启动操作系统。

在嵌入式系统中 Bootloader 通常不存在 BIOS,所以相对于个人电脑上的 Bootloader 所做的工作,嵌入式系统的 Bootloader 不仅要完成将内核镜像从硬盘上读到 RAM 中,并引导启动操作系统内核,还需要完成 BIOS 所做的硬件检测和资源分配工作。可见,嵌入式系统中的 Bootloader 比个人电脑中的 Bootloader 更强大,功能更多。

5.3.2 Bootloader 的工作模式

通常来说,Bootloader 包括启动加载模式(bootloading)和下载模式(downloading)两种不同的工作模式,前者面向用户,后者面向开发人员。

启动加载模式又称自主模式,是指 Bootloader 从目标机上的某个固件存储设备上将操作系统加载到 RAM 中运行,整个过程不需要用户的介入,是 Bootloader 的正常工作模式。当嵌入式系统产品最终发布时,Bootloader 会被默认工作在该模式下。

下载模式下目标系统的 Bootloader 将通过串口、网络或 USB 等接口从主机下载文件,如操作系统内核镜像、文件系统镜像等,这些文件首先被 Bootloader 保存到嵌入式系统的 RAM 中,然后被写入嵌入式系统的 Flash 等固态存储设备中。这种模式通常在第一次安装内核与根文件系统时使用,又或者在系统更新中使用,工作于该模式下的 Bootloader 通常都会向它的中断用户提供一个简单的命令接口。

5.3.3 Bootloader 的启动方法

常见的 Bootloader 会提供磁盘启动、Flash 启动和网络启动 3 种启动方法。

1. 磁盘启动方法

个人电脑通常会使用磁盘启动方法,如 Linux 系统运行在台式机或者服务器上,这些计算机一般都使用 BIOS 引导,并且使用磁盘作为存储介质。如果进入 BIOS 设置菜单,可以探测处理器、内存、硬盘等设备,还可以设置 BIOS 从软盘、光盘或者某块硬盘启动,但 BIOS 并不直接引导操作系统,因此,在硬盘的主引导区,还需要一个 Bootloader。这个 Bootloader 可以通过磁盘启动方式从磁盘文件系统中把操作系统引导起来。

Linux 传统上是通过 LILO(linux loader)引导的,后来又出现了 GNU 的软件 GRUB (GRand Unified Bootloader)。GRUB 是 GNU 计划的主要 Bootloader。GRUB 最初是由 Erich Boleyn 为 GNU Mach 操作系统撰写的引导程序。后来由 Gordon Matzigkeit 和 Okuji Yoshinori 接替了 Erich 的工作,继续维护和开发 GRUB。这两种 Bootloader 被广泛应用在 X86 的 Linux系统上,你的开发主机可能就使用了其中一种,熟悉它们有助于配置多种系统引导功能。另外,GRUB 能够使用 TFTP 和 BOOTP/DHCP 通过网络启动,这种功能对于系统开发过程很有帮助。

2. Flash 启动方法

Flash 启动方法是嵌入式产品最常用的启动方法，其可以直接从 Flash 启动，也可以将压缩的内存映像文件从 Flash 中复制，然后解压到 RAM，再从 RAM 启动（为节省 Flash 资源、提高速度）。Flash 存储介质有很多类型，包括 NOR Flash、NAND Flash 等，其中 NOR Flash 使用得最为普遍。

因为 NOR Flash 支持随机访问，所以代码可以直接在 Flash 上执行。Bootloader 一般是存储在 Flash 芯片上的，内核镜像和 RAM DISK 也是存储在 Flash 上的。通常需要用户把 Flash 分区使用，每个区的大小应该是 Flash 擦除大小的整数倍。如图 5-4 所示是 Flash 存储示意图。

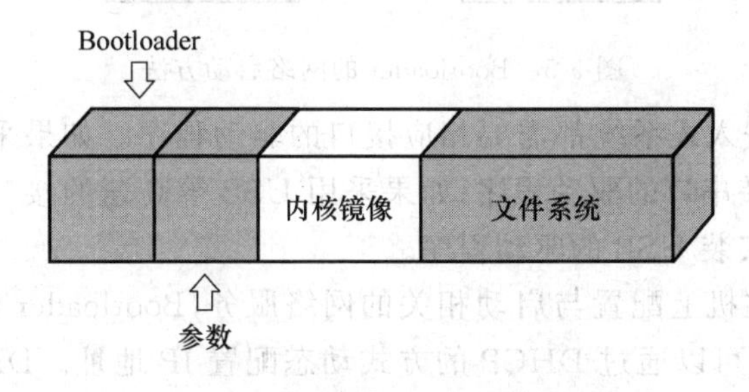

图 5-4 Flash 存储示意图

首先，将 Bootloader 放在 Flash 的底端或者顶端，这是根据处理器的复位向量设置的，要使 Bootloader 的入口位于处理器上电执行第一条指令的位置，其次，分配参数区，将其作为 Bootloader 的参数保存区域，然后分配内核镜像区，Bootloader 引导内核，就是要从此处把内核镜像解压到 RAM 中去，并跳转到内核镜像入口执行，最后分配文件系统区。

另外，还可以分出一些数据区，这要根据实际需要和 Flash 的大小来决定。这些分区是开发者定义的，Bootloader 一般直接读写对应的偏移地址。

除了使用 NOR Flash，还可以使用 NAND Flash、Compact Flash、Disk On Chip 等，这些 Flash 具有芯片价格低、存储容量大的特点，但是这些芯片一般通过专用控制器的 I/O 方式来访问，不能随机访问，因此其引导方式跟 NOR Flash 也不同。在这些芯片上，需要配置专用的引导程序。通常，这种引导程序起始的一段代码会把整个引导程序复制到 RAM 中运行，从而实现自举启动，这跟从磁盘上启动有些相似。

3. 网络启动方法

网络启动方法通常会应用于嵌入式系统的开发过程中，如图 5-5 所示。Bootloader 通过以太网接口远程下载内核镜像或者文件系统，在这种方式下嵌入式系统不需要配置较大的存储介质，但是使用这种启动方法之前需要把 Bootloader 安装到板上的 EPROM 或者 Flash 中。

最常见的交叉开发环境就是用网络启动方法建立的，所以这种启动方法对于嵌入式系统开发来说非常重要，但是其使用也是需要具备一定条件的，具体如下。

(1) 目标嵌入式系统有串口、以太网接口或者其他连接方式。串口一般可以作为控制台，同时可以用来下载内核影像和文件系统，但是由于其通信传输速率过低不适合用来挂接大型文件系统（如 NFS），所以以太网接口成为通用的互联设备。大部分嵌入式系统都可以配置 10 Mbit/s 的以太网接口。

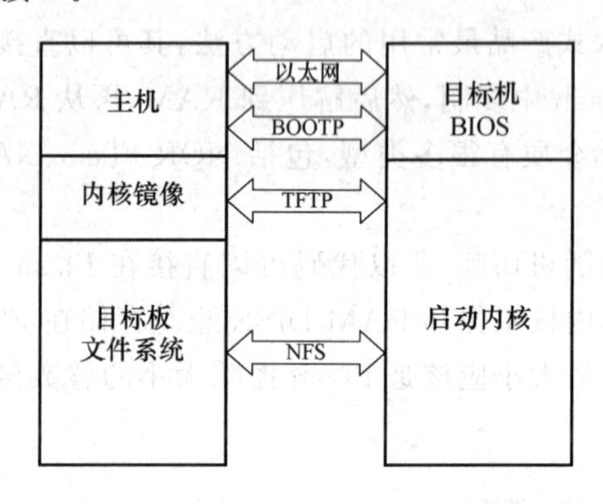

图 5-5 Bootloader 的网络启动方法

(2) 开发主机和嵌入式系统都需要相应接口的驱动程序。如果采用串口,则开发主机和开发板的两端要安装串口的驱动程序;如果采用 USB 等高速的接口形式,则开发主机和开发板两端都需要先安装 USB 的驱动程序。

(3) 需要在开发主机上配置与启动相关的网络服务,Bootloader 的下载文件一般都使用 TFTP 网络协议,还可以通过 DHCP 的方式动态配置 IP 地址。DHCP/BOOTP 服务为 Bootloader 分配 IP 地址、配置网络参数之后嵌入式系统才能够支持网络传输。如果 Bootloader 可以直接设置网络参数,就可以不使用 DHCP,而用 TFTP 服务。TFTP 服务同样为 Bootloader 客户端提供文件下载功能,把内核镜像和其他文件放在指定目录下。这样,Bootloader 可以通过简单的 TFTP 协议远程下载内核镜像到内存。

5.3.4 Bootloader 的启动流程

当上电复位后嵌入式系统即开始执行 BSP 代码来对系统进行初始化,其详细步骤可以描述如下,其中步骤(1)到步骤(8)通常会使用汇编语言来完成。

(1) 设置中断和异常向量。

(2) 完成嵌入式系统启动所必需的最小配置,通常来说是对嵌入式处理器中的全局寄存器进行配置。

(3) 如果嵌入式系统有看门狗电路(WDT),则需要对其进行设置。

(4) 配置嵌入式系统所使用的存储器并为其分配地址空间,包括 Flash、SRAM 和 DRAM 等。如果系统使用了 DRAM 存储器或其他外设,则需要设置相关的寄存器以确定其刷新频率、数据总线宽度等信息,并初始化存储器系统。如果嵌入式处理器具有 MMU 单元,则可以使用它来管理内存空间。

(5) 为嵌入式处理器的每个工作模式设置栈指针。

(6) 对变量进行初始化,这里的变量指的是在软件中定义的已经赋好初值的全局变量。启动过程中需要将这部分变量从只读区域(通常是 Flash)拷贝到读写区域中,因为这部分变量的值在软件运行时有可能被重新赋值。还有一种变量不需要处理,就是已经赋好初值的静态全局变量。这部分变量在软件运行过程中不会改变,因此可以直接被固化在只

嵌入式系统
Bootloader 技术内幕

读的 Flash 或 EEPROM 中。

(7) 准备数据区,对于软件中所有未赋初值的全局变量,启动过程中需要将这部分变量所在区域全部清零。

(8) 调用如 main 函数等高级语言入口函数,此后的操作会交给高级语言来完成,其主要目的是实现操作系统的加载。

(9) 进一步完成嵌入式系统的初始化,包括嵌入式处理器、嵌入式系统的其他硬件模块,以及对中断系统的继续初始化等。

(10) 如果要在 RAM 中运行操作系统,则需要将内核代码和根文件系统复制到 RAM 中。

(11) 向操作系统内核传递启动参数并且调用内核代码。

思考与习题

1. 简述嵌入式系统的中间驱动层 BSP 的功能。
2. Bootloader 主要完成哪些工作?
3. 简述嵌入式软件开发中的程序下载启动与程序固化自启动方式。

第6章 嵌入式操作系统

6.1 嵌入式操作系统概述

近年来嵌入式系统在各行各业得到了广泛的应用，其中嵌入式操作系统(EOS，embedded operation system)作为系统软件在嵌入式系统中占有重要地位。

传统嵌入式系统中的硬件以8位或16位微控制器为主，软件结构基本上是简单的循环处理和中断处理。随着系统越来越复杂，需要处理的任务越来越多，简单的循环结构已经不能满足需要，这时就需要一种系统软件来管理各种软硬件资源，提供应用程序接口。操作系统就是一种管理各种系统资源的软件，在嵌入式系统中起到重要作用，但并不是所有的嵌入式系统都有操作系统，只有当应用程序足够复杂，用简单的程序结构实现起来比较困难时，操作系统才是必要的。操作系统的应用大大简化了应用软件的编写，极大地提高了工作效率，使应用软件的跨平台移植更加容易。

嵌入式操作系统

嵌入式操作系统是嵌入式系统的重要组成部分，负责嵌入式系统的软硬件资源分配、任务调度、控制与协调并发活动，它体现其所在系统的特征，能够通过装卸某些模块来实现系统所要求的功能。嵌入式操作系统由于通常具有实时性，又被称为实时操作系统(RTOS)。实时操作系统是指当外界事件或数据产生时，能够接收并以足够快的速度予以处理，其处理的结果又能在规定的时间内来控制生产过程或对处理系统做出快速响应，并控制所有实时任务协调、一致运行的操作系统。所谓足够快，就是要使任务能在最晚启动时间之前启动，能在最晚结束时间之前完成，因而，提供及时响应和高可靠性是其主要特点。实时系统与非实时系统的本质区别就在于实时系统中的任务有时间限制，实时操作系统可以用于需要实时特性的场合，而后者则不行。

嵌入式实时操作系统是嵌入式操作系统的重要组成部分。实时操作系统并没有统一的、唯一的定义，现在大家比较认同的一种观点是实时操作系统具有可预测性，即系统对外界随机输入的反应是可预测的。操作系统的实时性一般都是通过进程调度策略的可抢占性来实现的。进程调度除了按时间片(time slice)轮转外，还要对任务设定优先级。当优先级较高的任务处于"ready"状态时,任务调度进程将中断处于"executing"状态的优先级较低的任务,转而将上下文切换到优先级较高的任务,并开始运行该任务。

按照对外界输入的响应方式,实时操作系统可分为强实时和弱实时两种:强实时要求在规定的时间内必须完成操作,这是在设计操作系统时保证的;弱实时则只要按照任务的优先级,尽可能快地完成操作即可。所以用户在选择操作系统时要考虑具体的应用场合,而不要盲目追求实时性。比如,在工业控制、航空航天等方面必须要求强实时性,而在掌上电脑、导航仪等产品上则未必需要强实时性。另外,处理器运行速度的提高可以在一定程度上弥补实时性的不足。

EOS过去主要应用于工业控制和国防系统领域。目前,已推出一些应用比较成功的EOS产品系列。随着互联网技术和物联网技术的发展、信息家电的普及应用,以及EOS的微型化和专业化,EOS开始从单一的弱功能向高专业化的强功能方向发展。

6.2 嵌入式操作系统的特点

和通用操作系统相比,嵌入式操作系统除具备一般操作系统最基本的功能,如任务调度、同步机制、中断处理、文件功能等外,在系统实时高效性、硬件的相关依赖性、软件固化以及应用的专用性等方面具有较为突出的特点。

(1) 可装卸性。嵌入式操作系统具有开放性、可伸缩性的体系结构,用户可以比较方便地添加或者删除组件。

(2) 实时性强。嵌入式操作系统的实时性一般较强,可用于各种设备控制,能对外部状态进行及时响应。

(3) 接口统一。嵌入式操作系统会为各种设备提供驱动接口以方便用户连接外部设备。

(4) 操作简便。嵌入式操作系统提供友好的图形用户界面(GUI),使用户易学易用。

(5) 网络功能强大。嵌入式操作系统支持TCP/IP协议及其他协议,提供TCP/UDP/IP/PPP协议并支持统一的MAC访问层接口,为各种移动计算设备预留接口。

(6) 稳定性强,交互性弱。嵌入式系统一旦开始运行就不需要用户对其进行过多的干预,这就要求负责系统管理的EOS具有较强的稳定性。嵌入式操作系统的用户接口一般不提供操作命令,它通过系统调用命令向用户程序提供服务。

(7) 代码固化。在嵌入式系统中,嵌入式操作系统和应用软件被固化在嵌入式系统的ROM或者Flash存储器中,辅助存储器在嵌入式系统中很少使用,因此,嵌入式操作系统的文件管理功能易于拆卸,能够采用各种内存文件系统。

(8) 硬件适应性强。嵌入式操作系统具有更好的硬件适应性也就是良好的移植性。

6.3 嵌入式操作系统的分类

嵌入式操作系统有多种分类方法,通常来说可以按照应用领域、实时性和商业性进行分类。

1. 应用领域

从应用领域可以将嵌入式操作系统分为面向工业控制的操作系统(如 VxWorks)、面向汽车电子的嵌入式操作系统(如 QNX)、面向消费电子的嵌入式操作系统(如 Android 和 iOS),面向通用嵌入式系统的操作系统(如 Linux)、面向物联网应用的物联网操作系统(如 Mbed OS、AliOS Things)。

2. 实时性

按照操作系统的实时性,可以将嵌入式操作系统分为实时嵌入式操作系统(如 VxWorks、QNX)和非实时嵌入式操作系统(如普通嵌入式 Linux、Android 等)。前者主要用于各种对实时性要求较高的场合,如飞机、汽车、军事和工业控制,后者通常用于各种消费类电子产品,如智能手机、平板电脑、智能水表等。

3. 商业性

按照商业性可以将嵌入式操作系统分为商用型和开放源代码型。前者需要收取使用版权费用,但具有功能稳定、可靠的特点,通常会提供完善的技术支持和售后服务;而后者源代码开放便于用户自行修改,其对比如表 6-1 所示。

表 6-1 嵌入式操作系统的商业性比较

对比项	商用型	开源型
购买费用	需要	免费
版权费用	需要	免费
技术支持	完善	无
封闭性	较高	开放
开发周期	长	短
稳定性	通常很高	通常较低

6.4 嵌入式操作系统的功能

6.4.1 内核

嵌入式操作系统的功能

内核(kernel)是操作系统最核心的部分,其主要功能就是进行任务调度。所谓调度,就是决定多任务的运行状态,哪个任务应该处于哪种状态。内核最核心的服务就是任务调度,其中也包含了操作系统的初始化、时钟滴答服务、任务的创建和删除、任务的挂起及恢复、多种事件管理及中断管理。

对于微内核和实时多任务操作系统来说,在掌握了内核的组成、实现和功能之后,才可以对其进行扩充以实现更为复杂的功能。这就如同树上的果实,最核心的部分就是内核。内核也是程序,运行也要占用 CPU 的时间,因此实时内核的运行效率应尽可能高,调度算法应尽可能好。一般情况下,设计得比较好的系统内核只占用 2%～5%的 CPU 负荷。

除了时间,内核还要占用空间。要进行任务调度,就要有大量的数据结构,如任务控制块、就绪表、信号量、邮箱、消息队列等，并且为了进行任务切换，每个任务都有自己的堆栈空间，占用大量的 RAM 空间，因此，没有扩充内存的 51 单片机由于没有足够的内存空间而不能运行操作系统或不能够创建较多的任务，内存较大的 STM32 则可以。

操作系统内核分为不可剥夺型内核和可剥夺型内核。

1. 不可剥夺型内核

不可剥夺型内核的含义是，任务一旦获得了 CPU 的使用权，得到了运行，不管是否有更紧迫的任务在等待(如高优先级的任务已经进入就绪状态)，如果不将自己阻塞，就将一直运行。如果发生了中断，中断服务程序运行完毕后也要返回到原任务运行。图 6-1 描述了不可剥夺型内核的调度示例。

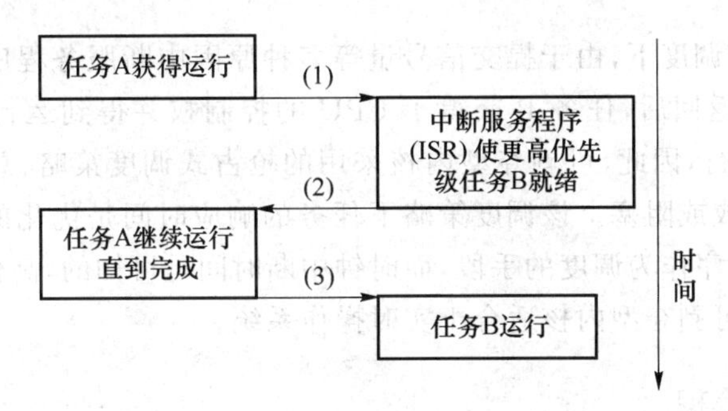

图 6-1 不可剥夺型内核调度示例

在图 6-1 中：

(1) 在任务 A 运行时发生中断，进入中断服务程序；

(2) 从中断返回，继续运行任务 A；

(3) 任务 A 结束，任务 B 获得运行。

由于任务 A 优先级较低，在运行中发生中断时，CPU 将控制权交给中断服务程序，任务 A 被挂起。中断服务程序将更高优先级的任务 B 从睡眠态或阻塞态恢复到就绪态。由于采用不可剥夺型内核，中断服务程序返回后，仍将 CPU 交给任务 A 运行，直到任务 A 运行完成或阻塞，才将 CPU 交给任务 B，如此一来，任务 B 才得以运行。

由此可见，采用不可剥夺型内核，其缺点在于响应时间太长。高优先级的任务就算是进入就绪状态，也必须等待低优先级的任务运行完成或阻塞后才能得到运行，其响应时间不能确定，因此不适合实时操作系统。

2. 可剥夺型内核

可剥夺型内核采用不同的调度策略，最高优先级的任务一旦就绪，就能获得 CPU 的控制权，得以运行，不管当前运行的任务运行到了什么状态。

如图 6-2 所示为可剥夺型内核的调度示例。

图 6-2 中的流程如下：

(1) 任务 A 运行时发生中断，进入中断服务程序；

(2) 从中断返回，任务 B 优先级较高获得运行；

(3) 任务 B 结束，任务 A 恢复运行。

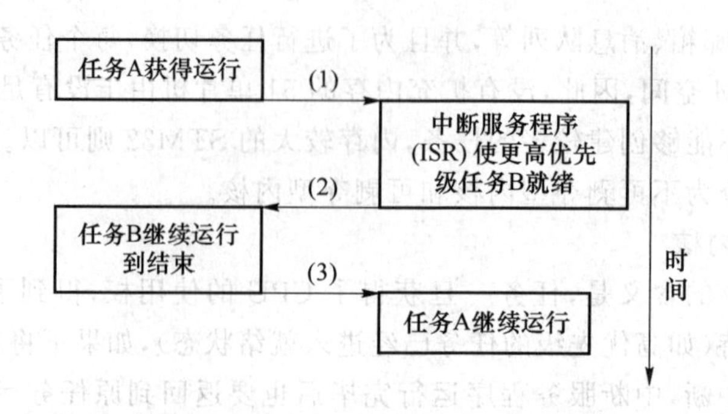

图 6-2 可剥夺型内核的调度示例

在可剥夺型内核调度下,由于提交信号量等多种原因中断服务程序可以将高优先级的任务 B 就绪,在中断返回后,任务 B 获得了 CPU 的控制权并得到运行。任务 B 运行结束后,任务 A 才得到运行,因此,可剥夺型内核采用的抢占式调度策略,总是让优先级最高的任务运行,直到其完成或阻塞。该调度策略下任务的响应时间是优化的。因为操作系统总是以时钟中断服务程序作为调度的手段,而时钟中断时间是可知的,高优先级任务的运行时间也是可知的,因此可剥夺型内核适合于实时操作系统。

6.4.2 任务管理

1. 任务

现代操作系统都建立在任务(task)的基础上,任务是操作系统中一个基本的执行单元,任务是程序的动态表现,在嵌入式操作系统中体现为线程(thread),即程序的一次执行过程。程序是静止的,存在于 ROM、硬盘等设备中。任务是动态的,存在于内存或闪存中,有睡眠、就绪、运行、阻塞、挂起等多种状态。相同程序的多次执行是被允许的,这样就形成了多个优先级不同的任务,每一个都是独立的。

在嵌入式操作系统中,应用程序的设计过程被分割为多个任务,每个任务都有自己的优先级,在操作系统的调度下协调运行。典型的任务运行方式是循环,一般的任务都是以循环的方式运行的,非循环的任务是不被允许返回的,而是采取删除自己的方式结束。

实时操作系统是多任务的操作系统,系统中有多个任务在执行。多任务的运行环境提供了一个基本机制,让上层应用软件来控制或反馈真实的或离散的外部世界。从宏观上可以看作在单个 CPU 执行单元上同时执行多个任务;从微观上看,是 CPU 通过快速切换任务来执行任务。其中有用户任务,也有操作系统的系统任务,如空闲任务和统计任务。多任务的运行相对于其他的系统,其优点是可以大大提高 CPU 的利用率,但这又必然使应用程序被分成多个程序模块。模块化使应用程序更易于设计和维护。例如,在一个 ARM 采集处理系统中,同时采集 16 路信号,又同时对多信号进行处理和传输,可以创建 16 个任务,负责 16 路信号的采集,创建一个任务对信号进行处理,再创建一个任务负责数据的传输。

2. 任务状态

任务是动态的,为了管理和调度任务,我们必须为任务设置多个状态,如图 6-3 所示是任务状态图,图中我们可以看到任务的状态及它们之间的关系。

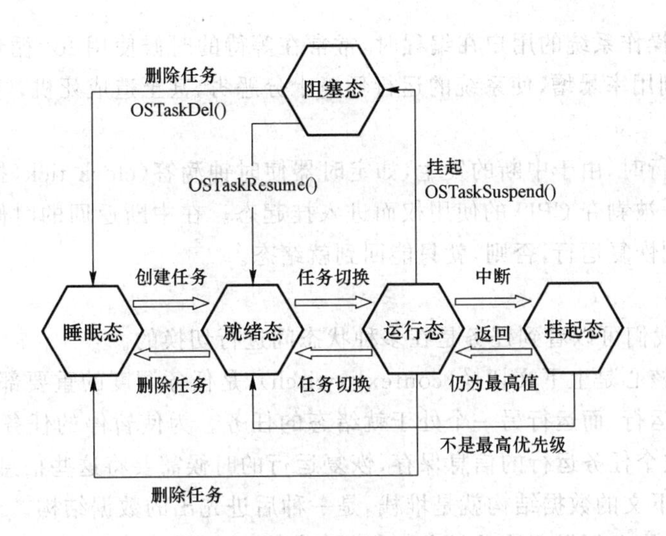

图 6-3 任务状态图

在嵌入式操作系统中,任务一般具有 5 种状态。

(1) 睡眠态

任务已被装入内存,但运行尚未准备就绪。任务以代码的形式存在于内存中,在调用任务创建函数之前,处于睡眠态。此时的任务是不会得到运行的,操作系统不会为其设置准备运行的数据结构,也不会为其配置任务控制块。

(2) 就绪态

当操作系统通过调用任务创建函数创建一个任务后,任务就进入就绪态了。我们从图 6-3 中可以看出,任务也可以从其他状态切换到就绪态。处于就绪态的任务,操作系统已经为其运行配置好了任务控制块等数据结构,当没有比其优先级更高的任务,或比其优先级更高的任务处于阻塞态的时候,其就能被操作系统调度而进入运行态。从就绪态到运行态,操作系统是通过调用任务切换函数完成的。

(3) 运行态

运行态是任务真正占有 CPU,得到运行的状态。这时运行的代码就是任务的代码。处于运行态的任务如果运行完成,就会切换到睡眠态。如果有更高优先级的任务抢占了 CPU,处于运行态的任务就会切换到就绪态。如果因为等待某一事件,需要暂时放弃 CPU 的使用权而让其他任务得以运行,处于运行态的任务就进入了阻塞态。当由于中断的到来而使 CPU 进入中断服务程序(ISR),必然使正在运行的任务放弃 CPU 而转入中断服务程序,这时被中断的程序就被挂起而进入挂起态。

总之,任务要得到运行就必须进入运行态,CPU 只有一个,不能让每个任务同时进入运行态,进入运行态的任务有且只有一个。

(4) 阻塞态

阻塞对于操作系统的调度、任务的协调运行是非常重要的。当任务在等待某些还没有被释放的资源或等待一定的时间时,把自己阻塞起来,使得操作系统可以调度其他的任务,待条件满足时再重新回到就绪态,又能被操作系统调度以进入运行态,这是实时多任务操作系统必须要实现的功能之一。

一些不理解操作系统的用户在编程时，常常在等待的时候使用 for 循环，不停地执行代码而使 CPU 的利用率暴增，使系统的运行环境十分恶劣，甚至造成死机，这是不可取的。

(5) 挂起态

当任务在运行时，由于中断的发生，如定时器使时钟滴答(clock tick，指每个时钟周期)中断，导致该任务被剥夺 CPU 的使用权而进入挂起态。在中断返回的时候，若该任务还是最高优先级的，则恢复运行，否则，就只能回到就绪态。

3. 任务切换

从图 6-3 中我们可以看到任务是在多种状态间进行切换的。

任务切换的核心是上下文切换(context switch)，是任务调度的重要部分。任务切换是暂停一个任务的运行，而运行另一个处于就绪态的任务。为使暂停的任务以后又能恢复运行，必须考虑将这个任务运行的信息保存，恢复运行的时候需要将这些信息恢复到运行环境中。这种保存上下文的数据结构就是堆栈，是一种后进先出的数据结构。

于是，任务切换必须做环境的保存和恢复的操作。环境的保存和恢复与任务有关，也与任务运行的硬件环境相关。PC 和 ARM 就有不同的 CPU 寄存器，很明显，其保存和恢复的内容大不相同。

4. 任务栈

每个任务的栈空间是在创建任务时就分配好的，每个任务都必须有自己的任务栈空间，为了防止任务栈溢出，或踩到其他区域从而导致更严重的系统问题，操作系统需要采取适当措施将损失降到最小。

严格地讲，没有方法可以保证当前任务栈不溢出，操作系统所能做的且需要做的事情有两个：第一个是侦测任务栈溢出；第二个是悬起栈溢出的任务，防止此任务给系统带来更大危害。

栈溢出侦测的方法一般有以下两种：

(1) 在支持内存管理单元(MMU，memory manage unit)的操作系统中，可以给任务栈上下各自加入一个警戒区，一般是一页的空间，并且设置此警戒区为不可访问，一旦有任务栈上溢出或者下溢出，那么将会导致某个硬件异常，从而可以在异常处理中捕获这个错误，并定位是哪个任务导致的，从而做出进一步处理。

(2) 在不支持 MMU 的操作系统中，我们可以在任务栈的边缘写入一个特定的初始数值，然后检测该数值是否有变化，如果数值发生了变化，则说明发生了栈溢出，因为栈的边缘被修改了。

5. 任务调度

多任务运行的关键在于如何进行调度，任务调度主要是协调任务对计算机系统资源的争夺使用。对系统资源非常匮乏的嵌入式系统来说，任务调度尤为重要，它直接影响到系统的实时性能，很多嵌入式操作系统都有自己的调度算法。通常，多任务调度机制分为基于优先级抢占式调度和时间片轮转调度。

(1) 基于优先级抢占式调度：系统中每个任务都有一个优先级，内核总是将 CPU 分配给处于就绪态的优先级最高的任务。如果系统发现就绪队列中有比当前运行任务优先级更高的任务，就把当前运行任务置于就绪队列中，并调入高优先级任务运行。系统采用优先级抢占方式进行调度，可以保证重要的突发事件及时得到处理。

(2) 时间片轮转调度:让优先级相同且处于就绪状态的任务按时间片使用 CPU,以防止同优先级的某一任务长时间占用 CPU。在一般情况下,嵌入式实时操作系统采用基于优先级抢占式调度与时间片轮转调度相结合的调度机制。

例如,μC/OS 采用的是可剥夺优先级调度算法。基于优先级的调度算法在 μC/OS-II 的一些版本中,可以同时有 64 个任务就绪,每个任务都有各自的优先级。优先级用无符号整数来表示,从 0 到 63,数字越大则优先级越低。在较新的 μC/OS-II 中支持 256 个任务。在 μC/OS-III 中,任务的数量不限制,优先级也可以相同,但不同优先级的任务仍采用基于优先级的调度算法,即以基于优先级的调度算法为核心,相同优先级任务的轮转调度算法只是一个有益的补充。μC/OS 总是通过调度使优先级最高的已就绪的任务获得 CPU 的控制权,不管这个任务是什么,执行什么样的功能,也不管该任务是否等了很久。

6.4.3 同步与通信

多任务运行要按一定的次序,因此存在同步的问题,我们引入了信号量来进行同步。多个任务可能争夺有限的资源,如都要访问串口,因此操作系统还要管理各任务,尽可能使它们和平共处,充分利用资源而不发生冲突,于是又产生了“互斥”“死锁”等概念。任务间有互相通信的需求,因此操作系统需要有邮箱、消息等用于通信的数据结构,以便多任务通信。

1. 同步

任务是独立的,但是任务之间又有着各种各样的关系,以成为一个整体,来共同完成某一项工作。有时候,一个任务完成的前提是需要另一个任务给出结果,任务之间的这种制约性的合作运行机制称为任务间的同步。

例如,A 任务实现计算功能,B 任务输出 A 任务计算的结果,然后循环运行。A 任务和 B 任务就必须同步,否则 B 任务输出的可能不是 A 任务刚完成的结果,或者 B 任务访问结果时,A 任务正在修改,因而输出错误的结果。

前面的例子还引出一个共享资源的概念,A 任务和 B 任务都需要访问的计算结果就是一个共享资源,对于共享资源的访问,就要有排他性,为解决这个问题,又引出操作系统的很多基本概念,如信号量、互斥、临界区、消息等概念。而在多个任务没有很好地同步的情况下,操作系统还可能产生死锁。

2. 信号量

在某个时刻,有些共享资源只可以被一个任务所占有,而有些则可以被 n 个任务所共享。前一种共享资源就好比只有一把钥匙,只有得到这把钥匙的任务才可以访问共享资源,其他请求该资源的任务必须等该任务把钥匙归还。后者则可以有 n 把钥匙,如果 n 把钥匙都发完了,第 $n+1$ 个请求访问共享资源的任务就必须等待。这些钥匙可以用信号量(semaphore)来表示。

信号量标识了共享资源的有效可被访问数量,要获得共享资源的访问权,首先必须得到信号量这把钥匙。使用信号量管理共享资源,请求访问资源就演变为请求信号量了。资源是具体的现实的东西,把它数字化后,操作系统就便于对这些资源进行管理,这就是信号量的理论意义。

信号量有如下 3 种操作。

1）建立

建立(create)并初始化信号量，在一个事件块中标识该信号，记录该信号的量值，这是给资源配钥匙的操作。该操作的条件是系统中有空余的事件块。操作系统能处理的事件是有限的，任何数据结构都不能无限，尤其是在实时操作系统中。

2）请求

请求(pend)信号，如果还有钥匙(信号量大于0)，就能获得钥匙，然后将任务执行下去；如果没钥匙(信号量为0)，就必须将自己阻塞掉，避免占用宝贵的CPU资源。

3）释放

访问资源的操作完成后要把钥匙交回，这就是释放(post)。这时，如果有等待该钥匙的任务就绪，并比当前任务有更高的优先级，就执行任务调度。否则，原任务在释放信号量之后将继续执行。

如图6-4所示，A、B两个任务通过信号量同步，具体过程如下：

首先创建信号量S，由于该缓冲区本质上是全局的一个数组，属于临界资源，因此设置信号量的初值为1。该信号量使用一个事件控制块。然后，任务A请求信号量S，做pend操作。因为信号量$S=1$，所以请求得到满足，pend操作中将S的值减1，S的值变为0。任务A继续执行，访问缓冲区。

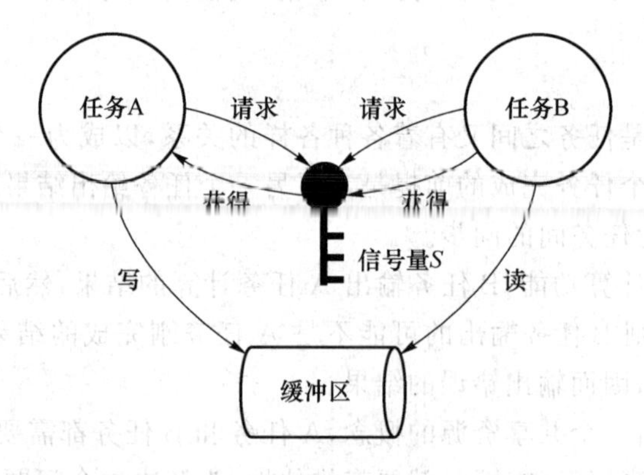

图6-4 通过信号量同步访问缓冲区

任务A在执行过程中因为其他的事件而阻塞，任务B得到运行，要访问缓冲区。任务B请求信号量S，做pend操作。因为信号量$S=0$，所以请求不能得到满足，任务B只能被阻塞，S的值保持为0，但在信号量S所使用的事件控制块中，标记了事件B在等待信号量S的信息。

任务A在条件满足时继续执行，访问缓冲区完成后，做post操作，释放缓冲区。post操作将S的值加1，S的值变为1。在post操作中，由于事件控制块中标记了事件B在等待信号量S的信息，且我们设置任务B有更高的优先级，因此操作系统会调用任务切换函数，切换到任务B运行，使任务B获得信号量，访问任务A写好的缓冲区。任务B访问完成，再释放该信号量，任务A又可以访问该缓冲区。

3. 互斥

前面的例子中，A和B两个任务都要访问计算结果这个共享资源，但在A写这个资源的同时，B必须等待，不能在A写到一半的时候结束A而让B来读，这样会产生灾难性的后果。这样的共享资源称为临界资源(critical resource)，这种访问共享资源的排他性就是互斥。

具体来说,比如,在STM32系统下的一个缓冲区,我们假设是内存中256字节的数组buf,该数组存储从串口发来的数据,我们需要将该数组的内容进行处理后显示在液晶屏上。于是,我们可以让任务A读取串口数据,写缓冲区buf,让任务B读取buf并显示结果。当任务A读串口写缓冲区buf时,任务B只能等待,因此这个缓冲区就是一个临界资源。当任务A正在写缓冲区这个临界资源时,应避免任务切换,也就是说,任务B不能在任务A结束前得到运行的机会而去读取未写完的缓冲区。

临界资源可以是全局变量,也可以是指针、缓冲区或链表等其他数据结构,还可以是串口、网络、SPI Flash、打印机、硬盘等硬件。在任务C尚未结束打印时,任务D不能进行打印。这里的打印机就是共享资源,也必须互斥访问。

要做到互斥访问临界资源,操作系统可以采用多种方法,如关中断、给调度器上锁和使用信号量等,这些方法都避免了任务的切换。无论采用什么方法,操作共享资源的时候都要进入临界区。

4. 互斥信号量

互斥信号量是一种特殊的信号量,该信号量只能用于互斥资源的访问,并且使用互斥信号量需要解决优先级反转的问题。

假如系统中有3个任务,分别是高优先级、中优先级和低优先级,低优先级的任务在运行的时候访问互斥资源,而此时中优先级任务的运行将使低优先级的任务占用资源而得不到运行。这时,如果高优先级的任务开始运行,则必须等待中优先级的任务运行完成,然后等低优先级的任务访问资源完成才行。如果在低优先级的任务访问资源的过程中又有中优先级任务运行,那么高优先级的任务只能继续等待。这种情况就是优先级反转。

在对互斥信号量的管理中,我们针对这个问题采用了优先级继承机制。优先级继承机制是一种对占用资源的任务进行优先级升级的机制,用以优化系统的调度。例如,在系统中,当前正在执行且占有互斥资源的任务的优先级是比较低的。高优先级的任务请求互斥信号量时因为信号量已被占有,所以只有阻塞。这时有中优先级的任务就绪,如果不采用优先级继承机制,那么高优先级任务是竞争不过中优先级的任务的。采用优先级继承机制,为占有资源的低优先级的任务临时设置一个很高的优先级,允许其在占有资源的时候临时获得特权,先于中优先级任务完成,在访问互斥资源结束后又回到原来的优先级,这样高优先级的任务就会先于中优先级的任务运行,从而解决了这个问题。

5. 事件

操作系统中,事件(event)是在操作系统运行过程中发生的重要事情,事件是用于任务间同步的。很多操作系统在处理任务的同步和通信等环节上,都使用了事件这一概念,如同在进行任务管理时使用任务控制块一样,创建任务控制块这样的数据结构以进行事件的管理。

事件处理的对象主要有信号量、互斥信号量、事件标志组、邮箱、消息队列。例如,发送事件函数就是用于执行发信号量操作的。换而言之,信号量、邮箱、消息队列是消息的来源,来消息是一个事件,等待消息就是在等待事件的发生。总之,事件处理是操作系统处理这些信息的手段。

6. 事件标志组

在对信号量和互斥信号量的管理中,任务请求资源时,如果资源未被占用就可继续运行,否则只能阻塞,等待资源释放的事件发生,这种事件是单一的事件。如果任务在多个事件发生,或多个事件中某一个事件的发生后就可以继续运行,那么就应该采用事件标志组管理。

事件标志组管理的条件组合可以是多个事件都发生,也可以是多个事件中有一个事件发生,还可以是多个事件都没有发生或多个事件中有一个事件没有发生。

7. 消息邮箱

邮箱(mail box)是用于通信的,邮箱中的内容一般是信件。操作系统也通过邮箱来管理任务间的通信与同步,邮箱中的内容不是信件本身,而是指向消息内容的地址(指针),这个指针是 void 类型的,可以指向任何数据结构。这样的设计更经济,所能发送的信息范围也更宽,邮箱中可以容纳下任何长度的数据。

邮箱的内容不是消息本身而是地址(指针),该指针所指向的内容才是任务想得到的东西。就好比我们打开自己的邮箱,发现里面有一封信,信的内容是"×国×省×市×区×街123号",那么在这个×××的123号,我们可以找到自己想要的东西。如果邮箱里没有内容,那么我们看到的就是个空地址。

操作系统把邮箱看作事件发生的场所,用事件控制块作为承载邮箱的载体,因此邮箱在事件控制块中。一个事件控制块可以作为信号量的容器,也可以作为邮箱的容器,但是不能同时作为两者的容器。在取得事件控制块后就要设置它的类型,是信号量型还是邮箱型。

邮箱和信号量都保存在事件控制块中,对它们的操作和处理也是类似的。如图 6-5 所示描述了 A、B 两个任务通过消息来同步访问缓冲区。

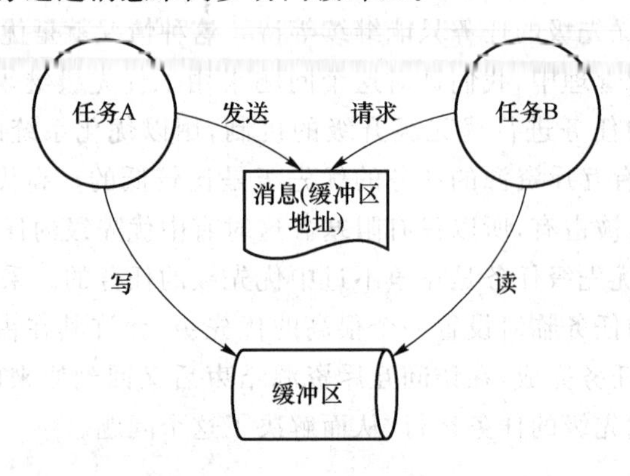

图 6-5 通过消息同步访问缓冲区

假设 A 写缓冲区,B 读缓冲区,缓冲区是 A 创建的,B 并不知道它在哪里,但是 B 知道缓冲区的类型是长为 10 个字节的数组,那么就应采用消息而不是信号量来完成这次同步和通信。

该过程可以简单描述如下:

(1) 任务 A 创建缓冲区,写缓冲区,发消息;

(2) 任务 B 请求消息,如果邮箱里没有消息,就把自己阻塞,如果有,就读取消息;

(3) 任务 B 最终读取消息后,根据邮箱中的地址读取缓冲区。

8. 消息队列

消息队列(message queue)也用于给任务发消息,它是由多个消息邮箱组合形成的,是消息邮箱的集合，实质上是消息邮箱的队列。一个消息邮箱只能容纳一条消息，采用消息队列有两个好处：一是可以容纳多条消息；二是能使消息有序。消息队列采用类似于信号量的机制进行任务间的同步，并使用环形缓冲池来进行消息队列的缓冲管理，以实现任务间消息收发的阻塞和通知管理。

由于消息队列存储了多条消息，因此其设计比信号量和消息的设计略为复杂，但同样是采用事件控制块来指示消息的位置并标记等待消息的任务。不同的是，消息队列自身有消息控制块这样的数据结构，事件控制块中指示的不再是消息的地址，而是消息控制块的地址，使用消息控制块可以以先进先出的方式管理多条消息。

6.4.4 时钟和中断

1. 系统时钟

在操作系统中，我们常常需要延时或者进行周期性的操作，比如，任务的延时调度、周期性的触发等。基于对时钟精确的要求，每个运行的 CPU 平台都会提供相应的硬件定时机制。

目前 CPU 提供的定时机制主要归结为两类，如图 6-6 所示。

(1) 倒计数模式：硬件定时器提供一个 count 寄存器，其初始值设定后，随着定时时钟的频率计数递减，递减频率即定时器频率。当计数值为 0 时，定时结束，触发对应的定时处理，一般为挂载的中断处理。如果是周期模式，可以设置在每次计数为 0 后将 count 自动复位到起始计数值（一般也通过寄存器来设置），以此来设置触发周期。

(2) 正计数模式：硬件定时器提供两个基本的寄存器，分别是 count 寄存器和 compare 寄存器。count 寄存器随着时钟频率计数递增，递增频率即定时器频率。当其达到 compare 设定的值后，即可触发对应的定时处理。如果是周期模式，则需要按照时钟频率和延时周期来设置后续的 compare 值，即在上一次的定时处理内，设置下一次的 compare 寄存器。

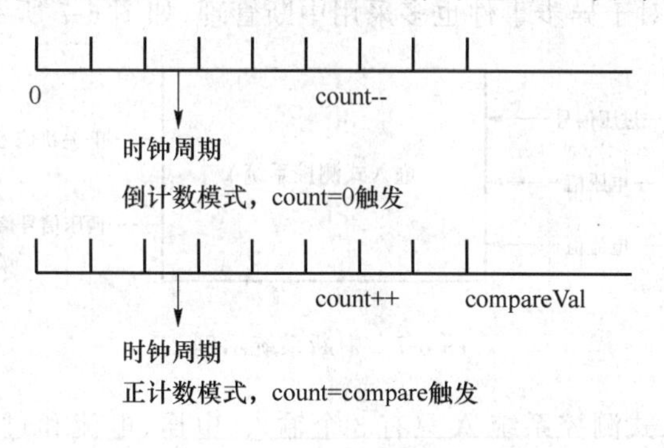

图 6-6 CPU 定时机制

不论 CPU 定时机制采用哪种模式，都可以实现周期性的定时器功能。系统时钟（system tick）的本质就是基于 CPU 的硬件定时机制所设置的一个基础硬件定时器，它可以产生一个固定周期的调度定时单元。对于硬件底层而言，tick 规定了定时器的循环触发周期；而对于操作系统来讲，tick 提供了系统调度所需要的最小基本定时单元。例如，在任务中需要进行延时操作时，可以以 tick 为单位，每个 tick 占用的具体时间单元是用户可配置的。例如，设定每秒 100 个 tick，则每个 tick 代表 10 ms，系统中每延时一个 tick 单元，就延时 10 ms。

2. 定时器

system tick 一般作为任务调度的内部机制，其接口主要为系统内部使用。使用操作系统的应用软件，需要定时触发相关功能的接口，包括单次定时器和周期定时器。从用户层面来讲，用户不关注底层 CPU 的定时机制及 system tick 的调度，用户需要的定时器接口是可以创建和使能一个软件接口定时器的，时间一到，用户的函数能被执行。而对于操作系统的定时器本身来讲，需要屏蔽底层定时模块的差异。因此，在软件层面上，与定时器硬件相关的操作由 system tick 模块完成，定时器(timer)模块基于 system tick 作为最基本的时间调度单元，即最小时间周期，来推动自身时间轴的运行。

操作系统为定时器提供了两个功能：一个是定时器的管理；另一个是定时器的运行。定时器的管理主要包括定时器的创建、删除、启动、停止，以及参数变更。定时器的运行是对当前所有已运行的定时器进行实时调度。在多任务系统中，对于共享资源，比如，同一个定时器的操作需要保证互斥，这就需要操作系统在管理定时器时增加关中断或者加锁操作。

3. 中断

嵌入式实时操作系统的中断是指在任务执行的过程中，当出现异常情况或特殊请求时，停止任务的执行，转而对这些异常情况或特殊请求进行处理，处理结束后再返回当前任务的间断处，或由于中断服务程序使优先级更高的程序就绪，转而执行优先级更高的任务。中断是实时地处理内部或外部事件的一种内部机制。这里的异常情况或特殊请求是中断源，称为异步事件，处理异步事件所用的程序是中断服务程序。

现实生活中中断无处不在。例如，在工作的过程中，手机响了，你先接电话，接完电话再接着工作。在这一过程中，手机是中断源，接电话是中断服务程序。又如，在上课的过程中，手机响了，不接手机继续上课。这是对中断的不理会，或称中断被屏蔽了。更正确的做法是上课前关掉手机，直接禁止了中断。

在嵌入式系统中，对于异步事件也多采用中断管理，如图 6-7 所示的系统。

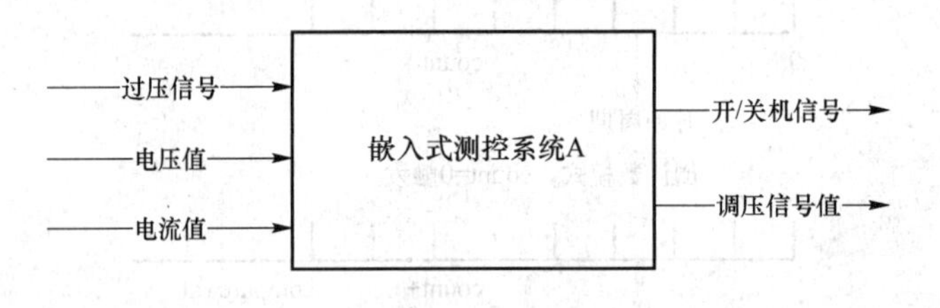

图 6-7　中断系统示例

图 6-7 所示的嵌入式测控系统 A 只有 3 个输入：电压、电流和过压，输出一个开关机信号和调压信号。该系统连接到一台可调电源，开/关机信号用于打开电源或关闭电源，调压信号用于调节电源的电压。电源输出的电压值和电流值采样后送到嵌入式测控系统 A。当电源输出的电压值超过最大值时，过压信号有效，这时应关闭电源。

对于过压这种异步信号，由于需要人们立即处理，所以应设置为外中断。这样，当过压信号有效时，不管当前运行的是什么任务，如显示、读取电压值等，都将自动切换到中断服务程序，并在中断服务程序中关闭电源。如果不这么做，要等到查询过压信号的任务运行之后再处理，就可能由于过压时间太长而造成损害。另外，查询过压信号的任务是周期性运行的，若不采用中断机制，很可能会由于实时性差而导致查询到再去处理时损害已经产生了。不停地查询也使系统负荷大大增加，很多CPU时间都耗费在了查询上。

中断处理过程如图6-8所示，当任务A在运行的时候，由于中断的到来，操作系统先保存任务A当前的运行环境，接着进入中断服务程序，在中断服务程序结束后，由于采用的是可剥夺型内核，因此，如果A仍是优先级最高的任务，就恢复A运行的环境，继续运行A，否则将运行一个优先级更高的任务。

选择操作系统

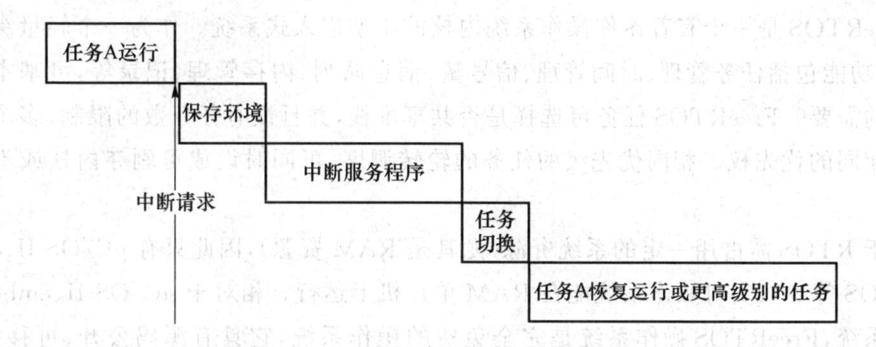

图6-8 中断处理过程

6.5 常见的嵌入式操作系统

目前，市面上的嵌入式实时操作系统有很多，各有应用，各具特色，较典型、通用的有：嵌入式Linux、FreeRTOS、μC/OS-II、Windows Embedded CE、VxWorks、eCos和Tiny OS等。

1. 嵌入式Linux

常见的嵌入式操作系统

嵌入式Linux是将日益流行的Linux操作系统进行裁剪修改，使之能在嵌入式计算机系统上运行的一种操作系统。Linux作嵌入式的优势有以下几点：首先，Linux是开放源代码；其次，Linux的内核小、效率高，可以定制，其系统内核最小只有约134 KB；再次，Linux是免费的OS，Linux还有着嵌入式操作系统所需要的很多特色，较为突出的就是Linux适应于多种CPU和多种硬件平台而且性能稳定，裁剪性很好，开发和使用都很容易，同时，Linux内核的结构在网络方面是非常完整的，Linux对网络中最常用的TCP/IP协议有最完备的支持。它提供了对十兆、百兆、千兆的以太网络，以及对无线网络、Token-ring network（令牌环网）、光纤甚至卫星的支持。

嵌入式Linux现在已经有许多版本，包括强实时的嵌入式Linux版本（如新墨西哥工学院的RTLinux和堪萨斯大学的KURT-Linux等）和一般的嵌入式Linux版本（如uCLinux和PocketLinux等）。RT-Linux通过把通常的Linux任务的优先级设为最低，而所有实时任务的优先级都高于它的方式，以达到既能兼容通常的Linux任务又能保证强实时性能的目的。

另一种常用的嵌入式 Linux 是 μCLinux,它是针对没有 MMU 的处理器而设计的。它不能使用处理器的虚拟内存管理技术,它对内存的访问是直接的,所有程序中访问的地址都是实际的物理地址。它专为嵌入式系统做了许多小型化的工作。与同标准的 Linux 相比,μClinux 的内核非常小,但是它仍然继承了 Linux 操作系统的主要特性,包括良好的稳定性和移植性、强大的网络功能、出色的文件系统支持、标准丰富的 API 及 TCP/IP 网络协议等。因为 μCLinux 没有 MMU,所以其多任务的实现需要一定技巧。

2. FreeRTOS

FreeRTOS 是一个有着迷你操作系统内核的小型嵌入式系统。作为一个轻量级的操作系统,其功能包括任务管理、时间管理、信号量、消息队列、内存管理、记录等,可基本满足较小系统的需要。FreeRTOS 任务可选择是否共享堆栈,并且没有任务数的限制,多个任务可以分配相同的优先权。相同优先级的任务的轮转调度,可同时设成可剥夺内核或不可剥夺内核。

由于 RTOS 需占用一定的系统资源(尤其是 RAM 资源),因此只有 μC/OS-II、embOS、FreeRTOS 等少数实时操作系统能在 RAM 单片机上运行。相对于 μC/OS-II、embOS 等商业操作系统,FreeRTOS 操作系统是完全免费的操作系统,它具有源码公开、可移植、可裁减、调度策略灵活的特点,可以方便地移植到各种单片机上去运行。

3. μC/OS-II

μC/OS-II 是在 μC-OS(micro controller operating system)的基础上发展起来的,是美国嵌入式系统专家 Jean J. Labrossc 用 C 语言编写的一个结构小巧,抢占式的多任务实时内核。μC/OS-II 能管理 64 个任务,并提供任务调度与管理、内存管理、任务间同步与通信、时间管理和中断服务等功能,具有执行效率高、占用空间小、实时性能优良和可扩展性强等特点。它被广泛应用于微处理器、微控制器、DSP、SOPC,以及单片机等方面。

由于 μC/OS-II 仅是一个实时内核,这就意味着,它与其他实时操作系统不同,它提供给用户的只是一些 API 函数接口,有很多工作往往需要用户自己去完成。把 μC/OS-II 移植到目标硬件平台上只是系统设计工作的开始,后面还需要针对实际的应用需求对 μC/OS-II 进行功能扩展,包括底层的硬件驱动、文件系统和图形用户接口(GUI)等,从而建立一个实用的嵌入式实时操作系统。

μC/OS-II 以源代码的形式发布,但并不意味着它是开源软件。你可以将其用于教学和私下研究,但是如果你想将其用于商业用途,那么你必须通过 Micrium 获得商用许可。

4. Windows Embedded CE

Windows Embedded CE(简称 WinCE)是微软公司推出的嵌入式系统,是微软公司嵌入式、移动计算平台的基础。它是一个开放的、可升级的 32 位嵌入式操作系统,是基于掌上型电脑类的电子设备操作系统。它是精简的 Windows 95,图形用户界面相当出色。WinCE 是从整体上为有限资源的平台设计的多线程、完整优先权、多任务的操作系统,属于软实时操作系统,可以使用大多数 Windows 开发工具(如 VB,VC 等)。大多数 Windows 应用程序经过移植后都可以在 WinCE 平台上运行。它的模块化设计允许它对掌上电脑乃至工业控制器的用户电子设备进行定制。操作系统的基本内核需要至少 200 K 的 ROM。

2011年发布了最新的Windows Embedded Compact 7。Windows Embedded Compact 7为开发者、设计公司和原始设备制造商(OEM)提供了一个功能强大的实时操作系统和全套工具,实现了整合、简化的开发过程,缩短了设备的上市周期。

5. VxWorks

VxWorks操作系统是美国风河(Wind River)公司于1983年设计开发的一种实时操作系统。VxWorks实时操作系统由400多个相对独立、短小精悍的目标模块组成,用户可根据需要选择适当的模块来裁剪和配置系统。它还提供基于优先级的任务调度、任务间同步与通信、中断处理、定时器和内存管理等功能,内建符合POS-IX(可移植操作系统接口)规范的内存管理及多处理器控制程序。它具有简明易懂的用户接口,在核心方面甚至可以微缩到8 KB。其因良好的可靠性和卓越的实时性而被广泛地应用在通信、军事、航空航天等高精尖技术及实时性要求极高的领域中,如火星探测器(1997年7月4日登陆火星表面)。VxWorks最大的缺点是价格昂贵。

6. eCos

eCos(embedded Configurable operating system),即嵌入式可配置操作系统,是由Red Hat推出的小型实时操作系统。它是一个源代码开放的,可配置、可移植,并面向深度嵌入式应用的实时操作系统。其最大特点是配置灵活,采用模块化设计,核心部分由小同的组件构成,包括内核、C语言库和底层运行包等。每个组件可提供大量的配置选项(实时内核也可作为可选配置),使用eCos提供的配置工具可以很方便地进行配置,并通过不同的配置使得eCos能够满足不同的嵌入式应的需求。

eCos适用于深度嵌入式应用,主要应用对象包括消费电子、电信、车载设备、手持设备,以及其他一些低成本和便携式的应用。eCos是一种开发源代码软件,无任何版权费用。eCos最大的特点是模块化,其内核可配置。如果说嵌入式Linux太庞大了,那么eCos应该就能够满足用户需求。它是一个针对16位、32位和64位处理器的可移植开放源代码的嵌入式RTOS。与嵌入式Linux不同,它是由专门设计嵌入式系统的工作组设计的。eCos具有相当丰富的特性和配置工具,能够满足你所需要的特性。eCos的软件分了若干模块,移植工作主要在它的HAL层进行。

7. Tiny OS

Tiny OS是一个开源的嵌入式操作系统,它是由加州大学伯利克分校开发出来的,主要应用于无线传感器网络方面。它程序采用的是模块化设计,所以它的程序核心往往都很小,一般来说核心代码和数据在400字节左右,能够突破传感器存储资源少的限制。Tiny OS提供了一系列可重用的组件,应用程序可以通过连接配置文件将各种组件连接起来,以完成它所需要的功能。

思考与习题

1. 什么是操作系统?什么是实时操作系统?实时操作系统应该具有哪些特性?
2. 什么是任务?任务和程序有什么区别?任务都有哪些状态?

3. 编写一个可重入函数，实现将整数转换为字符串。请说明为什么该函数是可重入的。

4. 什么是不可剥夺型内核和可剥夺型内核？μC/OS 为什么采用可剥夺型内核？

5. 操作系统中的事件管理都包括哪些？请一一加以论述。

6. STM32 的中断服务程序运行在系统模式，用户程序运行在线程模式。通过本节的内容学习，简述当串口接收到数据时，如何通过编写中断服务程序来实现微秒级延时的串口数据处理而又保证系统实时性的要求。

第 7 章 物联网操作系统

本章分析了当前物联网系统存在的问题，并讲解了物联网操作系统，包括物联网操作系统的分类、起源、发展和趋势，介绍了目前市场上存在的典型的物联网操作系统，使读者能对物联网操作系统有初步的认识和理解。

7.1 物联网"碎片化"难题

根据测算，全球 PC/NB 互联网时代的联网设备数目仅在十亿量级；移动互联网时代的联网设备数目在数十亿量级；而物联网时代的联网设备数目将达到一千亿量级。这些物联网终端数量庞大、功能与性能各异、应用极其广泛，这带来了一个被称作"碎片化"的物联网难题。物联网的"碎片化"问题近些年来已经成为一个不争的事实，已经形成行业共识。

这种"碎片化"主要体现在以下几个方面。

第一，终端传感器电气接口的碎片化。物联网终端的传感器接口可能是模拟的，也可能是数字的，数字的接口又有很多不同的数字总线协议，使得对多种不同传感器的电气接口的访问成为处理器编程的又一个繁重的工作。通信模块的电气接口也有同样的问题。

第二，终端传感器的访问协议的碎片化。每个传感器的访问协议是不一样的，针对不同的用户，每一个不同的传感器的访问都需要重复进行编程配置。

第三，终端通信接入方式的碎片化。其可以是有线网络接入或者总线方式接入，也可以是无线网络接入，而无线网络接入方式又有近距离的蓝牙、超宽带，中等距离的 ZigBee、Wi-Fi，传统广域的 2G 和 4G 接入甚至马上到来的 5G 接入，还有近年来方兴未艾的 LoRa、NB-IoT 等。

第四，纷繁复杂的处理器所引起的碎片化。不同的处理器以及相应的板级资源配置使得开发者需要面对各种不同的板级硬件。

第五，物联网平台的碎片化。近年来物联网平台发展迅速，但是从物联网终端到物联网平台之间的数据接入传输协议并没有统一的，终端设备连接到不同的平台需要进行重复的编程工作。

在新一轮的物联网发展浪潮中，如何满足海量终端的这些多样化需求，是物联网时代给操作系统带来的新机遇和挑战，同时，物联网的“碎片化”问题将在很大程度上成为一个制约因素，因此，如果能够解决这些“碎片化”的问题，将极大地促进物联网系统的开发效率，缩短从设想到原型系统再到商用产品的开发周期。解决物联网“碎片化”的一个重要途径，就是使用物联网操作系统。

当前，很多嵌入式应用都是基于微控制器(MCU/单片机)的小系统，其中大部分都不使用 OS，稍微复杂一点的应用会考虑用一个 RTOS，如 μC/OS、FreeRTOS 等，它们基本上只是一个任务管理器，也是操作系统的内核部分。早期的嵌入式系统，应用相对来说比较简单，主要是采集和控制，若涉及数据较多，需要和外部交互的，可能会用一个文件系统(如 FAT 文件系统或 GUI)，若涉及网络应用就加个 TCP/IP。很多 RTOS 是开源的，没有统一标准的 API，应用程序要在不同的硬件和 RTOS 上进行移植是很困难的，一般都要从底层修改到应用层。MCU 有 4 位机、8 位机、16 位机、32 位机，系统可分为有 RTOS 或无 RTOS，而 RTOS 的种类非常多，并且它的开发没有应用程序的基本框架，再加上应用的多样性，因此传统嵌入式系统的开发效率是非常低的。嵌入式小设备要联网，还要方便、快速地开发各种物联网应用，并考虑安全问题、系统效率问题等，因此使用传统的 RTOS 加网络协议栈的方法是不够的，无法解决物联网的“碎片化”问题。

传统的操作系统，如微软的 Windows 操作系统、UNIX 及类 UNIX 操作系统(Linux)、苹果 MacOS 操作系统等，还有移动操作系统 iOS 和 Android 等，位于硬件和设备固件之上，应用软件之下，实现了用户与计算机的接口。对于用户而言，操作系统屏蔽了硬件接口，用户可以在此基础上直接进行软件的使用或开发，使得众多应用的开发者可以不用考虑底层硬件的问题，为用户开发出各种丰富的应用，然而，从技术角度来看，传统的操作系统和移动操作系统在物联网应用中将不再适用，虽然物联网的终端设备种类繁多，接口也各不相同，但终端设备硬件资源受限、计算能力不足，而大部分的终端设备恰恰又存在低功耗、低成本的要求。

因此，无论是传统嵌入式的还是通用的 OS，都无法满足物联网的需求，传统的操作系统和移动操作系统不能简单运行在物联网的终端设备上，无论从哪个角度来看，在物联网应用中都需要一个合适的、更加轻量级的、相对标准化的和运行效率更高的专为物联网而打造的操作系统。

7.2 物联网操作系统概述

物联网操作系统

目前在学术界很难找到物联网操作系统的定义。Elsevier 出版社的杂志 *Next Generation Computing System* 计划出版 IoT 专辑“Special Issueon Internet of Things”，该专辑的征稿说明中定义了物联网操作系统(IoT OS)的一些关键特性，诸如协议设计和验证技术，还有模块、能耗、调度(基于能耗的调度)、硬件支持、架构、网络、协议栈、可靠性、互通性、通用 API、实时性等。

在产业界，微软网站称之为：“The operating system built for Internet of Things”，即为物联网打造的操作系统，谷歌网站的 Android Things 谈的不是 OS，而是“Build connected devices for a wide variety of consumer，retail，and industrial applications”，即为各种各样的

消费者、零售和工业应用构建连接设备，大意是针对其所面向的应用。ARM 认为物联网操作系统是开源的嵌入式的操作系统，是针对 Things（物）的设计，当然一定是包含 ARM Cortex-M 的“物”。

《嵌入式操作系统风云录》一书对物联网操作系统做出了一个基本定义，就是具备低功耗性、实时性和安全性的传感、连接、云端管理服务软件平台。前 3 个（低功耗性、实时性和安全性）是技术，后 3 个（传感、连接和云端管理）是指从端到云的一套方案。

物联网操作系统（IOT OS）是一个以嵌入式操作系统为基础的操作系统软件，它针对物联网的应用特征，扩充了必需的连接、安全、应用协议、应用框架等组件，以及软硬件协同的功耗管理等组件，同时支持多种主流的 MCU 和 SoC 芯片，以及国内外主流云平台接入协议。物联网操作系统一定是一个“端-云”一体化的操作系统。如果仅局限在“端”这个层面，那它一定不是一个完整的物联网操作系统。只有“端-云”深度结合，才能在整个系统层面做到高效、安全。

大部分物联网设备的“物”，都是基于 MCU 的小设备。计算机技术发展到今天，MCU 的 RTOS 的基本功能及相应的技术都是成熟的。不同 RTOS 的内核和组件各有各自的特点，比如，内核调度是用什么算法，任务堆栈怎么处理，任务之间的通信方式、支持的任务状态和任务数等，但是这些已经不重要了，因为硬件性能提升很多，应用对这些特点基本无感知了。随着 IoT 应用系统的复杂化，应用更多关注的是“端到云”整个系统的快速实现和稳定，就像现在移动应用 App 开发者并不会去关心 Android 里面的底层任务调度算法一样。IoT OS 更多的要从整体系统架构上去思考，而不是在某个技术细节上。有关 OS 内核与具体处理器的高效融合技术等，可以在处理器体系结构中去研究和实现，并可作为 IoT OS 中一个与处理器特征相关的组件。作为一个 IoT OS，其技术重点不是 OS 内核，而是“端-云”一体化的系统架构。

物联网操作系统作为一种新型的关键信息技术受到了广泛的关注。目前，物联网领域已经涌现出多个物联网操作系统，给物联网的发展带来了巨大的机会。物联网操作系统的运用主要有以下几个作用。

1）屏蔽终端设备，解决物联网“碎片化”的问题

在物联网中，不同的应用领域，其包含的设备终端差异很大，从内存很小的微控制器到内存超大的智能设备，从传统的传感器电路到基于先进微电子技术设计的微机电系统传感器，以及 Wi-Fi、BLE、NB-IoT 等各种通信方式，还有多种多样的物联网云平台。正是这些硬件、接口，以及平台的“碎片化”特征在牵制着物联网的发展。物联网操作系统的出现为这些问题提供了新的解决方案，它使用合理的架构设计，屏蔽底层的硬件接口，设计出规范化的统一的编程接口，使得上层应用可以脱离硬件层接口和各种不同的平台设置。物联网操作系统构建出的抽象模型可以使同样的上层物联网应用软件在不同的物联网终端硬件基础上运行。

2）建立产业上下游连接，形成积极健康的行业生态

以物联网操作系统为核心，打通物联网产业从芯片层次（处理器芯片、通信芯片、传感芯片）、模组层次、硬件电路层次、系统应用层次、物联网运营层次、到物联网数据运维层次的全新贯穿，形成合力，建立面向各个行业的积极健康的行业生态，为物联网产业的发展奠定坚实的基础，这将极大地促进整个物联网产业的发展。

3）为物联网终端设备带来安全保障

由于物联网的应用往往存在数百、数千乃至更多的终端节点，这种庞大的节点群的安全问题即使是小问题也会在累加之后变成系统性的大问题。针对这个问题，常见的物联网操作系统在进行通信及业务处理时都加入了安全处理模块，其中包括各类安全加密算法。这些安全加密算法可以帮助开发人员提升物联网应用的安全性，同时物联网操作系统中还加入了设备认证、服务认证等，这些认证服务能让物联网设备和算法减小被攻击和被破解的风险。

4）降低应用开发的成本和时间

大多数物联网操作系统都是开源的操作系统，它们提供完善的操作系统组件和通用的开发环境，降低了物联网应用开发的成本和时间，同时，在物联网操作系统之上使用统一的数据格式和存储方式，不同业务、不同领域之间可以进行数据共享，这为物联网各类应用的互通提供了可能。

5）为物联网终端统一管理提供技术支撑

物联网操作系统提供了多种通信协议连接管理平台的能力。随着物联网设备管理平台的出现，结合物联网操作系统，开发者可以对物联网设备进行统一的管理，不同领域不同类型的设备都可以在同一管理平台进行维护和管理，因此，物联网操作系统为物联网终端的统一管理提供了技术支撑。

7.3 物联网操作系统的发展

提到物联网操作系统，肯定离不开嵌入式操作系统，更离不开 RTOS。因为嵌入式操作系统的内核大都使用 RTOS 来实现，当然也有不用 RTOS 来实现的物联网 OS，例如，谷歌 Android Things、微软 Windows 10 IoT Core 等。图 7-1 所示为嵌入式操作系统的演进。

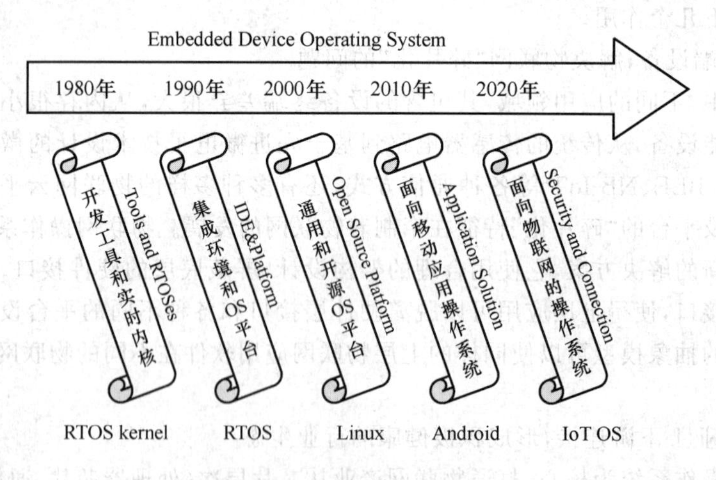

图 7-1　嵌入式操作系统的演进

物联网操作系统的概念始于 2014 年，但是直到 2016 年到 2017 年之间才得到广泛的关注，根据 2016 年 Gartner 预测的 2017 年—2018 年的十大 IoT 技术，物联网操作系统（IoT operating system)也位列其中,如图 7-2 所示,这说明自 2016 年开始产业界对此有一个共识:物联网操作系统开始成为研究热点。

- IoT Security
- IoT Analytics
- IoT Device Management
- Low-Power, Short-Range Networks
- Low-Power, Wide-Area Networks
- IoT Processors
- IoT Operating Systems
- Event Stream Processing
- IoT Platform
- IoT Standards and Ecosystem

图 7-2　Gartner 预测 2017 年—2018 年十大 IoT 技术

物联网操作系统起源于传感网的两个开源 OS——Tiny OS 和 Contiki。今天的 IoT 对二者有相当的继承性。至今还有个别的学校物联网专业仍在开展传感网的 OS 的相关教学。Contiki 项目目前依然还很活跃,因为其作者 Adam Dunkels 是位名人,他原来是瑞典工学院计算机研究所的博士,后来创立了 Thingsqure 公司,是 LWIP/uIP 项目的作者,这个项目现在一直由他在维护。欧洲一些高校关于传感网的课程依然还是基于该系统来设置的。Tiny OS 是美国加州大学伯克利分校的开源项目,至今已经停止维护了。

2010 年欧洲有了面向物联网的 OS——RIOT,但影响力很小。

2014 年物联网 OS 开始热闹起来。《连线》杂志和 *IEEE Spectrum* 对物联网操作系统都有报道。为什么是在此时?因为两家有影响力的公司推出了相关产品,它们是 ARM 的 Mbed OS 和微软的 Windows 10 IoT Core。2014 年 10 月陆续有一些小公司推出了产品,包括 Micrium 公司的物联网方案 Spectrum(基于 uC/OS)、庆科发布的 MiCO OS,但有些产品换汤不换药,即在自己原有的 RTOS 的基础上增加一些功能组件,然后再对接一下亚马逊云或微软云等,就成为一套物联网的软件解决方案。

2015 年华为发表了 Lite OS,不过影响力有限。影响力最大的是 2015 年初谷歌在其"I/O 开发者"大会上宣布的 Brillo OS,在这之前谷歌刚把智能家居设备公司 Nest 收购,因此能很快推出 Brillo OS。2016 年谷歌将 Brillo OS 改名为 Android Things。在此之后,阿里也有 YunOS(注:不主要针对物联网市场,开始是针对手机,后来转向汽车)。2016 年 Linux 基金会推出 Zephry。我国的海尔在 2017 年 1 月的 CES(美国消费电子展)上展出了基于 UHome OS 的大冰箱,冰箱上镶了一个大平板(人机界面)。2017 年 10 月,阿里在云栖大会上发布了支持 IoT 的 AliOS Things。

目前市场上的十余种物联网 OS 都处于发展初期。例如,庆科 MiCO OS 的市场定位还处于调整期,庆科的 MiCO SDK(软件开发包)目前只为自己的智能硬件模块提供 SDK,一个操作系统要能够支持不同的硬件平台,这是操作系统最基本的条件。ARM Mbed OS 已出了 3 个版本:1.0/2.0 版、3.0 版和 5.0 版(最新是 5.12.3 版),Mbed OS 在持续的更新中,ARM 还在摸索和发展中,ST 没怎么宣传要支持 Mbed。Windows 10 IoT Core 正在向云端发展,微软更加强调"云管端"的云,即上面的云怎么对 IoT 设备进行控制,而淡化操作系统在设备端的作用。AliOS 正在进入 IoT 市场,发布了 AliOS Things,具备了很多物联网操作系统的特性,但是实际的应用还不多。华为 LiteOS 也做了黑客松大赛,但目前用户和合作伙伴的规模相对较小,依靠 NB-IoT 发展的策略偏于单调。

无论是物联网操作系统还是其他操作系统,一个操作系统的普及,需要很长时间的市场引导。目前,物联网操作系统的内涵和外延还不是很清晰,还会随着物联网技术的发展不断地演进,需要企业、厂商和高校的共同推动。国际研究暨顾问机构 Gartner 公布了 2018 年至 2023 年引领数字企业创新的十大物联网策略技术趋势。在这十大技术趋势中,有两项与物联网操作系统相关:一是“从智能边缘转变为智能网格”,物联网领域的发展趋势,正从中央及云端转变为边缘运算架构,物联网操作系统是“黏合剂”,把各种硬件、软件、AI 能力整合在一起,实现各种具体的 IoT 应用。不断从各种应用中做共性抽象,丰富 IoT OS 的内涵,通过这样的方式,才可能慢慢形成一个真正的 IoT OS,这是 IoT OS 发展的方向和路径。二是“值得信赖的硬件与操作系统”,安全是部署物联网系统最重要的技术考虑,因此,需要硬件与软件的整合部署,建立更值得信赖且更安全的物联网操作系统,以确保任何物联网设备与嵌入式系统的安全。

Gartner 副总裁暨杰出分析师 Nick Jones 指出:“未来十年,物联网将持续带动数字企业创新的商机,其中有许多将来自全新或改良的技术。能够掌握物联网创新趋势的首席信息官,将有机会带领其企业迈向数字创新。”应用拉动技术,而技术又能推动应用发展。中国在 IoT OS 上是有很大机遇的,因为目前是中国在引领物联网时代,应用需求很大,会极大地拉动相关技术,包括 IoT OS 的发展。IoT OS 是“端-云”一体化的产品,不断迭代,经过市场选择,最后可能成为事实标准。

7.4 物联网操作系统的分类

物联网操作系统涵盖范围从设备到网关,再到服务器,最后再到终端,只要有服务器/云和终端的地方都可以使用。目前物联网世界中是多种 IoT OS 并存的。

IoT OS 可以分成两类:一类是为物联网而生的 OS,即针对物联网去设计开发的 OS,这在以前是没有的,其代表产品是 MbedOS、MiCO OS、Android Things 等,它们还可以再分成支持 MCU 和支持 MPU(嵌入式处理器)的两种,如图 7-3 所示;另一类是以嵌入式 OS 为基础,然后把它扩展成支持物联网应用的操作系统,这一类中占较大市场份额是 Linux 和 Android。除此之外,FreeRTOS 经过加固、改造后也能用于物联网应用,最近亚马逊推出的 Amazon FreeRTOS、μC/OS-III、ThreadX 也可以用于物联网应用,例如,瑞萨的 ARM MCU 平台——Synergy,就是基于 ThreadX 的。Vxwork 也称有它自己的嵌入式 OS。Nucleus 和 RT-Thread 3.0 等也都是适合用于物联网的 OS。

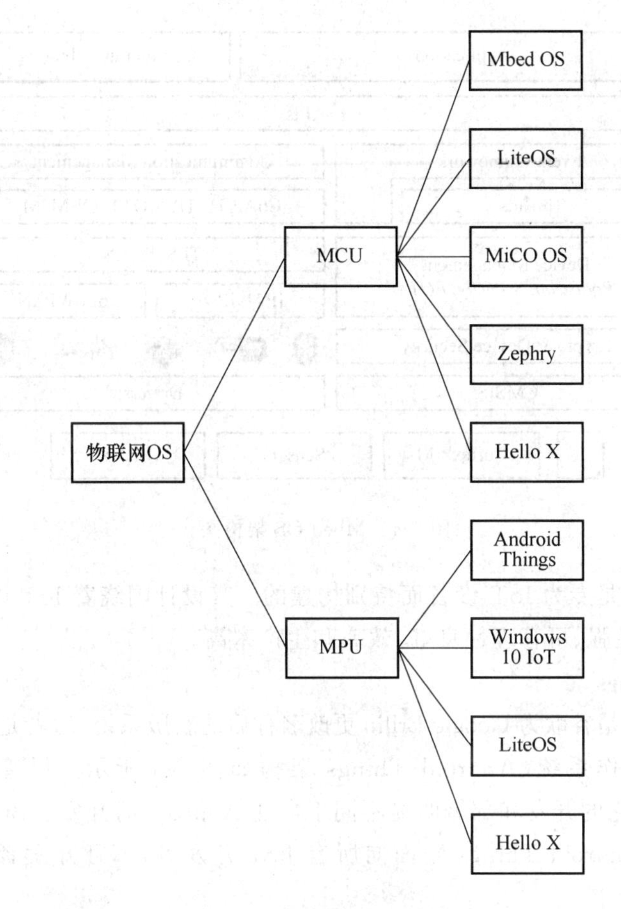

图 7-3 物联网 OS 的分类

7.5 典型的物联网操作系统

下面简单介绍一下目前市场上典型的物联网操作系统。

1. Mbed OS

ARM Mbed 操作系统是一种专为物联网(IoT)中的“物”设计的开源嵌入式操作系统。该操作系统包含基于 ARM Cortex-M 微控制器开发连接产品所必需的全部功能,非常适合涉及智能城市、智能家庭和穿戴式设备等领域的应用程序。简单来说,Mbed OS 是一个开发平台,是一个基于 ARM cortex M 系列的单片机开发平台。

Mbed OS 架构如图 7-4 所示,Mbed OS 提供核心操作系统、稳定的安全基础、基于标准的通信功能,以及针对传感器、I/O 设备和连接性开发的驱动程序,能够加快从初始创意到部署产品的进程。Mbed 操作系统是模块化的可配置软件堆栈,有助于针对目标开发设备对其进行自定义,以及通过排除不必要的软件组件降低内存要求。

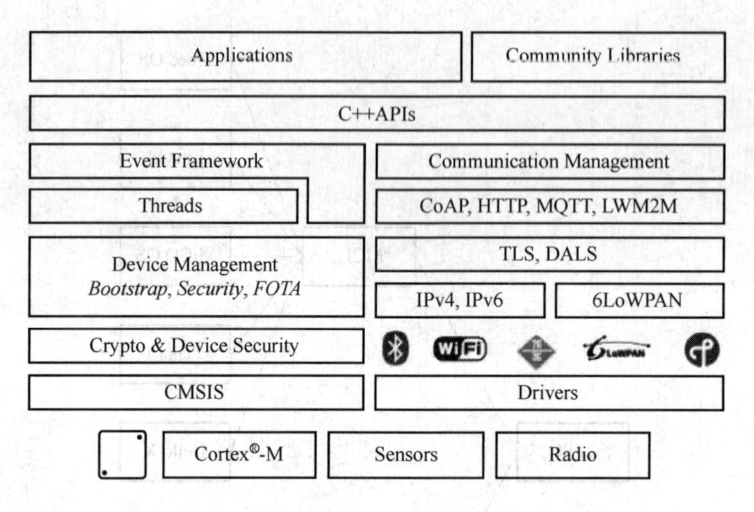

图 7-4　Mbed OS 架构图

Mbed 操作系统是专为 IoT 设备而特别构建的。其设计围绕着 IoT 设备的 5 个核心原则：安全性高、连接性强、可管理性良好、效率和生产率高。

2. Android things

Android Things 是谷歌为 Google Brillo 更改名称后的新版系统，后者是谷歌在 2015 年发布的一款物联网操作系统，Android Things 架构如图 7-5 所示。尽管 Brillo 的核心是 Android 系统，但是它的开发和部署明显不同于常规 Android 的开发。Brillo 把 C++作为主要开发环境，而 Android Things 则面向所有 Java 开发者，不管开发者有没有移动开发经验。

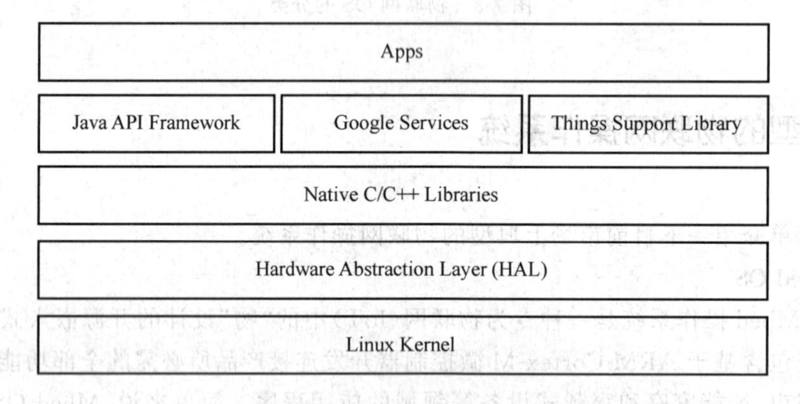

图 7-5　Android Things 架构图

Android Things 整合了物联网设备通讯平台 Weave，Weave SDK 将嵌入到设备中进行本地和远程通信。Weave Server 是用来处理设备注册、命令传送、状态存储，以及与谷歌助手等谷歌服务进行整合的云服务。从硬件资源的角度来看，Android Things 属于高端配置的系统，动辄上百兆字节的内存不太适合单片机。

3. Windows 10 IoT Core

Windows 10 IoT Core 是面向各种智能设备的 Windows 10 版本系列，种类繁多，涵盖了从小的行业网关到大的更复杂的设备(如销售点终端和 ATM)。结合最新的 Microsoft 开发工具和 Azure IoT 服务,合作伙伴可以收集、存储和处理数据,从而打造可行的商业智能和有效的业务结果,构建基于 Windows 10 IoT 的端到端的解决方案。

微软更强调在 Windows 10 中提出的 Windows One 策略,即希望一个 Windows 能适应所有的设备和屏幕,并为用户及开发人员提供一致的体验。由于 Windows 10 IoT Core 是全新产品,它在用户群和经验丰富的开发者方面显然落后于其他许多物联网操作系统。话虽如此,但这款操作系统大有潜力,那些习惯于使用 Visual Studio 和 Azure 物联网服务,并针对 Windows 从事开发工作的人会被整套 Windows 10 for IoT 方案吸引。

Windows 10 IoT Core 这种方式使该系统具有强大的功能,但是,势必导致其体量过大。目前 Windows 10 IoT Core 提供两个版本,分别针对有显示屏和无显示屏两种情况(有头和无头模式)。无头模式需要 256 MB 内存和 2 GB 存储,有头模式需要 512 MB 内存和 2 GB 存储。

4. Tizen

Tizen 是三星开发的基于 HTML 5 的开源标准软件平台。它面向智能手机、平板电脑、车载信息、智能电视、笔记本电脑。2011 年英特尔和 Linux 基金会宣布致力于研发 Tizen, 2012 年 1 月 17 日宣布将 Bada 集成至 Tizen。后来,三星推出了搭载 Tizen 系统的 Galaxy Gear 智能手表并宣布 2015 年旗下生产的智能电视采用 Tizen 系统。

三星电子开发的这款物联网操作系统,事实上是一款简化版的 Tizen 操作系统,后者目前已被应用于三星电子的智能手机和电视机当中。依据三星电子的计划,包括电冰箱、电烤箱、洗衣机等在内的家电,都将有可能采用这款操作系统。

5. AliOS Things

2017 年推出的 AliOS Things 是 AliOS 家族旗下面向 IoT 领域的高可伸缩性的物联网操作系统。AliOS Things 致力于搭建云端一体化的 IoT 基础设施,具备性能极致、开发极简、云端一体、组件丰富、安全防护性能高等关键优势,并支持终端设备连接到阿里云 Link,可广泛应用在智能家居、智慧城市、智慧出行等领域。

AliOS Things 架构如图 7-6 所示。AliOS Things 自主研发轻量级内核架构(ROM 小于 2 KB,RAM 小于 1 KB)以实现操作系统的极低功耗,同时 AliOS Things 支持 6 种连接协议和 3 种轻量升级模式,并提供 TLS、TEE、ID^2 3 种芯片级别的安全防护,它拥有丰富的系统组件(包括实时操作系统内核,连接协议库、文件系统、libc 接口、FOTA、Mesh、语音识别),能实现物联网设备快速连接阿里云 Link 物联网平台。

图 7-6 AliOS Things 架构图

6. Huawei LiteOS

2015 年推出 Huawei LiteOS 是华为面向 IoT 领域构建的轻量级物联网操作系统。Huawei LiteOS 提供统一开放的 API,可广泛应用于智能家居、可穿戴设备、车联网、制造业等领域,以轻量级、低功耗、快速启动、互联互通、安全稳定等关键性能,通过开源、开放的方式,为开发者提供一站式服务,有效降低了开发门槛,缩短了开发周期。

华为物联网操作系统 Huawei LiteOS 是华为面向物联网领域开发的一个基于实时内核的轻量级操作系统,其架构如图 7-7 所示,支持任务调度,内存管理,中断机制,队列管理,事件管理,IPC 机制,时间管理,软定时器及双向链表等常用数据结构。

Huawei LiteOS 是目前世界上最轻量级的物联网操作系统之一,其系统体积轻巧,在 10 KB 级,它具备零配置、自组网、跨平台的能力,可广泛应用于智能家居、穿戴式设备和工业等领域。由于 LiteOS 实行开源,用户可以快速构建自己的物联网产品,让智能硬件的开发变得更加简单,从而加快实现万物的互联互通。

LiteOS 操作系统具有能耗低、体积小、响应快的特点,目前已推出全开放开源社区,提供芯片、模块和开源硬件板,如海思的 plc 芯片 HCT3911、媒体芯片 3798M/C、IP Camera 芯片 Hi3516A,以及 LTE-M 芯片等,开发者也可以选择第三方芯片,如 Stm32 等。

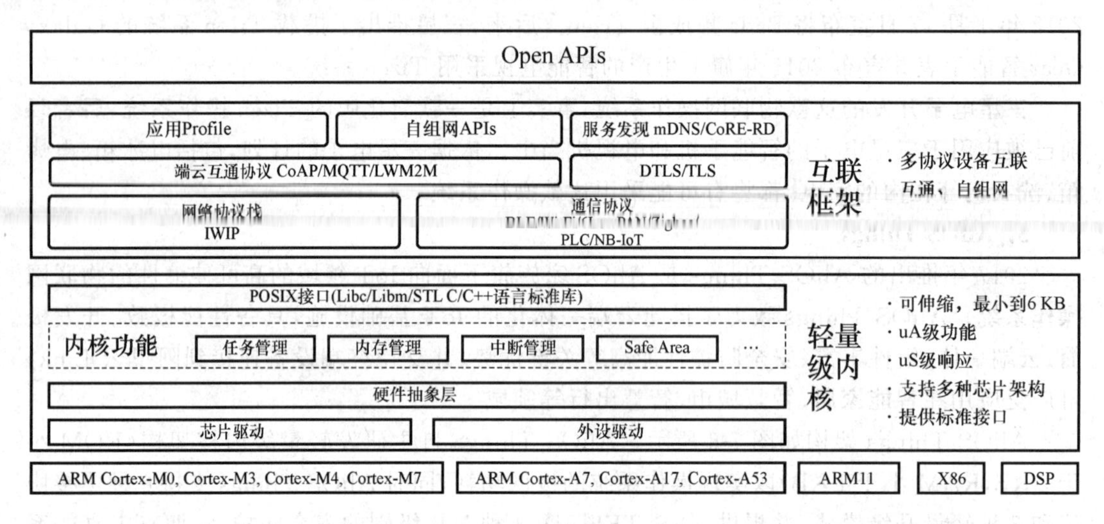

图 7-7　Huawei Lite OS 架构图

7. RT-Thread

RT-Thread 早在 2006 年就开始启动并发布了 0.1.0 内核版本,是一个集 RTOS 内核、中间件组件和开发者社区于一体的技术平台。RT-Thread 是一个组件完整丰富、可伸缩度高、开发简易、功耗超低、安全性高的物联网操作系统。RT-Thread 架构如图 7-8 所示,RT-Thread 具备一个 IoT OS 平台所需的所有关键组件,例如 GUI、网络协议栈、安全传输、低功耗组件等。经过 13 年的实践应用,RT-Thread 已经在工业、新能源、电力、消费、家电、交通等各行业被广泛使用。另外,RT-Thread 已经拥有一个国内最大的嵌入式开源社区,累积装机量超过三千多万台,成为国人自主开发、国内最成熟稳定和装机量最大的开源 RTOS。

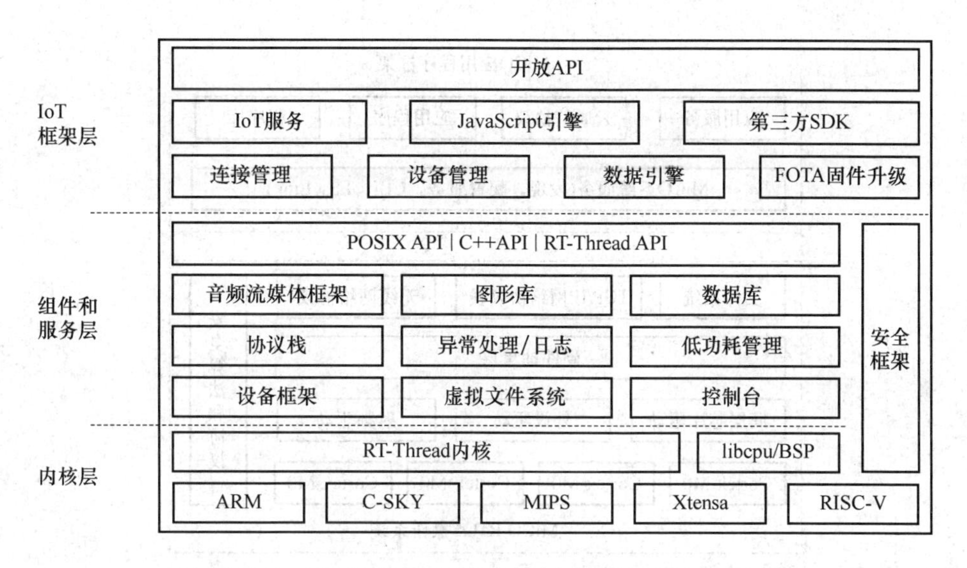

图 7-8 RT-Thread 架构图

RT-Thread 拥有良好的软件生态，支持市面上所有主流的编译工具，如 GCC、Keil、IAR 等，其工具链完善、友好，并支持各类标准接口，如 POSIX、CMSIS、C++应用环境、JavaScript 执行环境等，便于开发者移植各类应用程序。商用版本支持所有主流 MCU 架构，如 ARM Cortex-M/R/A、MIPS、x86、Xtensa、C-Sky，并且几乎支持市场上所有主流的 MCU 和 Wi-Fi 芯片。

8. MiCO

MiCO(MCU based Internet connectivity operating system) IoT OS 由上海庆科联合阿里智能云于 2014 年 7 月发布，MiCO 是一个基于微控制器的互联网接入操作系统，MiCO 内含一个面向 IoT 设备的实时操作系统内核，适合运行在资源受限的微控制设备上。MiCO 架构如图 7-9 所示，其中包含了底层芯片驱动、无线网络协议、射频控制技术、应用框架，此外，MiCO 还包含了网络通信协议栈、安全算法和协议、硬件抽象层及编程工具等开发 IoT 必不可少的软件功能包。它提供 MCU 平台的抽象化，使得基于 MiCO 的应用程序的开发不需要考虑 MCU 具体件功能的实现与否，通过 MiCO 中提供的各种编程组件即可快速构建 IoT 设备软件。

MiCO 是基于 MCU 的全实时物联网操作系统，是面向智能硬件设计，运行在微控制器上的高度可移植的操作系统和中间件开发平台。MiCO 拥有完整的解决方案，包括了无线网络的配置、智能硬件的初次设置、无线网络的快速接入、本地设备与服务的发现、身份认证等。这些都能够降低研发投入和维护的成本，缩短研发周期。MiCO 已被广泛应用于智能家电、照明、医疗、安防、娱乐等物联网应用市场

9. TreeOS

TreeOS 是一款超轻量级的开源实时操作系统，支持多种架构，对基于微控制器(MCU)的程序开发来说，是一项不错选择。TreeOS 的独特之处是引入了“无核构件化”的设计理念。TreeOS 系统无核化，对内存几乎零占用，是一款真正可用于 MCS51 等 8 位 MCU 的操作系统。构件化设计，各种功能构件齐全，可轻松应付物联网“千物千面”的应用需求。

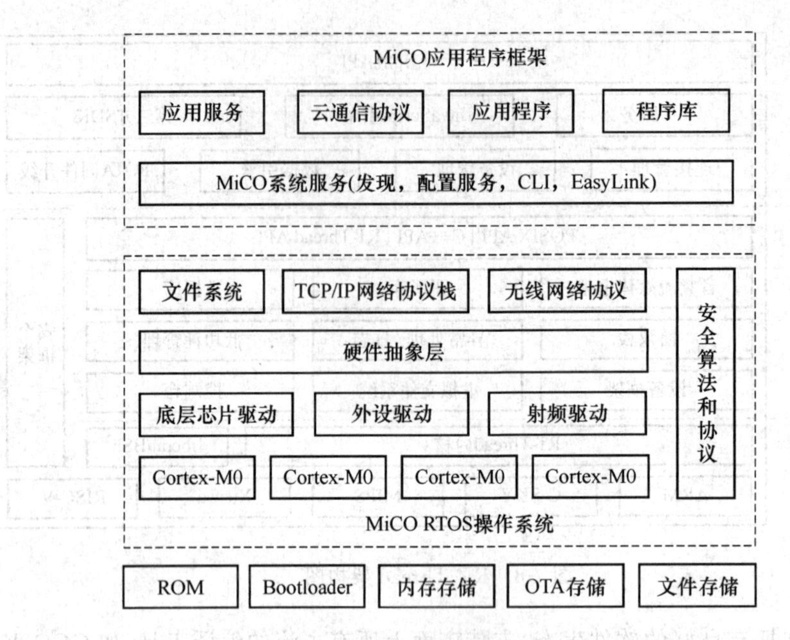

图 7-9　MiCO 架构图

TreeOS 则是在解决各种处理器通用性的基础上，把开发重点放在大量的外围器件驱动及边缘计算方面，并开创性地发展了"从电路图直接生成代码"的自动编程智能技术，使得各种物联网设备的开发变得非常简单和高效，使各种设备可以统一在一个平台上开发。

思考与习题

1. 简述物联网操作系统的发展。
2. 简述典型的物联网操作系统及其特点。

第 8 章 AliOS Things操作系统

本章以 AliOS Things 为例来讲解典型的物联网操作系统，以便加深读者对物联网操作系统的认识和理解。

8.1 AliOS Things 概述

AliOS

AliOS Things 是 AliOS 家族旗下面向 IoT 领域的、轻量级的物联网嵌入式操作系统。它在 2017 年杭州云栖大会中问世，并在同年的 10 月 20 号于 GitHub (https://github.com/alibaba/AliOS-Things)开源。AliOS Things 致力于搭建云端一体化的 IoT 基础设施，具备性能极致、开发极简、云端一体、组件丰富、安全防护性能高等关键优势，并支持终端设备连接到阿里云物联网平台，可广泛应用在智能家居、智慧城市、智慧出行等领域。AliOS Things 的具体特性如下。

1. 开发极简

AliOS Things 提供集成开发环境(IDE)，支持 Windows/Linux/MacOS 系统；提供丰富的调试工具，支持系统/内核行为 Trace、Mesh 组网图形化显示；提供 Shell 交互，支持内存踩踏、泄露、最大栈深度等各类侦测，帮助开发者提升效率，同时，基于 Linux 平台，提供 MCU 虚拟化环境，开发者可以直接在 Linux 平台上开发与硬件无关的 IoT 应用和软件库，并使用 GDB/Valgrind/SystemTap 等 PC 平台工具来诊断开发问题。AliOS Things 提供了包括存储(掉电保护、负载均衡)在内的各类产品级别的组件、面向组件的编译系统以及 Cube 工具，以支持灵活组合 IoT 产品软件栈。

2. 即插即用的连接和丰富的服务

AliOS Things 支持 uMesh 即插即用的网络技术，设备上电后自动联网，不依赖于具体的无线标准，支持 802.11/802.15.4/BLE 多种通信方式，并支持混合组网，同时，AliOS Things 通过 Alink/Linkkit 与阿里云计算 IoT 服务无缝连接，使开发者方便实现用户与设备、设备与设备、设备与用户之间的互联互通。

3. 细颗粒度的 FOTA 更新

AliOS Things 可拆分为 kernel、App bin 两部分，可支持应用代码独立编译映像，细粒度 FOTA 升级，以及 IoT App 独立极小映像升级，能有效减少 OTA 备份空间大小和硬件 Flash 的成本，同时，FOTA 组件支持基于 CoAP 的固件下载，结合 CoAP 云端通道，用户可以打造“端到端”的全链路 UDP 的系统。

4. 彻底全面的安全保护

AliOS Things 提供系统和芯片级别的安全保护，支持可信运行环境（支持 ARMV8-M Trust Zone），同时支持预置 ID^2 根身份证和非对称密钥，以及基于 ID^2 的可信连接和服务。

5. 高度优化的性能

Rhino 内核支持 IdleTask，RAM 内存小于 1 KB，ROM 内存小于 2 KB，从提供硬实时能力。其内核包含了 Yloop 事件框架及基于此整合的核心组件，避免了栈空间消耗，核心架构良好，能支持极小 footprint 的设备。

6. 解决 IoT 实际问题的特性演进

AliOS Things 提供了更好的云端一体融合优化，更简单的开发体验，更安全、更优的整体性能和算法支持，以及更多的特性演进。

8.2 AliOS Things 的架构

AliOS Things 的架构可以适用于分层架构和组件化架构，如图 8-1 所示。从底部到顶部，AliOS Things 包括以下几个方面。

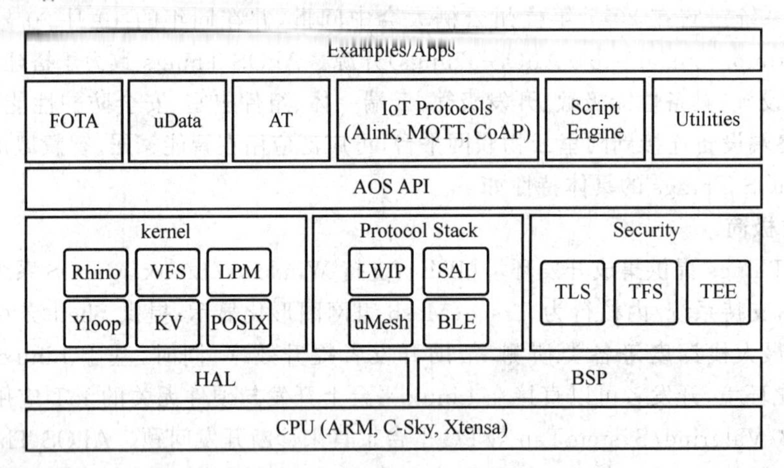

图 8-1 AliOS Things 架构图

(1) 板级支持包(BSP)：主要由 SoC 供应商开发和维护。

(2) 硬件抽象层(HAL)：比如 Wi-Fi 和 UART。

(3) 内核：包括 Rhino 实时操作系统内核、异步事件框架（Yloop）、虚拟文件系统（VFS）、键值对存储(KV)等。

(4) 协议栈：包括 TCP/IP 协议栈(LWIP)、uMesh 网络协议栈。

(5) 安全：安全传输层协议（TLS）、可信服务框架（TFS）、可信运行环境（TEE）。

(6) AOS API：提供可供应用软件和中间件使用的 API。

(7) 中间件:包括常见的物联网组件和阿里巴巴增值服务中间件。

(8) 示例应用:阿里自主开发的示例代码,以及通过了完备测试的应用程序(比如 Alink App)。

所有的模组都已经被组织成组件,且每个组件都有自己的.mk 文件,用于描述它和其他组件间的依赖关系,方便应用开发者按需选用。

8.3 AliOS Things 的内核

8.3.1 Rhino 内核

Rhino 是 AliOS Things 内部设计和开发的实时操作系统内核,是 AliOS Things 的核心组件之一。它具有体积小、功耗低、实时性强和调试方便等特点。Rhino 提供了丰富多元的内核原语,实现了多任务机制,包括多个任务之间的调度,任务之间的同步、通信和互斥,还有队列、事件、内存分配、Trace 功能,以及多核等机制。除了具有一般嵌入式操作系统的功能外,Rhino 内核还设计了工作队列、异步事件框架和低功耗框架等。

Rhino 内核具有以下几个特征。

1) 体积小

Rhino 为大多数内核对象提供静态和动态分配。为小内存块设计的内存分配器既能支持固定块又能支持可变块,它还可以支持多个内存区域。

大部分的内核特性(如工作队列)和内存分配器,都可以通过修改 k_config.h 文件进行配置和裁剪。

由于组件的可配置和可裁剪,可以让最终编译出的 Rhino 镜像尽可能小,使其可以被烧录进资源非常有限的设备中。

2) 功耗低

对于物联网设备来说,硬件功率至关重要,因为电量是有限的。如果系统消耗电量过快,设备将很快没电。Rhino 提供了 CPU 的"tickless idle"模式来帮助系统节约电能并延长使用时间。

通常情况下,当 CPU 没有执行操作时,它将执行一个处理器指令(如对于 ARM 来说的 WFI,对于 IA32 位处理器来说的 HLT),以便进入低功耗状态。此时,CPU 寄存器的信息被保存,系统的 tick clock 中断会在每个 tick 时刻唤醒 CPU。

当操作系统检测到有一个固定时间(多个 tick 或更长时间)的空闲后,它将进入 tickless idle 模式。系统做好中断配置,并把 CPU 置于 C1 模式,那时系统 tick clock 中断不再被触发,系统 tick 的计数也将停止。CPU 会保持低耗电状态直到 tickless idle 时间结束,然后,当系统 tick timer 中断再次被触发时,CPU 被唤醒并从 C1 模式回到 C0 模式,为 tick 计算好补偿时间并继续计数。

3) 实时性

Rhino 提供了两个调度策略,分别是基于优先级的抢占式调度和 Round-Robin 循环调度策略。对于两个调度策略而言,具有最高优先级的任务都是被优先处理的。

基于优先级的抢占式调度器会在遇到比当前运行任务具有更高优先级的任务时抢占CPU。这意味着，如果出现一个比当前任务具有更高优先级的任务，内核将立即保存当前任务的context，并切换到高优先级的任务的context，因此，内核保证了CPU总是优先处理优先级最高的任务。

Round-Robin调度器通过时间片来为各任务分配CPU资源。在一组具有相同优先级的任务中，每个任务都会被安排运行一个固定的时间长度，或者说时间片，之后CPU将处理下一个任务，所以，在一个任务阻塞之前，其他任务无法得到处理器资源。当时间片失效时，系统将运行该优先级就绪队列中的最后一个任务。

4）方便调试

Rhino可以支持stack溢出、内存泄漏、内存损坏的检测，这有助于开发人员找出棘手问题的根源。结合AliOS Studio的集成开发环境（IDE），Rhino的追踪功能将实现整个系统运行活动的可视化。

8.3.2 工作队列

1. 工作队列的概念

在一个操作系统中，如果要进行一项工作处理，往往需要创建一个任务来加入内核的调度队列。一个任务对应一个处理函数，如果要进行不同的事务处理，则需要创建多个不同的任务。任务作为CPU调度的基础单元，其数量越大，调度成本越高。

AliOS Things采用工作队列（work queue）的机制简化了基本的任务创建和处理机制，一个work实体对应一个实体任务的处理，工作队列下面可以挂接多个work实体，每一个work实体都能对应不同的处理接口，即用户只需要创建一个工作队列，就可以挂接多个不同的处理函数。

在某些实时性要求较高的任务中，需要进行较为繁重的钩子（hook）处理时，可以将其处理函数挂接在工作队列中，其执行过程将位于工作队列的上下文，而不会占用原有任务的处理资源。另外，工作队列还提供了work的延时处理机制，用户可以选择立即执行或是延时处理。

在需要创建大量实时性要求不高的任务时，可以使用工作队列来统一调度，或者将任务中实时性要求不高的部分延后到工作队列中去处理。如果需要设置延后处理，则需要使用work机制，即用户在创建work时需指定work的延迟执行时间。work机制不支持周期work的处理。

2. 工作队列机制的原理

工作队列的处理依赖于任务，一个工作队列会创建关联其对应的任务，一个工作队列会挂载多个work处理，每个work处理对应一个处理函数。当工作队列得到调度，即其关联的任务得到运行时，在每次任务的调度期间，都会从工作队列中按照先后顺序取出一个work来进行处理。下面是工作队列的基本数据结构定义：

```
typedef struct {
        klist_t     workqueue_node;     //挂载 workqueue 列表
        klist_t     work_list;          //workqueue 下挂载的 work 列表
        kwork_t     *work_current;      //current work，正在被处理的 work
```

```
    const name_t   * name;
    ktask_t    worker;                    //workqueue 并联并创建的任务
    ksem_t    sem;                        //workqueue 创建并阻塞执行的信号量
} kworkqueue_t;
```

1）工作队列的初始化

初始化函数：void workqueue_init(void)

该函数首先初始化名为"g_workqueue_list_head"的工作队列链表，该链表将挂接所有的工作队列，同时还通过 krhino_workqueue_create 接口创建了一个默认的工作队列 g_workqueue_default。

2）工作队列的创建

函数原型：kstat_t krhino_workqueue_create (kworkqueue_t * workqueue, const name_t * name, uint8_t pri, cpu_stack_t * stack_buf, size_t stack_size)

我们可以看到，工作队列的创建除了基本的管理结构和 name 外，还需要优先级、栈起始和栈大小。这三个参数用来在工作队列内部创建对应的调度任务。另外，该函数还创建了一个信号量 sem，初始信号值为 0。

该任务将会循环获取此 sem 信号量，当获取不到时，则该任务永久阻塞。一旦获取到信号量，该任务就从工作队列中取出一个 work 来进行处理。

3. work 的创建与触发

1）work 的创建

work 创建函数原型：kstat_t krhino_workinit (kwork_t * work, work_handle_t handle, void * arg, tick_t dly)

此函数用于创建一个 work 单元，参数包含处理函数钩子和处理参数，dly 表示该 work 是否需要延时处理。

该接口首先初始化了 work 内基本的数据结构。当 dly 大于 0 时，表明 work 需要延迟执行，还需要创建一个时长为"dly"的定时器。

2）work 的触发

work 触发函数原型：kstat_t krhino_work_run (kworkqueue_t * workqueue, kwork_t * work)

该函数的目的是将某个 work 推送到一个工作队列中，并且通过释放工作队列阻塞的信号量来触发 work 的调度处理。每释放一次信号量，就处理一个 work。

如果 work 在创建时，设置的是延迟处理，则在启动对应的定时器后，将 work 和 work queue 句柄传给定时器的处理函数并启动定时器。在定时器处理函数中再将 work 和 work queue 挂接，并触发处理机制。

3）工作队列资源释放

（1）工作队列的资源释放：kstat_t krhino_workqueue_del (kworkqueue_t * workqueue)

该函数首先判断当前工作队列中是否存在待处理的 work，如果存在，则释放失败。释放资源的过程包括工作队列关联任务、信号量，并将自身从 g_workqueue_list_head 队列中删除。

（2）work 的资源释放：kstat_t krhino_work_cancel（kwork_t * work）

如果 work 从未和工作队列关联，则只需要释放 work-> dly > 0 时所创建的定时器。否则，需要判断该 work 是否正在被处理（wq-> work_current == work），或者待处理（work-> work_exit == 1），如果都不是，则应从工作队列中删除该 work。

8.3.3 异步事件框架

Yloop 是 AliOS Things 的异步事件框架。Yloop 借鉴了 libuv 及嵌入式业界常见的 event loop，综合考虑使用的复杂性、性能及 footprint，实现了一个适合用于 MCU 的事件调度机制。

异步事件框架是内核提供的基础框架之一。异步事件框架使用户任务或事件的调度通过外部事件或者内部事件的触发来运行，摆脱了基于时间流程的函数运行方式。AliOS Things 应用异步事件框架，使终端具有更强的描述事物的能力。在一个事件被注册后，系统每次进行任务切换时都会检查该事件是否满足运行的条件。如果该事件未满足运行条件，则被挂起，避免占用 CPU 资源。当该事件的运行条件满足后，系统将该事件添加到运行列表，则事件被触发开始运行。

1. Yloop 上下文

在进行任务调度时，系统需要保存当前任务的程序指针与栈指针。每个 Yloop 实例（aos_loop_t）与特定的任务的上下文绑定，AliOS Things 的程序入口 application_start 所在的上下文与系统的主 Yloop 实例绑定，该上下文也称为主任务。主任务以外的任务也可以创建自己的 Yloop 实例。

2. Yloop 的调度

Yloop 实现了对 I/O、timer、callback、event 的统一调度管理。

（1）I/O：最常见的是 socket，也可以是 AliOS Things 的 VFS（virture file system，虚拟文件系统）管理的设备。

（2）timer：常见的定时器。

（3）callback：特定的执行函数。

（4）event：包括系统事件、用户自定义事件。

当调用 aos_loop_run 后，当前任务将会等待上述各类事件发生。

3. Yloop 的实现原理

Yloop 利用协议栈的 select 接口实现了对 I/O 及 timer 的调度。AliOS Things 自带的协议栈又开放了一个特殊的 eventfd 接口，Yloop 利用此接口把 VFS 的设备文件和 eventfd 关联起来，实现了对整个系统的事件的统一调度。

4. Yloop 的使用

下面是 Yloop 的使用示例代码：

```
static void app_delayed_action(void * arg)
{
    LOG("%s:%d %s\r\n", __func__, __LINE__, aos_task_name());
    aos_post_delayed_action(5000, app_delayed_action, NULL);
}
```

```
int application_start(int argc, char * argv[])
{
    LOG("application started.");
    aos_post_delayed_action(1000, app_delayed_action, NULL);
    aos_loop_run();
    return 0;
}
```

在这里的 Yloop 使用程序示例中，application_start 函数主要完成以下两件事情：

(1) 调用 aos_post_delayed_action 创建了一个 1 秒的定时器（Yloop 里面只有 oneshot timer）；

(2) 调用 aos_loop_run 进入事件循环。

1 秒后，定时器被触发，app_delayed_action 函数被调用，并主要完成以下两件事：

(1) 调用 Log 打印；

(2) 再次创建一个 5 秒的定时器，从而实现定期执行 app_delayed_action。

这里需要注意的是，程序并不需要 aos_loop_init()去创建 Yloop 实例，因为系统会默认自动创建主 Yloop 实例。

如下给出了一个和 socket 结合的例子：

```
int iotx_mc_connect(iotx_mc_client_t * pClient)
{
    <snip>
    rc = MQTTConnect(pClient);
    <snip>
    aos_poll_read_fd(get_ssl_fd(), cb_recv, pClient);
    <snip>
}
```

上述函数中，在和服务端建立好 socket 连接后，调用 aos_poll_read_fd()把 MQTT 的 socket 加入到 Yloop 的监听对象里。当服务端有数据过来时，cb_recv 回调将被调用，进行数据的处理。采用这种方式，MQTT 就不需要一个单独的任务来处理 socket，从而节省了内存，同时，由于所有处理都是在主任务中进行的，因此不需要复杂的互斥操作。

5. 系统事件的处理

AliOS Things 定义了一系列系统事件，程序可以通过 aos_register_event_filter()注册事件监听函数，进行相应的处理，比如 Wi-Fi 事件。如下给出了一个示例程序：

```
static void netmgr_events_executor(input_event_t * eventinfo, void * priv_data)
{
    switch (eventinfo->code) {
        case CODE_WIFI_ON_CONNECTED:
            <do something>
            break;
```

```
        <snip>
    }
}

/* WiFi event */
#define EV_WIFI                              0x0002
#define CODE_WIFI_CMD_RECONNECT                 1
#define CODE_WIFI_ON_CONNECTED                  2
#define CODE_WIFI_ON_DISCONNECT                 3
#define CODE_WIFI_ON_PRE_GOT_IP                 4
#define CODE_WIFI_ON_GOT_IP                     5

aos_register_event_filter(EV_WIFI, netmgr_events_executor, NULL);
```

6. Yloop 回调

Yloop 回调用于跨任务的处理，以下面的代码为例，程序中，假设 io_recv_data_cb 是 I/O设备收到数据时的回调，那么收到数据后就通过 aos_schedule_call 把实际处理 do_uart_io_in_main_task 函数放到主任务上下文中去执行。这样，数据的逻辑处理 do_uart_io_in_main_task 就不需要考虑并发而做复杂的互斥操作。

```
void do_uart_io_in_main_task(void *arg)
{
    <do something>
}

void io_recv_data_cb(char c)
{
    aos_schedule_call(do_uart_io_in_main_task, (void *)(long)c);
}
```

8.4 AliOS Things 的组件

AliOS Things 的每个模块都被设计成了一个独立的组件，每个组件在程序管理上都有独立的.mk 文件来描述组件之间的依赖关系，这使得开发者可以用非常直观的方式增减其所需要的组件。下面将围绕 AliOS Things 的几个典型的组件，介绍其原理和意义，帮助读者理解其实际的应用价值。

8.4.1 自组织网络

1. 自组织网络简介

自组织网络(uMesh)是一种通过自组织的方式建立与维护连接的网络，网络中的每个节点都可以具有路由和数据转发的功能。自组织网络是一种去中心化的多跳网络。

1）自组织网络的特点

(1) 去中心化的网络管理。网络中节点具有自动加入与离开网络的能力，网络可以在任何地方组织起来，任意两个节点之间可以拥有多条连接通道，极大地避免了网络中由于某些节点出现故障而导致通信出现故障的情况。

(2) 自组织。组网的过程是根据当前网络状况通过自组织来完成的，在组网与网络管理交互中自动实现配置与修复，可以不依赖网络基础设施，方便地进行节点部署。

(3) 自修复。当网络节点出现故障时，可以实现自恢复，不会因为网络中某一节点的故障，而导致全网无法工作。当某一范围内的管理节点出错，范围内的节点会自动选出新的管理节点以保证正常组网。

(4) 多跳特性。每个节点都可以发送和接收数据，两个节点间的通信可能会经由多个中间节点的传输。在单跳覆盖范围不满足业务需求时，可以通过多跳特性，以提高网络的覆盖范围。

2）自组织网络的技术优势

(1) 覆盖范围广。不因物理信道通信距离的限制而影响覆盖范围。

(2) 可靠性强。由于存在节点自组织，即使相邻的节点由于各种原因无法工作，节点也可以与其余节点保持通信。

3）自组织网络在商业应用中的优势

(1) 网络内的通信是免费的，无需向通信运营商交付任何费用。

(2) 对基础设施建设没有很强的依赖性，甚至可以在没有基础设施的区域工作

2. 重新设计与开发 uMesh 的原因

目前，业界公开的流行 Mesh 协议主要包括 Thread、Wi-SUN FAN 和 ZigBee IP，它们分别为不同的业务场景而设计：Thread 主要是为智能家庭而设计的；Wi-SUN FAN 主要是为智能电表而设计的；ZigBee IP 最初设计时主要考虑的是智能能源。当然，用户也可以根据需要基于协议栈进行相应的定制。在 MAC 和 PHY 层，它们均使用低功耗的 802.15.4 协议。不直接使用这些协议中的一种作为解决连接问题的具体实施办法，主要原因包括以下几个方面。

(1) 目前各种协议主要针对某一特定业务场景而设计。各种协议并不能提供一种通用的连接能力，从而很难满足多样化的业务需求，因此，需要提供通用的连接功能给不同的芯片，以实现这些芯片之间的连接，从而实现独立于协议的物物互联。

(2) 目前只支持 802.15.4 协议。在设计的过程中，这些协议都将 802.15.4 作为 MAC 和 PHY 层协议，所以会针对其特性进行优化和限制，但并不是所有的芯片都会包含 802.15.4芯片模组，它们的设计无法直接支持 Wi-Fi 和 BLE 这两种目前为止越来越普及的通信芯片模组。特别是针对 BLE，802.15.4 数据帧长度限制在 127 字节，但 BLE 广播帧长度限制在 32 字节，这使得在 802.15.4 协议中一些数据包无法在 BLE 链路上传输。

(3) 目前人们对支持多种不同通信芯片的模块是有需求的。802.15.4 协议在传输距离、功耗及传输速度方面，与 Wi-Fi 和 BLE 相比做到了更好的能力均衡，使得它是自组织网络非常好的一种选择，但是，无论是智能家庭、工业还是商业场景中，都需要更多元化的功能以支持不同的业务。如何利用现有的硬件设施，通过软件升级的方式，来满足业务需求，而

不用完全地更换硬件设施,也是一个需要解决的问题。

(4) 需要加入对移动节点的支持。目前,各种 Mesh 协议并没有考虑到对移动节点的支持,而移动节点在一些实际应用的场景中是大量存在的。在一个较大的空间内,当转发节点通信覆盖范围无法满足另一个接入节点的移动范围时,就需要节点具有移动性,如智能手环等应用。

在 Wi-Fi 和 BLE 协议中,均有提到支持 Mesh,但不直接使用它的原因主要是不同的协议通常只考虑兼容自身现有的设计及特性,在使用到另外一种物理媒介上时总会有需要修改的地方。

基于上述这些原因,重新设计并实现 AliO Things uMesh 的技术路线,有利于构建一个更通用的物联网应用支持体系。

3. uMesh 的网络拓扑结构

在网络拓扑方面,AliOS Things 的 uMesh 在设计上主要考虑如下需求。

(1) 可扩展性。可扩展性是指可适用于不同的场景,既可以支持有上百个节点的智能家庭场景,也可以支持有几千个节点的工业与商业应用场景。

(2) 健壮性。健壮性是指不会由于某一节点的故障而导致整个网络无法正常工作。

(3) 适应性。适应性是指能同时支持两种及两种以上的通信媒介,并能充分利用其特性。

为了满足上述几点设计要求,uMesh 使用两层拓扑结构,如图 8-2 所示。第一层是核心网络,组成了一张全联通网络;第二层是扩展子网络,使用的是树状网络拓扑结构。核心网络的规模,由于其全联通的特性,如果是传输速率较小的网络,如 802. 15. 4,其网络规模将不会很大,但是可以通过扩展子网络的树状结构,让网络规模迅速扩大到用户期望的规模。第一层核心网络的节点可以理解为分布式的 root 根节点,某一核心网络节点的故障不会导致整个网络的故障,从而实现了健壮性的目标。

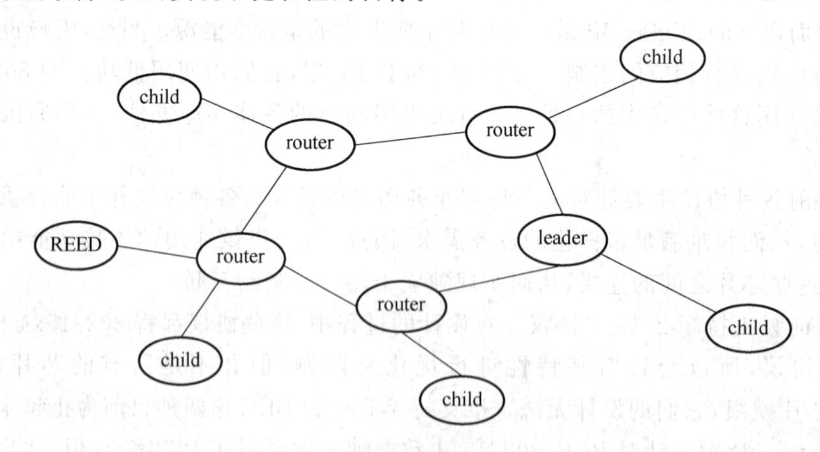

图 8-2 uMesh 两层拓扑结构

网络中主要包括如下角色。

(1) 管理节点(leader),网络的配置信息均从管理节点开始扩散到网络,上云通道通常也部署在管理节点上,管理节点是一个特殊的超级路由节点。管理节点故障后,超级路由节点中会选举出一个新的管理节点。

（2）超级路由节点（router），其负责管理每个扩展子网，并在相互之间不断交互各自获取的网络信息。超级路由节点相当于每个树状网络的根节点。如果超级路由节点发生故障，此树状网络的孩子节点会进行查询，查询后会自动挂到正常的超级路由节点下面。

（3）路由节点（reed），扩展网络中的节点，具有路由转发功能。

（4）孩子节点（child），不具有数据路由转发功能，通常是移动节点、低功耗节点等。

在实际部署时，核心网络使用 Wi-Fi，扩展子网络使用 802.15.4 和 BLE 的方式，最大限度地利用各种不同通信媒介的能力。

4. uMesh 协议栈结构

1）协议栈中 uMesh 位置

在设计协议栈的时候，主要考虑如下需求：

（1）能够实现 Mesh 的自主组网；

（2）能够支持自修复；

（3）能够实现对网络信息的控制与管理；

（4）能够减小数据传输过程中对带宽的占用；

（5）能够通过统一的 HAL（ hardware abstraction level）适配到不同的媒介之上；

（6）能够适配不同的 IP 协议栈。

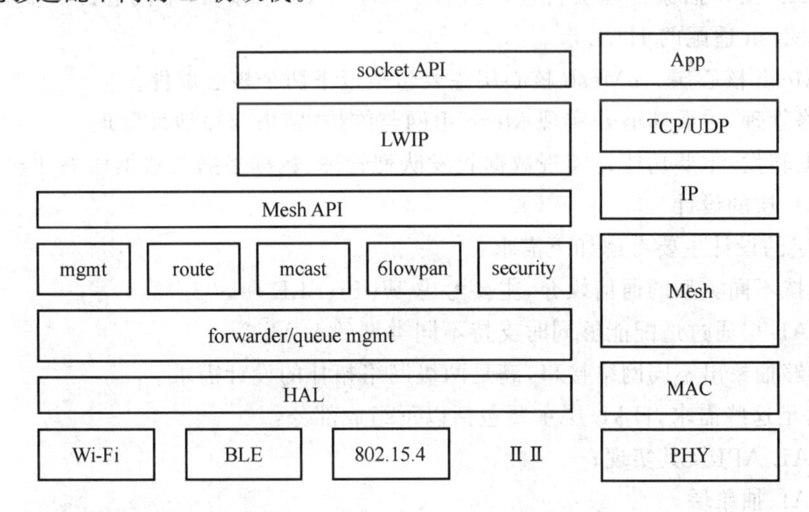

图 8-3 支持 uMesh 的网络协议栈

基于上述需求，整个 uMesh 将全部逻辑放在逻辑链路层之上，其在 TCP/IP 协议栈中的位置及其与典型 Mesh 协议栈的对比如图 8-3 所示，其中左侧是 uMesh 所在的协议栈，右侧是传统支持 Mesh 的典型网络协议栈。这样的设计主要考虑以下几点：

（1）不依赖使用的 IP 协议栈；

（2）尽可能实现功能与硬件无关，将与硬件相关的逻辑交给 HAL 层处理。

uMesh 网络内部数据传输不使用 IP 地址，而是使用 2 字节的短地址，减少对带宽的使用，以适用 BLE 和 802.15.4 等带宽资源受限的网络。

2）uMesh 协议栈结构

uMesh 协议栈结构如图 8-4 所示，可以分为 3 个部分：IP 协议栈适配接口层，HAL 层和 uMesh 核心层。

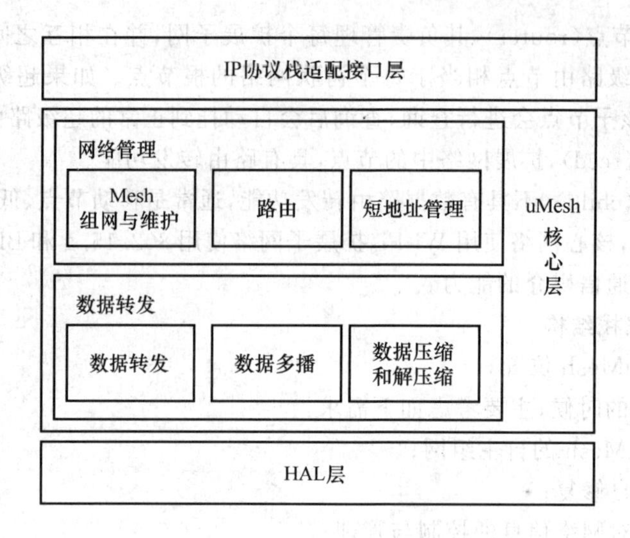

图 8-4 uMesh 协议栈结构

(1) IP 协议栈适配接口层。其适配不同的 IP 协议栈。

(2) HAL 层。抽象物理层特性,提供统一的 HAL 层接口,不同芯片厂商根据该接口来实现与 uMesh 适配的 HAL 层。

(3) uMesh 核心层。uMesh 核心层主要包括以下两个核心部件。

① 网络管理:主要功能是实现 Mesh 组网与维护、路由及短地址管理。

② 数据转发:主要功能是实现数据收发队列管理、数据多播及数据压缩和解压。

3) HAL 层的设计

HAL 层的设计主要考虑如下需求:

(1) 支持不同类型的通信媒介,主要考虑 Wi-Fi、BLE 和 802.15.4 等;

(2) HAL 层通过适配能够同时支持不同类型的 HAL;

(3) 能够抽象出不同网络接口,满足两级网络拓扑的设计需求。

为了满足这些需求,HAL 层主要包括以下组成部分:

(1) HAL API 及其实现;

(2) HAL 抽象层;

(3) 网络信息抽象层。

HAL API 提供接口主要用于以下几个方面:

(1) 发送与接收数据;

(2) 获取 HAL 层信息,包括物理链路类型、MTU 和信道信息;

(3) 设置 HAL 层信息,包括信道、MAC 层地址、Mesh 网络 ID;

(4) HAL 层数据包统计信息。

HAL 抽象层与通信芯片模组是一对一的对应关系,主要功能是维护与特定 MAC 和 PHY 层的相关信息,包括从 HAL 接口层获取的物理链路特性、数据队列和邻居列表等。

网络抽象层与 HAL 抽象层可以是一对一的对应关系,也可以是多对一的对应关系。当使用单种 HAL 层,完成两级网络拓扑的部署时,需要采用多对一的对应关系。网络抽象层维护了与该网络相关的所有信息,包括网络 ID、节点 ID、网络状态、多播信息、路由信息和

IP 地址前缀等。

5. 阿里云 Link ID² 设备身份认证

1) Link ID² 设备身份认证服务

近年来,随着越来越多的物联网安全漏洞问题的出现,安全将会成为物联网生态体系要面对的一个尖锐问题,尤其是嵌入式安全由于设备数量的巨大使得常规的更新和维护操作面临挑战,而基于云的操作会使得边界安全变得不太有效。

针对上述物联网安全的缺陷,作为 AliOS Things 核心组件之一的自组织网络(uMesh)不仅提供了 AIiOS Things 原生自组织网络能力、本地互联互通的能力,还将更多的注意力放到了如何保障嵌入式设备能够自主安全地接入自组织网络,并保证和云端数据通信的完整性与机密性。

ID²(Internet Device ID),是一种物联网设备的可信身份标识,具备不可篡改、不可伪造、全球唯一的安全属性,是实现万物互联、服务流转的关键基础设施。

ID² 设备身份认证平台由互联网设备、ID² 分发中心、云端 ID² 认证中心和部署在本地或者云端的互联网服务组成。芯片厂商产线通过调用提供的 ID² 产线烧录 SDK(可集成到厂商的烧录工具)完成向 ID² 分发中心的 ID² 在线申请、获取和烧录。烧录完成后,可通过调用烧录回执相关的 API 来确认是否已经成功烧录到芯片。

烧录 ID² 的同时也会将相应的私钥(private key)烧录到芯片内,公钥(public key)会上传给云端 ID² 认证中心。该私钥可用于解密由云端 ID² 认证中心下发的加密数据,这种模式可用于实现应用层协议的通道认证或者密钥协商。ID² 的一个重要作用就是使连接协议的安全性增强。ID² 和各种连接协议(如 MQTT、CoAP)结合,为连接提供设备认证和密钥协商等基础能力,为整个 IoT 管理系统提供基础的安全保障。ID² 设备身份认证平台系统架构如图 8-5 所示。

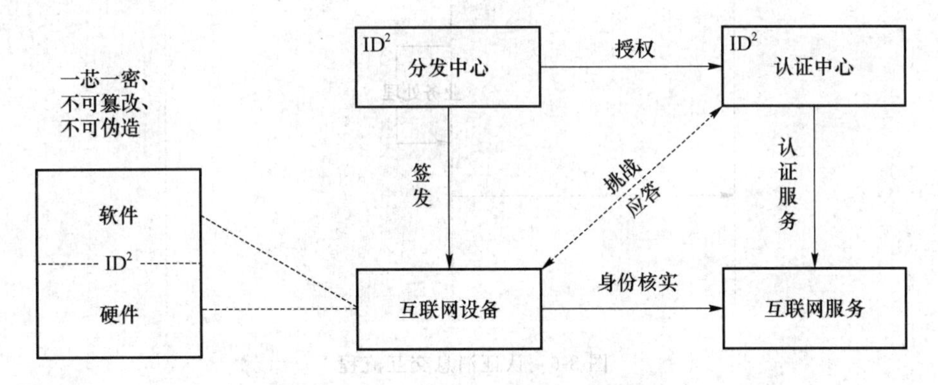

图 8-5 ID² 设备身份认证平台系统架构

ID² 设备身份认证平台提供了两种认证模式:基于挑战应答的认证模式(challenge-response based)和基于时间戳的模式(timestamp-based),可防止重放(replay)攻击。以挑战应答模式为例,SP Server(业务服务器)作为消息代理(proxy),转发设备节点和云端 ID² 认证中心之间的交互消息(默认设备节点已经预置烧录 ID²)。

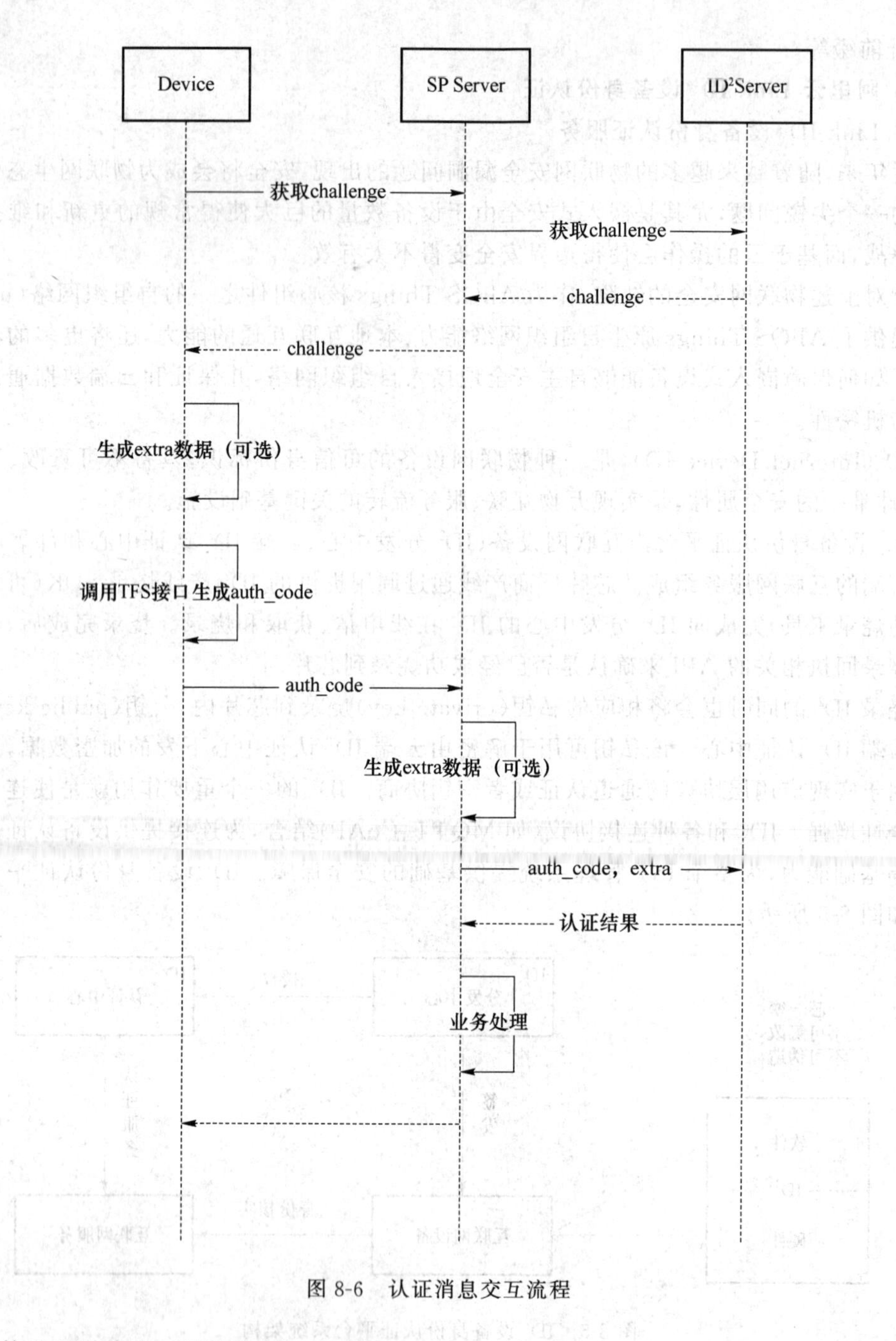

图 8-6　认证消息交互流程

具体认证消息交互流程如图 8-6 所示。

(1) 设备端发送认证请求给 SP Server，向云端 ID² 认证中心申请挑战随机数(challenge)。

(2) SP Server 调用 POP SDK Java API：getServerRandom()从云端 ID² 认证中心获取到挑战随机数并转发给终端设备节点。

(3) 设备节点获取到挑战随机数后，根据预置根 ID²、challenge、extra_data(可选)作为计算 auth code 的参数，调用端上提供的 TFS API：tfs_id2_getchallenge_auth_code()计算

auth_code。

(4) 设备节点将计算出的 auth_code 发送给 SP Server,将帮助转发给云端 ID^2 认证中心。

(5) SP Server 调用 POP SDK Java API：VerifyRequest()与云端 ID^2 认证中心做认证。

(6) SP Server 最后将根据云端 ID^2 认证中心返回的认证结果做相应的业务处理。

此外,对于允许接入该 SP Server 服务的设备,ID^2 能够确保设备和 SP Server 之间的双向认证。也就是说,不仅 SP Server 需要确认该拥有 ID^2 身份信息的设备是否允许接入,同时接入设备也需要确认该 SP Server 是否具有提供认证服务的合法性。通过双向认证的方式可以过滤掉那些虽拥有合法的 ID^2 身份信息但不属于 SP Server 服务范畴内的接入设备。

2) AliOS Things 自组织网络的安全认证架构

传统的 AAA(Authentication、Authorization、Accounting)服务在部署和配置上都需要专业 IT 人员操作,而对于像物联网这样拥有大量设备节点的场景,手动为每一个设备节点生成证书显然有些不切实际。此外,x.509 证书不但需要出厂预置占用较多的 Flash 资源,而且在 ASN.1 解析和认证过程中的消息传递也会消耗大量的 MCU 资源(根据不同的签名算法、密钥协商算法、加密算法而生成的证书的大小各不相同,大一点的证书可能会超过 1 KB),因此对于资源受限的嵌入式设备节点来说,基于证书的认证方式可能不是一个最优选择。

ID^2 设备身份认证平台是一个更为轻量级的基于身份信息的双向认证服务平台,尤其适用于硬件资源不足的嵌入式设备的认证。认证服务中心的云端化使 IT 人员省去了大量的时间来重复相同的部署和配置过程,客户需要做的仅仅是调用相应的 SDK 去对接云端 ID^2 认证中心。基于这个优势,自组织网络的设备节点端的安全认证过程的设计也依托于上述 ID^2 设备身份认证平台的挑战应答认证模式。目前新加入的设备节点和已经入网节点之间的认证通信协议兼容标准的 IEEE 802.1x 和可扩展认证协议(EAP),可以利用 IEEE802.11 Wi-Fi 协议标准进行数据传输,EAP 也为后续扩展和兼容多种标准认证方式(如 MD5、OTP、TLS 等)提供了基本的协议框架。

自组织网络 uMesh 与 ID^2 设备身份认证平台相结合的安全认证架构如图 8-7 所示。图 8-7 中左边虚线框内右侧的树莓派 3 作为直接和 AP 相关联的节点,充当网络的 leader 角色,来创建一个新的自组织网络并负责分配短地址(16 位)给后续加入网络的设备节点,该地址用于在 uMesh 网络内通信,同时在树莓派 3 上利用 IP 表建立 NAT(network address translation)来相互转发 tun0 接口和 eth0 接口之间的 IP 数据包(NAT 更改 IP 数据包头里的源地址),这样就可以让 uMesh 网络内的节点成功和外网的 SP Server 通信,从而和云端 ID^2 认证中心进行身份认证。

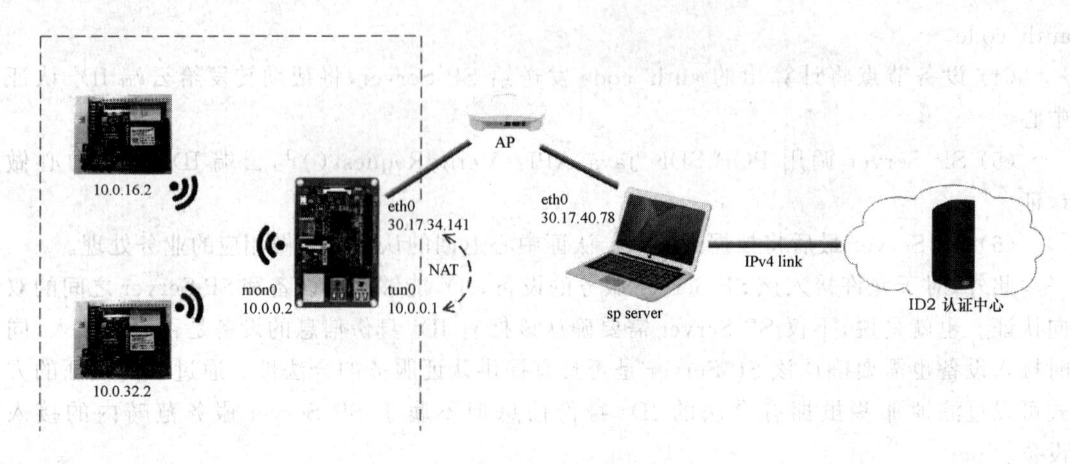

图 8-7　安全认证架构

uMesh 网络节点和云端 ID^2 认证中心的安全认证消息的交互流程如图 8-8 所示。

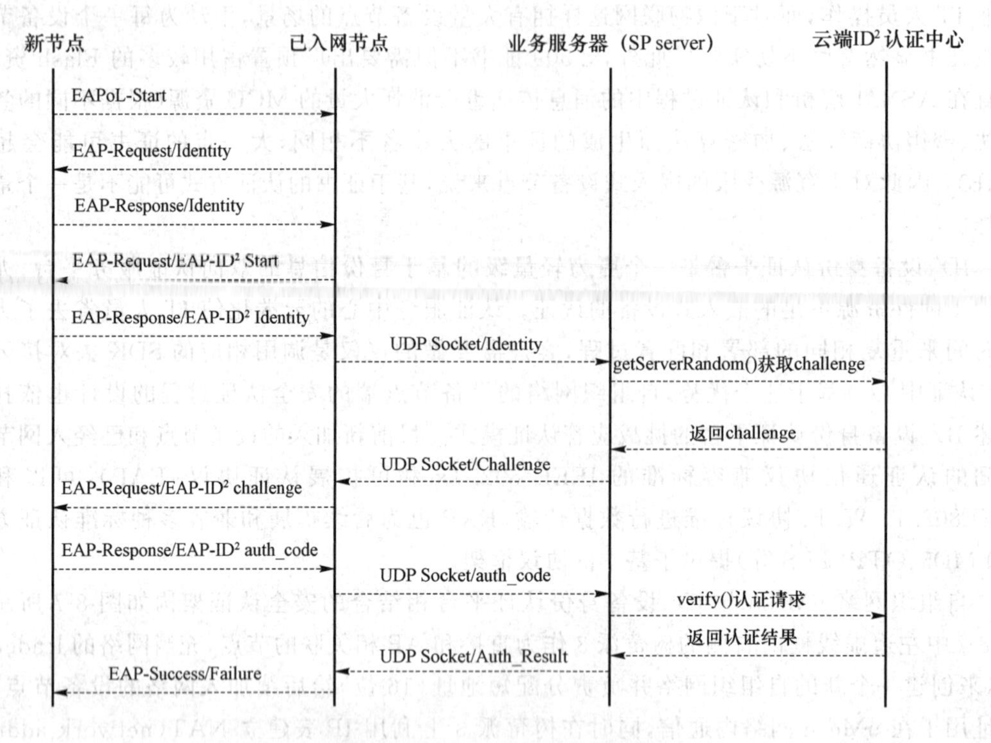

图 8-8　安全认证消息交互流程

图 8-8 中，扩展认证协议框架不仅定义了标准的认证类型（如 MD5、OTP、GTC、TLS 等），还定义了扩展类型（expanded types，type 值为 254）用来兼容不同的 Vendor 现有的自定义认证方式。EAP-ID^2 即为基于 ID^2 设备身份认证平台所设计的一种认证协议，是用于 uMesh 自组织网络节点的安全认证方式之一。其详细的扩展类型包头格式如图 8-9 所示。

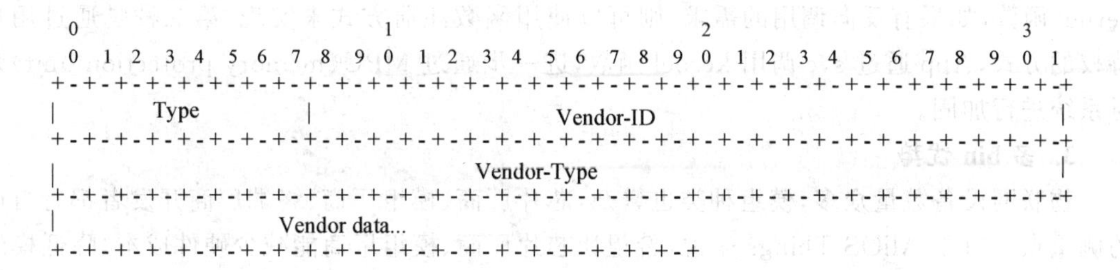

图 8-9 扩展类型包头格式

6. 总结

uMesh 具有自组织、自修复、多跳、兼容标准端口网络访问控制协议和扩展认证协议、可扩展多种标准安全认证方式等特性。uMesh 适用于需要大规模部署且对设备节点有安全性需求的场景，如智能家居、智能照明及商业楼宇等。兼容 IEEE802.1x 端口访问控制协议和扩展认证协议为自组织网络的安全认证体系提供了更为丰富、更加灵活的可扩展的协议认证框架，可以满足不同客户现有的自定义或者标准的认证流程。

8.4.2 空中固件升级

1. 空中固件升级

空中固件升级，也称 FOTA 升级。在很多物联网应用场景中都会有对固件进行远程更新的需求，即通过使用空中下载技术（OTA，over-the-airtechnology）对自身系统进行升级，从而快速实现对应用的改进。这里我们首先介绍 OTA 升级的基本内容。

传统的 OTA 升级是在在线应用编程（IAP，in application programming）应用升级的基础之上进行远程固件下载烧录的。在这种应用中，一般将固件分为两大部分：Application 与 Bootloader，Application 是终端应用的业务代码，Bootloader 负责更新代码及跳转启动。Application 部分负责接收更新指令并判断是否需要更新，若需要更新则下载并将固件写入规划好的 OTA 固件存储区，同时根据更新内容修改固件参数区，并检查固件完整性，写入完毕之后进行软复位。Bootloader 首先读取固件参数判断是否需要更新，若不需要则直接跳转到 Application 区，若需要则进行更新操作，然后将下载好的固件内容写入 Application 区，更新固件参数信息。

我们可以看到，在传统的 OTA 升级应用中，首先要做好的就是 Flash 区的规划，将 Flash 区划分为 Bootloader 区、Application 区、参数存储区，以及必要的固件缓存区。在追求成本最小化的物联网应用中，Flash 资源有限，如果应用本身占用的 Flash 资源较多，就无法预留出足够的 Flash 区作为缓存区。如果可以将升级精细化，并将每次升级所占用的 Flash 区减小，即可降低设备所需的成本。

2. AliOS Things 的多 bin 升级

AliOS Things 的 FOTA 升级方案是基于组件化思想的多 bin 特性的。AliOS Things 实现的多 bin 版本，主要是指 AliOS Things 基于组件化思想能够独立编译、烧录、OTA 升级 kernel、App bin。多 bin 采取了两种设计方案：第一种是通过 syscall 来实现彼此的函数调用，syscall 是在扁平地址空间中通过访问函数数组来实现的，App 通过函数数组调用

kernel 函数,如果有反向调用的需求,则可以使用函数注册方式来实现;第二种是通过用户特权的方式,App 通过 svc 调用 kernel 函数,进一步通过 MPU(memory protection unit)来对系统进行加固。

3. 多 bin 优势

物联网设备数量众多,模组种类也繁杂,芯片厂商、模组厂商、终端厂商开发者都有自己的侧重点。对于 AliOS Things 来说,希望让芯片厂商、模组厂商能减少硬件成本,降低模组功耗,让终端厂商开发者可以用简易的方法去开发,使其专注于应用软件的开发,多 bin 特性就是为此服务的。

总的来说,AliOS Things 的核心利益点就是“减成本、利开发”,具体而言:

(1) AliOS Things 拆分 kernel、App bin,支持细粒度 FOTA 升级,减少 OTA 备份空间(甚至可以做到 0 备份空间升级),有效减少硬件 Flash 的成本;

(2) 对 NB-loT 和 LoRa、BLE 芯片来说,对比下载一个几百个千字节和几十个千字节的固件包,对电池供电寿命来说差别巨大;

(3) 芯片厂商、模组厂商预置测试稳定的 kernel 版本,开发者只需购买阿里云市场中的模组解决方案,专注于开发 App 即可。

图 8-10 更直观地对比了单 bin 和多 bin 版本在 FOTA 升级上硬件 Flash 的消耗。

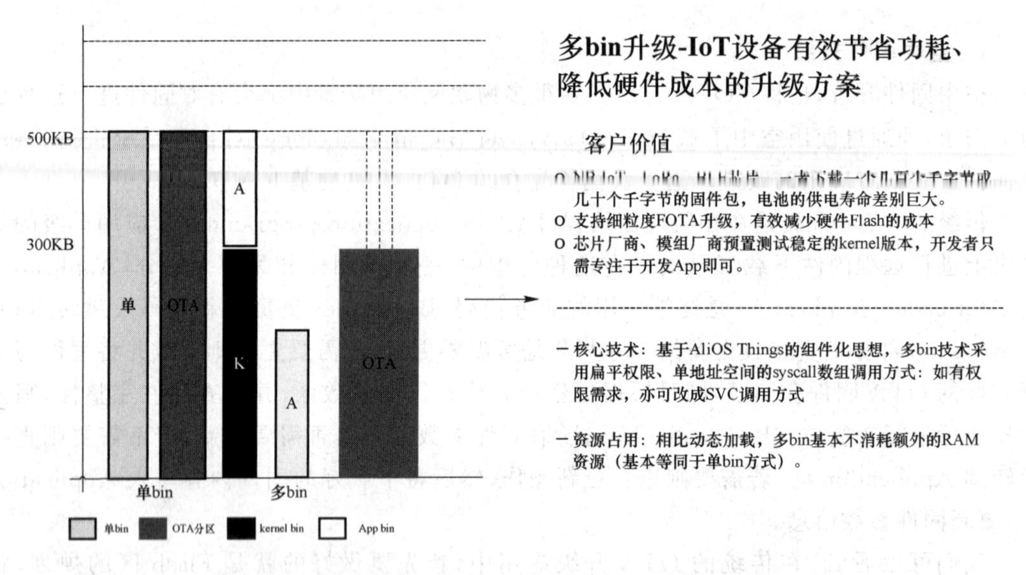

图 8-10 单 bin 和多 bin FOTA Flash 消耗对比

4. 实现说明

AliOS Things 的多 bin 特性基于 AliOS Things 的组件化思想。组件化思想是指各个组件之间解耦,组件之间仅通过暴露出来的 API 接口进行交互,这样就可以动态调整组件的位置。多 bin 特性就是在基本组件的基础上(如内核组件必属于 kernel 模块),动态调整其他组件来实现 FOTA 升级空间消耗的最优化。

接下来我们具体分析 AliOS Things 多 bin 特性的实现。多 bin 方案主要涉及系统调用处理、App 入口调用处理、Flash/RAM 地址划分、bin 编译和 bin 烧录几个部分。

(1) 系统调用处理

通过系统调用表实现 App 对 kernel 中接口的调用,所有用到的系统函数调用都存放在一个数组中,在 kernel 初始化过程中需要将数组的地址传给 App。

通过 svc 系统调用表实现 App 对 kernel 接口的调用,维护一个 svc 系统调用表。

(2) App 入口调用处理

这部分通过固定 App 地址的方式实现 kernel 对 App 的启动,kernel 将一些启动参数传入 App。

(3) Flash/RAM 地址划分

这部分主要是根据芯片资源的大小对 App 及 kernel 的 TEXT、DATA、BSS 等段进行划分,App 和 kernel 分别维护一个链接脚本。

(4) bin 编译

不改变原编译系统对组件(静态库)的编译,仅通过在组件 makefile 文件中增加组件类型的方式,划分该组件被链接到 App 或 kernel 中,如 kernel、share 等被链接到 kernel 中,App、share 及未设置组件类型的组件默认被链接到 App 中。

(5) bin 烧录

在原有的单 bin 烧录模式上,根据划分的 Flash 空间地址,分别烧录 kernel 和 App。GDB 调试也可以在加载 kernel 的基础上,通过 add-symbol-fileapp. elf0x1234(TEXT 段地址)来加载符号表,而 App 可以通过 loadapp. elf 来加载 elf 文件。

5. 小结

AliOS Things 多 bin 特性致力于降低硬件成本,让应用开发更高效。多 bin 特性随着版本在不停迭代,我们期待多 bin 特性能更简洁、高效、便利,能在实际场景中发挥出更大的作用,从而推动 AliOS Things 的生态发展。

8.4.3 网络适配框架

在大多数的物联网开发场景当中,常用 MCU 外接网络连接芯片(如 Wi-Fi、NB-IoT、2G/3G/4G 模组等)。针对物联网的典型开发方式,AliOS Things 提供了一种 SAL(socket adapter layer)框架和组件方案。

网络适配框架(SAL)是针对外挂的串口通信模块而设计的。借助于 SAL,用户程序可以通过标准的 BSD Socket 来访问网络,这样就避免了因为场景的不同而使用不同的通信模块导致需要向厂商专门定制 API 的烦琐。结合 AT Parser,SAL 可以方便地支持各类基于 AT 的通信模块。

在此类应用场景当中,主控 MCU 通过串口或其他协议与通信芯片相连接,AliOS Things 操作系统和用户 App 运行在主控 MCU 中,需要网络数据访问时,通过外接的通信芯片进行网络负载的接收和发送。主控 MCU 和外接通信芯片之间的通信,可以利用 AT Command 通道,也可以利用厂商私有协议通道。其典型的系统模块框架如图 8-11 所示。

图 8-11　网络适配框架 SAL

1. AliOS Things SAL 方案概述

目前,AliOS Things 提供了 AT Parser、AT Adapter、SAL 等开发组件。借助这些组件,用户可以方便地进行应用开发,同时这些组件也方便了厂商在现有 MCU 产品的基础上通过外接通信芯片的方式扩展网络访问能力。图 8-12 给出了 AliOS Things 提供的 SAL 组件和方案架构。

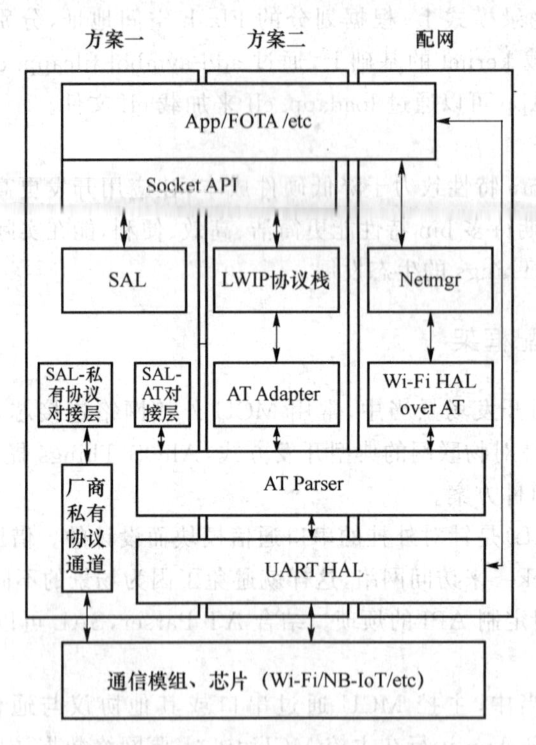

图 8-12　SAL 组件和方案架构

在图 8-12 中,AT Parser 组件提供了基础的 AT Command 访问接口和异步收发机制。用户可以直接访问 AT Parser 组件提供的接口来进行应用开发。上层应用直接通过 AT Parser 访问网络时,需要自行处理 AT 命令细节。

基于 AT Parser,AliOS Things 进一步提供了 SAL 组件(即图 8-12 中的方案一)。

SAL组件提供AT通道或厂商私有协议通道(如高通通信模组的WMI)与Socket套接字(如Socket、getaddrinfo、send、recvfrom等)接口的对接。通过SAL组件,应用层不需要关注通信芯片底层的操作细节,只需要通过标准的Socket接口来达到访问网络的目的。SAL组件支持大多数常用的Socket接口。SAL组件可以在很大程度上提高应用层开发的效率,显著降低应用层开发的难度。

此外,AliOS Things还提供了另外一种基于AT Command的网络访问方案,即SAL LWIP模式(即图8-12中的方案二)。这一模式是基于AT Adapter组件工具的。AT Adapter组件提供AT底层到LWIP的对接,即AT通道作为LWIP的一个网络接口(netif)。使用该方案时,应用层通过标准Socket接口访问网络,不需要关注底层AT的细节。该方案无缝对接LWIP协议栈,应用层可以使用LWIP提供的所有接口和服务,但该方案需要连接芯片固件才能支持IP包收发模式,目前庆科的moc108已经支持该模式。

2. AT Parser组件

AT Parser组件是AliOS Things SAL框架的基础组件之一,它提供统一和规范的AT命令访问接口(如at.send、recv、write、read、oob等)和异步收发机制(at_worker)。目前,AT Parser组件仅支持UART连接方式。

AT Parser有两种工作模式,NORMAL模式和ASYN模式。在AT Parser组件的初始化时进行工作模式的选择。

NORMAL模式下,仅支持上层应用以单进程/线程方式访问AT(同一时刻只有一个进程访问AT)。由于AT底层通过串行方式(UART或其他)发送和接收数据,所以在多进程情况下,多个AT读写可能会产生数据交叉,从而造成AT访问的混乱及错误。

ASYN模式支持AT命令的多进程访问及收据的异步接收。系统中只有一个线程(at_worker)负责读取AT数据,发送线程发送完AT命令后,等待at_worker线程唤醒。at_worker线程接收到对应AT命令的结果数据后,将结果传递给发送线程,并唤醒发送线程继续执行。发送线程确保一个AT命令发送是原子操作。在ASYN模式下,可以支持多个进程对AT的访问。

AT事件的处理(如网络数据到达),可以通过注册的oob回调函数实现。at_worker线程负责识别AT事件并通过调用oob回调函数处理AT事件和数据

3. SAL架构

SAL模块提供基于AT Command或厂商私有协议方案实现的标准Socket接口访问。图8-13是SAL(方案一)的架构。

SAL层对上层(应用层)提供标准Socket接口访问。SAL层对下层抽象了通信模组/芯片访问控制层接口,不同厂家的连接模组/芯片,可以通过对接底层控制访问层接口来对接和支持SAL。

4. SAL LWIP模式

AliOS Things还提供了SAL LWIP模式(即图8-12中的方案二)。该方案区别于方案一的地方在于,主控MCU上运行完整的LWIP协议栈,LWIP协议栈底层通过AT方式访问网络。相比较而言,图8-12中的方案一中主控MCU侧不运行协议栈。

该方案的运行方式类似于MCU行业常用的SLIP(Serial Line Internet Protocol)方案,区别于底层使用厂商模组/芯片的AT Command命令和服务,厂商模组/芯片不需要额外支

持 SLIP 通信。

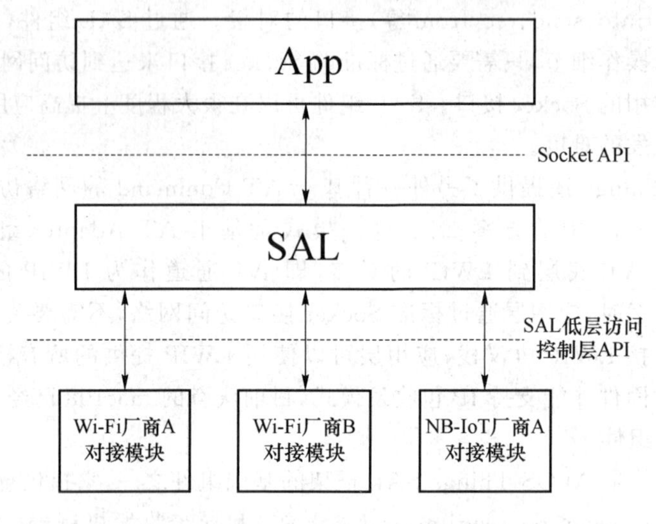

图 8-13 SAL 方案一架构

AT Adapter 组件提供 AT 底层到 LWIP 网络接口(netif)的对接。通过 netif 的对接，AT 通道可以无缝对接上 LWIP。该模式下，SAL 对上层应用提供完整的 TCP/IP 协议栈接口和服务。该方案的缺点是需要 AT 通信模块固件支持 IP 包传输，目前庆科的 moc108 已经支持该模式。

5. 小结

综上所述，AliOS Things 提供了丰富的 SAL 组件和方案。AliOS Things 提供的 SAL 框架和组件，具有以下优势：

(1) 为主控 MCU 外接通信连接芯片场景提供完整的解决方案；

(2) 可以降低上层应用开发基于外接通信连接芯片场景的应用难度，提高开发效率，加速产品部署；

(3) 方便模组和设备厂商在现有的成熟的 MCU 产品和方案上，通过外接通信芯片的方式扩展网络连接能力，不需要将现有的 MCU 芯片切换成 Wi-Fi 或其他具有网络通信能力的平台。

8.4.4 消息传输协议

1. MQTT 协议的介绍

消息队列遥测传输(MQTT，message queuing telemetry transport)是 Arcom(现在的 Eurotech)和 IBM 公司开发的一种消息传输协议。MQTT 协议具有传输数据量小、功耗低、网络流量小等特点，能有效分配与传输最小数据包。这些特点使其更加适用于低功耗和网络带宽有限的 IoT 场景。MQTT 协议目前已成为物联网通信协议的重要组成部分。

MQTT 是一个轻量级的基于发布/订阅模式的消息传输协议，该协议使用 TCP/IP 提供网络连接，提供有序、无损、双向的连接。当前的版本是 MQTT v3.1.1，于 2014 年发布。除此之外，MQTT 协议存在一个简化版本——MQTT-SN，此版本主要针对嵌入式设备和物联网场景。

2. MQTT 协议的特点

(1) 使用发布/订阅消息模式,提供一对多的消息分发方式,能解除应用程序耦合。

(2) 屏蔽负载内容的消息传输机制。

(3) 对传输消息有以下 3 种服务质量(QoS)。

① Qos0:至多一次,消息发布完全依赖于底层 TCP/IP 网络,会出现消息丢失或重复的现象。

② Qos1:至少一次,确保消息抵达,但可能会发生消息重复的现象。

③ Qos2:只有一次,确保消息抵达一次,可以用在计费系统中,避免消息重复或数据丢失而导致不正确结果的产生。

(4) 小型传输,开销很小(协议头部只有 2 字节),协议交换最小化以减少网络流量。

(5) 通知机制,异常中断时通知传输双方。

3. MQTT 协议的数据表示

MQTT 消息体主要分为 3 部分:有效载荷(payload)、固定报头(fixed header)和可变报头(variable header)。有效载荷存在于部分 MQTT 数据包中,表示客户端收到的具体内容;固定报头存在于所有 MQTT 数据包中,表示数据包类型及数据包的分组类标识;可变报头存在于部分 MQTT 数据包中,数据包类型决定了可变报头是否存在及其包含的具体内容。固定报头为 2 个字节,其格式如表 8-1 所示。

表 8-1 MQTT 消息体格式

Bit	7	6	5	4	3	2	1	0
byte1	Message Type				DUP Flag	QoS Level		RETAIN
byte2	Ramaining Length							
byte3	UTF-8 Encoded Character Data,if length＞0							

其中,Messgae Type 为消息类型,大约有 14 种;Qos Level 为服务质量,上一节提到它有 3 种等级,分别为 Qos0、Qos1、Qos2,等级越高,产生的系统开销就会越多,因此对通信效率产生的影响也就越大;Remaining Length 是指除固定报头之外的消息长度,包括有效载荷部分和可变报头部分。

4. MQTT 协议的实现方式

MQTT 协议中存在客户端和服务器端,其协议中有 3 种身份,包括发布者(publisher)、代理(broker)、订阅者(subscriber),如图 8-14 所示。其中,消息的发布者和订阅者都是客户端,而代理是服务器端。在消息传输过程中,消息的发布者可以同时是消息的订阅者。由 MQTT 协议传输的消息包括两部分:主题(topic)和负载(payload)。订阅者需要订阅相对应的主题(topic),才能收到该主题(topic)的消息内容,订阅者获取的具体内容就是该消息的负载(payload)。

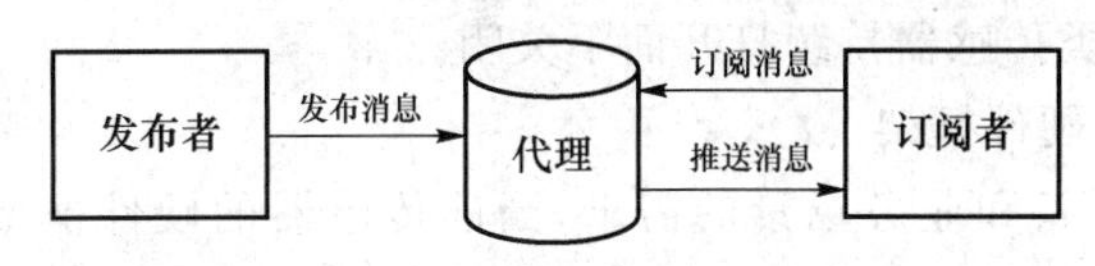

图 8-14 MQTT 通信协议实现方式

1）MQTT 客户端

一个使用 MQTT 协议的应用程序或设备，它会建立到服务器的网络连接。客户端可以：

（1）发布消息，该消息可能会被其他客户端订阅；

（2）订阅消息，可以订阅其他客户端发布的消息，也可以订阅自身发布的消息；

（3）取消订阅或删除应用程序的消息；

（4）断开与服务器的网络连接。

2）MQTT 服务器

MQTT 服务器存在于发布者和订阅者之间，也被称为消息代理，它可以：

（1）接受客户端的网络连接；

（2）接受客户端发布的应用消息；

（3）处理来自客户端的订阅和退订请求；

（4）向订阅的客户端转发相对应的主题的应用消息。

3）MQTT 协议中的方法

（1）Connect：等待客户端和服务器建立连接。

（2）Disconnect：等待客户端完成所做工作，并与服务器断开 TCP/IP 会话。

（3）Publish：客户端和代理建立连接后，客户端可以发布消息，每个消息必须包含一个主题。

（4）Subscribe：客户端发送订阅请求，服务器根据主题将消息转发给感兴趣的客户端。

（5）Suback：订阅应答，订阅成功后服务器向客户端发送一个 suback 消息进行确认。

（6）Unsubscribe：从服务器上删除某个客户端已存在的订阅。

（7）Unsuback：服务器通过退订响应消息确认退订请求。

8.4.5 感知设备软件框架

感知设备软件框架（uData）在设计之初的思想是基于通用智能传感集线器的，是结合 IoT 的业务场景和 AliOS Things 物联网操作系统的特点设计而成的一个面向 IoT 的感知设备处理框架。uData 的主要目的是为了解决 IoT 端设备传感器开发的周期长、缺少应用算法和无云端数据一体化等问题。在本节，我们先对通用智能传感集线器的软、硬件框架进行阐述，然后对基于这一框架而设计的 uData 感知设备软件框架进行阐述。

1. 通用智能传感集线器的软、硬件框架

智能传感集线器，也称为 sensor hub，是一种基于低功耗 MCU 和轻量级 RTOS 操作系统的软硬件结合的解决方案，其主要功能是连接并处理来自各种传感器设备的数据。智能传感集线器诞生之初主要是为了解决移动设备端的功耗问题。现在随着移动业务特别是物联网业务的不断发展，其功能和性能都在不断迭代更新。使用 sensor hub 最大的好处是节省电能，而且能够让各类传感器持续打开而不关闭。

（1）智能传感器的硬件框架

根据不同的终端设备和业务场景的需求，当前传感器的硬件框架主要分为以下 3 种：MCU 内置型、MCU 外置型和 MCU 独立型。硬件组件主要有低功耗 MCU，比如 ARM7、ARM9 和 Cortex-M 系列等，外设主要是 MEMS 传感器，如加速度计、陀螺仪等。

图 8-15 为 MCU 内置型传感器硬件框架，目前主要在智能手机中使用这样的硬件方案，SOC 上运行安卓或者 IOS，MCU 上运行轻量级的 RTOS。

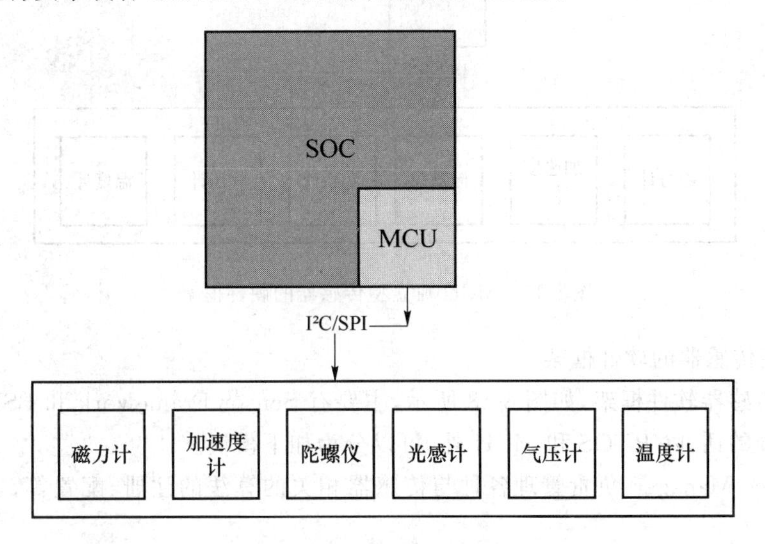

图 8-15 MCU 内置型传感器的硬件框架

图 8-16 为 MCU 外置型传感器的硬件框架，没有内置型硬件架构之前，市面上的很多智能设备都基于这样的硬件方案。当然，目前这样的硬件方案还有很大的市场。

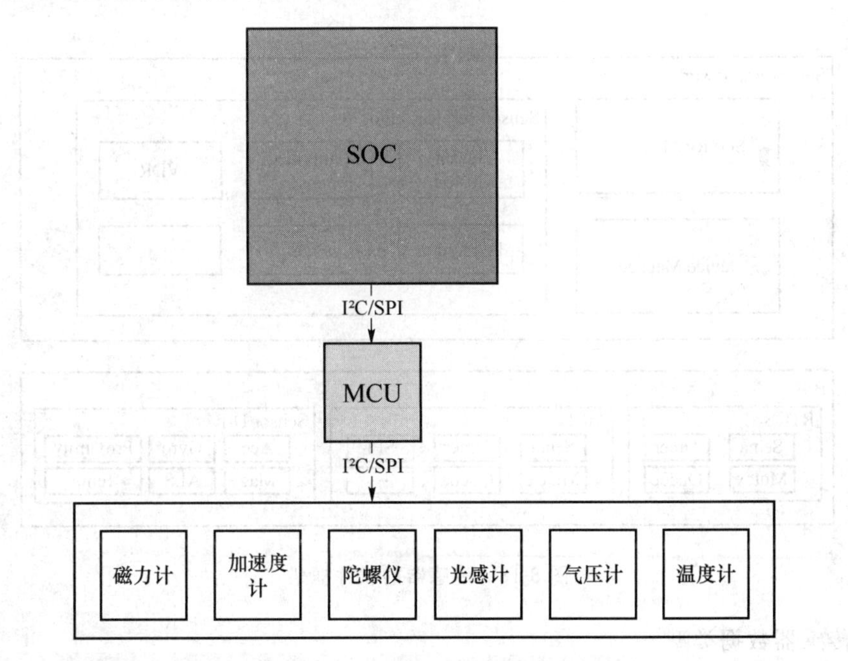

图 8-16 MCU 外置型传感器的硬件框架

图 8-17 为 MCU 独立型传感器硬件框架，这种硬件方案主要是用于各种智能硬件设备，比如，智能手环、扫地机器人等。

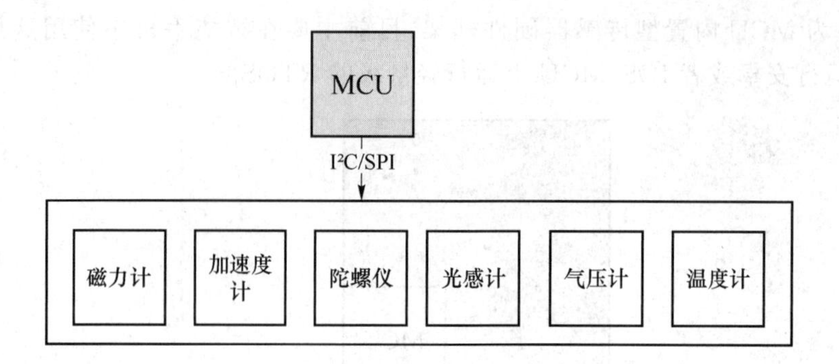

图 8-17 MCU 独立型传感器的硬件框架

(2) 智能传感器的软件框架

通用的传感器软件框架,如图 8-18 所示,主要有 Sensor Framework 和 BSP 两大部分。具体按模块分的话,除 RTOS 和 MCU 外,可以分为如下模块。

① Service Manager:负责管理各种与传感器相关的算法的注册、配置等,比如,管理计步器。

② Device Manager:负责物理传感器的驱动管理、电源管理和配置管理。

③ Sensor Service:基于各种机理的传感器数据的应用算法,比如,计步器、室内导航等。

④ Sensor Driver:主要是指物理传感器的驱动,有些也包含了轴向映射、静态校准等功能。

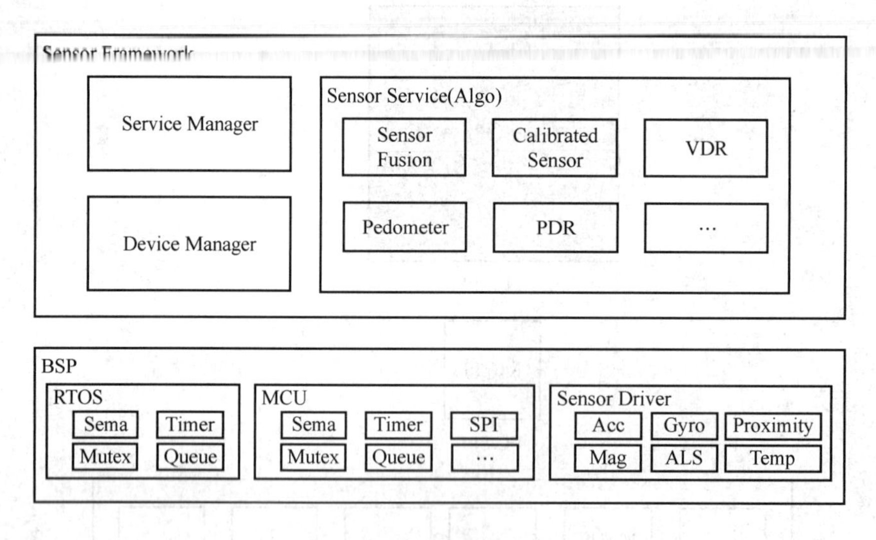

图 8-18 传感器的软件框架

(3) 传感器数据类型

传感器数据主要分两种类型:一种是物理传感器数据;另一种是在物理传感器数据基础上通过算法导出的数据,可以称之为虚拟数据或者软件数据。

使用 sensor hub 最大的好处就是可以降低功耗。在不使用 sensor hub 之前,所有的传感器都是直接挂载在 AP 上面的,AP 必须时刻处于 active 状态才能够处理传感器的数据,而且传感器相对于 AP 来说都是慢速设备,基本都是通过 I²C 总线来进行数据访问的。这样对于高速的AP来说，要浪费相当多的资源来等待信息的获取，会消耗大量的功率，而如果采用低速的MCU来作为AP和sensor之间的桥梁，就可以使得AP的资源可以去做一些更关键的事件，从而降低功耗。

2. uData感知设备软件框架

基于AliOS Things的uData感知设备软件框架是基于传统sensor hub概念之上的，其设计之初遵循了分层解耦的模块化设计原则，其目的是让uData根据客户的不同业务和需求组件化做移植适配。图8-19是当前的架构模块，主要分为kernel和framework两层：kernel层主要负责传感器驱动、硬件端口配置和相关的静态校准，包括轴向校准等；framework层主要负责应用服务管理、动态校准管理和对外模块接口等。下面我们对uData相关模块、数据类型，以及数据读取方式进行详细阐述。

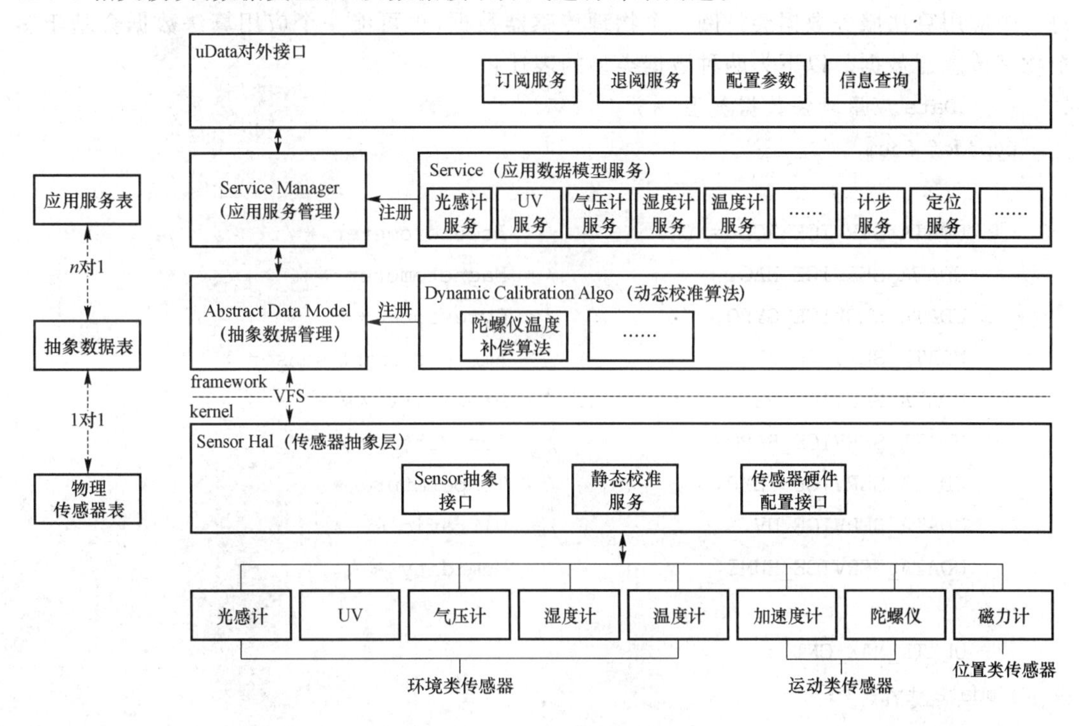

图8-19 uData感知设备软件架构模块

1）uData关键模块说明

如图8-19所示，uData目前主要由三大模块支撑着整个架构，即应用服务管理模块、抽象数据管理模块、传感器抽象层模块。除此之外的其他模块均可以按照业务需求进行组件化配置或者增加新功能。三大模块的主要作用如下。

（1）应用服务管理模块：管理基于传感器的应用算法数据服务；支撑整个uData框架的事件调度机制；管理对外组件的业务需求等。

（2）抽象数据管理模块：主要负责对物理传感器的抽象化管理和实际物理传感器的分离，并且做1∶1的映射，还负责以VFS方式和kernel层的sensor进行通信。

（3）传感器抽象层模块：主要负责提供物理传感器的驱动接口、静态校准的配置接口、硬件配置接口等。

在 uData 的设计框架之中,一共构建了 3 张数据表,这 3 张数据表分别为物理传感器表、抽象数据表及应用服务表。这 3 张表相当于是 uData 框架针对传感器的物理抽象、数据抽象,以及服务抽象。比如,物理传感器表主要是管理系统可用的物理传感器数据表,系统本身具有的所有物理传感器都可以进行抽象,然后放进这张数据表里;抽象数据表是用来管理对物理传感器抽象的数据表;应用服务表即管理基于传感器的应用算法数据表,通过这张表可以给用户提供不同的服务。

2) uData 数据类型

uData 主要有两种类型的数据:一种是 uData 的应用算法数据类型,开发者和外部模块通常只和这类数据进行通信和交互;另一种是物理传感器数据类型,存在于 kernel 层的 sensor 驱动层中,并和 uData frame work 层进行通信和交互,暂不对外开放。一般情况下,每一个应用算法服务数据会订阅一个物理传感器数据,也可能一个应用算法数据会基于多个物理传感器数据。以下为两种数据类型的表述:

```
/* uData 应用算法数据类型 */
typedef enum
{
    UDATA_SERVICE_ACC = 0,        /* Accelerometer */
    UDATA_SERVICE_MAG,            /* Magnetometer */
    UDATA_SERVICE_GYRO,           /* Gyroscope */
    UDATA_SERVICE_ALS,            /* Ambient light sensor */
    UDATA_SERVICE_PS,             /* Proximity */
    UDATA_SERVICE_BARO,           /* Barometer */
    UDATA_SERVICE_TEMP,           /* Temperature */
    UDATA_SERVICE_UV,             /* Ultraviolet */
    UDATA_SERVICE_HUMI,           /* Humidity */
……
    UDATA_MAX_CNT,
} udata_type_e;

/* uData 物理传感器数据类型 */
typedef enum
{
    TAG_DEV_ACC = 0,              /* Accelerometer */
    TAG_DEV_MAG,                  /* Magnetometer */
    TAG_DEV_GYRO,                 /* Gyroscope */
    TAG_DEV_ALS,                  /* Ambient light sensor */
    TAG_DEV_PS,                   /* Proximity */
    TAG_DEV_BARO,                 /* Barometer */
    TAG_DEV_TEMP,                 /* Temperature */
    TAG_DEV_UV,                   /* Ultraviolet */
```

```
    TAG_DEV_HUMI,                   /* Humidity */
……
    TAG_DEV_SENSOR_NUM_MAX,
} sensor_tag_e;
```

当前的 uData 模块间的通信是基于 AliOS Things 的 Yloop 异步处理机制的。当前 uData 所支持的异步事件如下所示：

```
/** uData event */
#define EV_UDATA                            0x0004
#define CODE_UDATA_DEV_READ                 1
#define CODE_UDATA_DEV_IOCTL                2
#define CODE_UDATA_DEV_OPEN                 3
#define CODE_UDATA_DEV_CLOSE                4
#define CODE_UDATA_DEV_ENABLE               5
#define CODE_UDATA_DEV_DISABLE              6
/* 用于外部组件的订阅,如数据上云业务 */
#define CODE_UDATA_SERVICE_SUBSRIBE         7
/* 用于外部组件的退阅,如数据上云业务 */
#define CODE_UDATA_SERVICE_UNSUBSRIBE       8
#define CODE_UDATA_SERVICE_PROCESS          9
#define CODE_UDATA_SERVICE_IOCTL            10
/* 当 uData 数据准备好之后,会广播事件,通知相关的外部模块 */
#define CODE_UDATA_REPORT_PUBLISH           11
#define CODE_UDATA_DATA_PUBLISH             12
#define CODE_UDATA_DATA_SUBSCRIB            13
#endif
```

目前人们在 uData 框架的 framework 层，设计了一个任务调度器（uData_service_dispatcher）和一个定时器（g_abs_data_timer）来实现整个 uData 的通信。

3）数据读取方式

uData 是一个基于传感器的感知设备框架，其读取数据的方式总共有两种：一种是轮询方式，即基于定时器来发起的方式，通过 MCU 不断去读取传感器的信息；另一种是中断方式，这种读取方式主要是基于传感器中断来发起的方式，即传感器数据准备好以后向 CPU 发起一个中断请求，然后由 CPU 来读取传感器数据。一般来说，通过轮询方式来读取数据都能满足业务需求，虽然会占用一定的 CPU，但是操作简单方便，实用性高。中断读取方式更多的是用于一些需要低功耗的场景。

3. 总结

uData 框架搭建了一个云管端的一体化数据模型，采集到的传感器数据和算法数据可以上传云端做大数据分析，同时，uData 提供了本地算法以供不同业务使用。在底层，uData 提供了丰富的传感器驱动库，努力实现传感器的即插即用，降低和减少了应用开发成本和时间。

8.4.6 JavaScript 引擎 BoneEngine@Lite

1. Bone Engine@Lite 的开发背景

当前物联网开发技术发展迅速，众多研究者提出了很多创新的开发方法，但仍有一些物联网开发的问题亟待解决。具体而言，传统的物联网开发属于嵌入式开发，要求开发者具备较好的 C/C++语言知识和硬件基础，如通过指针操作内存，通过系统调用操作外设，通过寄存器读取外设状态等。这对开发者提出了较高的编程语言能力要求及对硬件的理解能力。传统的物联网开发使用的是本地编译、链接和下载的方式，针对不同的设备或平台，即使是完成同样的应用场景，如“点灯”这样一个简单的操作，也需要重新编译、链接和下载，在物联网终端分散、碎片化、场景应用复杂的情况下，这种开发方式效率低下。另外，由于 C/C++语言的调试方式以 GDB 为主，图形化的调试工具较少或性能较低，也给后期的调试、发布带来了一些困难。总而言之，当前的物联网开发技术现状如下：

(1) 开发难度高，需要开发者有硬件基础；

(2) 模块复用难，集成功能效率低下；

(3) 开发和调试手段较少；

(4) 发布及升级有风险。

2. Bone Engine@Lite 的特点

针对上述问题，Bone Engine@Lite 提供了一个专门为嵌入式系统设计且面向 IoT 业务的高性能 JavaScript 引擎，同时针对主流的嵌入式操作系统提供一体化的开发框架，提供丰富的扩展接口及调试手段，以方便开发者开发。

之前物联网开发过程中较多采用 C/C++语言来开发，目前我们还可以通过 Bone Engine@Lite 引擎采用 JavaScript 语言来进行开发。总结起来，我们可以认为 C/C++语言更倾向于内核及硬件底层的开发，而 JavaScript 语言更适合在内核之上开发物联网应用。

不同于 Node.js，Bone Engine@Lite 更加轻量化，适用于资源(CPU/ROM/RAM)比较紧张的场景。当前主流的轻量化 JavaScript 引擎有 Tiny-js、JerryScript、Espruino、Duktape 等。

Bone Engine@Lite 的主要特点可以归纳为以下几点。

1) 提供面向 IoT 业务的高性能 JavaScript 引擎

(1) 资源占用少：Bone Engine@Lite 专门针对嵌入式系统而设计，所以在 JavaScript 部分做了性能优化和裁剪。经测试，它可以在 RAM 小于 10 KB，ROM 小于 10 KB 的系统上运行。

(2) CPU 性能高：通过优化的词法和句法分析器，支持栈模式，降低了 CPU 的使用率。

(3) 具有面向 IoT 应用场景的 JaveScript 支持能力：由于 Bone Engine@Lite 是面向 loT 的，所以其内置了面向 IoT 的 Espruino 精简语法及常用的 IoT 功能模块，如 MQTT、Wi-Fi、硬件扩展等。

2) 提供跨平台及一体化的应用编程框架

(1) 通过硬件抽象层 HAL 及操作系统抽象层 OSAL，Bone Engine@Lite 可以运行在 AliOS Things、FreeRTOS、Linux 之上。

(2) 在 OSAL 和 HAL 层之上，Bone Engine@Lie 构建了统一的物联网应用开发框架，内置了设备上云的能力,可以与阿里云一站式开发平台直接对接,并有标准的设备模型。

(3) 支持板级驱动、模块、设备驱动的动态加载,JavaScript 应用可以通过云端动态加载来运行。

3) 提供一体化开源部署工具

Bone Engine@Lite 提供了基于 IDE 图形化和 cli 命令行的开发和部署工具,方便开发者基于 Bone Engine@Lite 来开发 IoT 应用。

4) 开源的开发者生态

Bone Engine@Lite 通过开源吸引更多的开发者和独立软件开发商(ISV),并基于不同的 IoT 场景开发出更多的 IoT 应用,逐步完善基于阿里 IoT 的开源生态。

3. Bone Engine@Lite 的设计思想

上面提到的传统物联网设备的开发存在一些局限性,Bone Engine@Lite 很好地解决了这些问题,其关键在于引入了解释型语言 JavaScript。解释型语言是相对于编译型语言来说的,是指使用专门的解释器将源程序逐行解释成特定平台的机器码并立即执行的语言。由于有了解释器,语言无须提前编译,可以直接在运行时解析并运行。Bone Engine@Lite 在嵌入式系统上实现 JavaScript 的解析,使得 JavaScript 也可以运行在嵌入式系统甚至没有操作系统的单片机上。

Bone Engine@Lite 通过抽象操作系统接口层 OSAL 及硬件抽象层 HAL,可以运行在不同的系统和硬件上面,屏蔽了操作系统和硬件的细节,使开发者可以专心使用 JavaScript 来开发应用。

Bone Engine@Lite 通过针对 IoT 开发的 framework,提供了常用的 IoT 协议,如 HTTP、MQTT、Wi-Fi、ZigBee 等,并直接对接阿里云一站式开发平台,使得 IoT 设备的开发变得更加简单。

4. Bone Engine@Lite 的技术架构

Bone Engine@Lite 的技术架构如图 8-20 所示。我们可以看出,Bone Engine@Lite 在 OS 抽象层和硬件 I/O 抽象层之上。其中,OS 抽象层(OSAL)用于封装操作系统的接口。例如,OSAL 实现了以下这些接口:

(1) be_osal_init_yloop:在主任务创建一个事件处理循环,类似于线程。

(2) be_osal_post_event:事件通知接口。

(3) be_osal_delay:延时接口。

(4) be_osal_newtask:创建一个任务接口。

(5) be_osal_timer:定时器接口。

这些 OSAL 的封装屏蔽了具体的操作系统,但实现了操作系统的通用操作接口,以提供给 Bone Engine@Lite 调用,如此便实现了 Bone Engine@Lite 跨 OS 的效果。

同样地,HAL 层封装了 GPIO、I^2C、UART、SPI、PWM 的各种操作。这样对于 Bone Engine@Lite 的调用来说,屏蔽了硬件驱动的实现细节,如此便实现了 Bone Engine@Lite 跨硬件平台的效果。

另外,Bone Engine@Lite 通过 app-manager 实现了基于云平台的应用的动态加载和分发,开发者可以在本地编写 JavaScript 应用,通过云端平台发布,并运行在不同的端设备上。

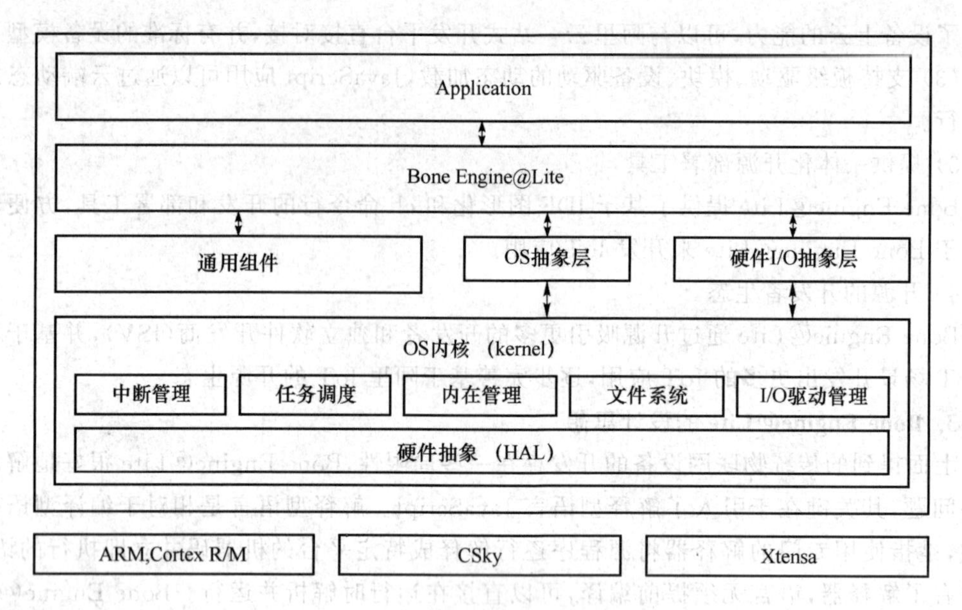

图 8-20 Bone Engine@Lite 的技术架构

5. 总结

通过 Bone Engine@Lite,开发者无须了解底层硬件驱动的实现细节,只需关注某个控制对象,让开发者尽量关注应用本身的开发而无须考虑硬件驱动的实现。Bone Engine@Lite 的设计初衷也是为了降低物联网开发的门槛,让物联网开发如 Web 开发应用一样简单。

8.4.7 智能语音服务

智能语音服务(Link Voice)SDK 是在 AliOS Things 上实现智能语音服务的 SDK。本节简要介绍阿里智能语音服务及其在 AliOS Things 上的功能集成。

1. 阿里智能语音服务

阿里巴巴为 IoT 领域专门打造了名为“Pal 语音”的语音服务,其优势及特点如下:

(1) 2016 年国内市场智能音箱激活设备 60%以上使用 Pal 服务;

(2) 自动语音识别(ASR,automatic speech recognition)的识别句正确率为 95%,自然语言处理(NLP,neuro-linguistic programming)理解正确率为 98%,用户体验正确率为 91%;

(3) 与多个内容平台达成合作,拥有虾米、百度音乐、豆瓣、蜻蜓 FM、喜马拉雅的音频和广播内容的播放版权;

(4) 灵活的架构设计,支持多 ASR 引擎、多重文本到语言(TTS,text to speech)的服务,允许以子自然语言理解(NLU,natural language understanding)形式进行语义服务层的合作;

(5) 语音领域服务覆盖音乐、智能家居、生活服务三大类,覆盖 90%以上的语音使用场景;

(6) 结合阿里智能,为硬件厂商提供一站式的硬件智能化和交互语音化服务;

(7) 联合智能家居及智能语音产业链合作伙伴,为硬件厂商提供完整的“端到端”的解决方案。

Pal 语音服务结构如图 8-21 所示,语音服务主要包括语音技术、自然语言处理技术、数据服务及微服务平台等。

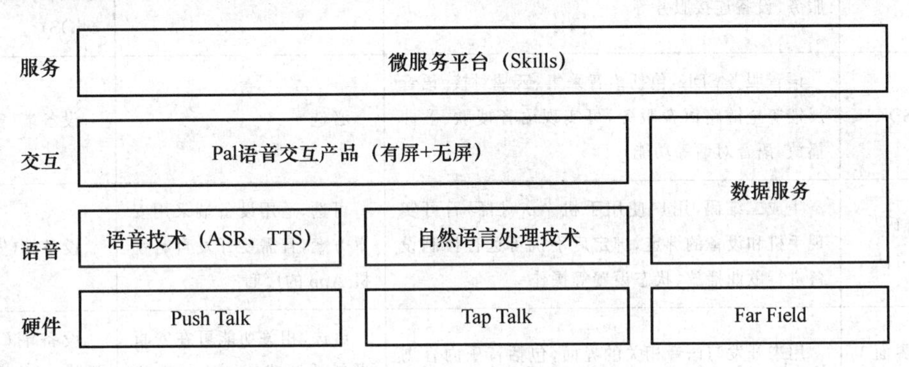

图 8-21 Pal 语音服务结构

Pal 语音服务硬件方案如图 8-22 所示,Pal 语音服务针对不同的终端硬件,提供了设备端 SDK 支持 AliOS Things、RTOS、Linux、Android 几种主流平台的方案,使用户能够快速地为智能设备加上语音交互能力。

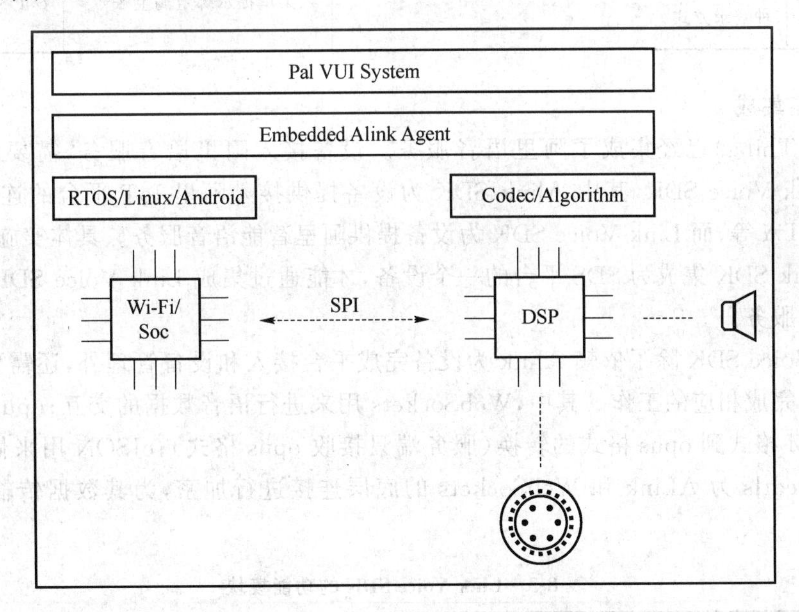

图 8-22 Pal 语音服务硬件方案

Pal 语音在 SDS 服务的基础上运行,厂家可使用平台提供的 SDK 进行设备端和手机 App 端的开发。设备端/手机 App 端 SDK 及接口及其说明如表 8-2 所示。

表 8-2 Pal 语言服务 SDK 接口说明

SDK 接口名称	功能说明	使用场景	适用端
Open SDK	Open SDK 是 SDS 服务的基本能力,包括账户服务、设备连接服务等	必选	设备端(安卓)、手机 App 端(安卓&iOS)
Pal SDK	语音服务 SDK,包括语音采集、云端对接、语音反馈等全链路语音服务,可实现语音搜歌、歌曲播放、语音对话等功能	必选	设备端(安卓)
二维码生成方法	生成二维码,用户使用手机 App 扫码后可实现手机和设备的绑定,绑定后手机可远程控制设备进行歌曲播放、状态设置等操作	可选,适用设备端采用安卓方案,且需要开发自有手机 App 的厂商	设备端(安卓)
语音界面 Mtop 接口	用来开发与语音相关的界面,包括音乐内容浏览发现、内容管理(收藏、播放历史)、语音技能等	可选,相关功能可在安卓设备端开发,也可在手机 App 端开发	设备端(安卓)、手机 App 端(安卓&iOS)
淘宝账号登录 SDK	用户使用淘宝账号登录,完成与厂商自有账号的绑定,绑定后可以通过语音控制阿里智能的智能家居设备。支持账号密码和手机淘宝扫码两种登录方式	必选,需要在 UI 上设置智能家居控制菜单,用户进入菜单提示绑定淘宝账号	设备端(安卓)、手机 App 端(安卓&iOS)

2. 功能集成

AliOS Things 已经集成了阿里语音服务。设备接入阿里语音服务,需要集成 Alink SDK 和 Link Voice SDK,其中 Alink SDK 为设备提供接入阿里 IoT 平台的连接、账号体系、配网、OTA 等,而 Link Voice SDK 为设备提供阿里智能语音服务。具体实施时,设备首先要将 Alink SDK 集成为 SDS 平台的一个设备,才能通过集成 Link Voice SDK 来使用阿里智能语音服务。

Link Voice SDK 除了依赖 Alink 为设备完成平台接入和设备管理外,还需要表 8-3 中的各个模块完成相应的工作。其中,WebSockets 用来进行语音数据的交互;opus 完成语音录制的 PCM 格式到 opus 格式的转换(服务端只接收 opus 格式);cJSON 用来做 JSON 数据解析;Mbedtls 为 ALink 和 WebSockets 的底层连接进行加密,为其数据传输提供安全保障。

表 8-3 Link Voice SDK 的功能模块

模块		备注
一级模块	Link Voice SDK	阿里智能语音服务 SDK
二级模块(供一级模块直接调用)	Alink SDK	接入阿里 SDS 平台的设备端 SDK
	WebSockets	传输语音数据
	opus	opus 格式编码库
	cJSON	JSON 数据解析
三级模块(Alink 与 WebSockets 数据加密)	Mbedtls	SSL

目前 AliOS Things 已完成表 8-3 中所有模块的移植适配工作并将其集成进来，所以用户可以直接使用 AliOS Things 完成智能语音开发。阿里语音服务需要主 MCU 的 Flash 不小于 512 KB,RAM 不小于 256 KB。如果 CPU 不支持 opus 硬件编码，则建议 CPU 频率不小于 180 MHz

3. 单次语音识别流程

单次语音识别流程如图 8-23 所示。系统开始工作后，首先进行录音，得到 PCM 数据，之后 PCM 数据被编码成 opus 格式，并被传送到服务器端。如果服务器端识别到录音结束，则开始等待语音结果。如果服务器端没有检测到录音结束，则检查是否录音超时。如果录音超时，说明录音时长已到，则同样等待语音结果。如果录音没有超时，则返回，继续录音。等待到语音结果后，播放相应的结果。

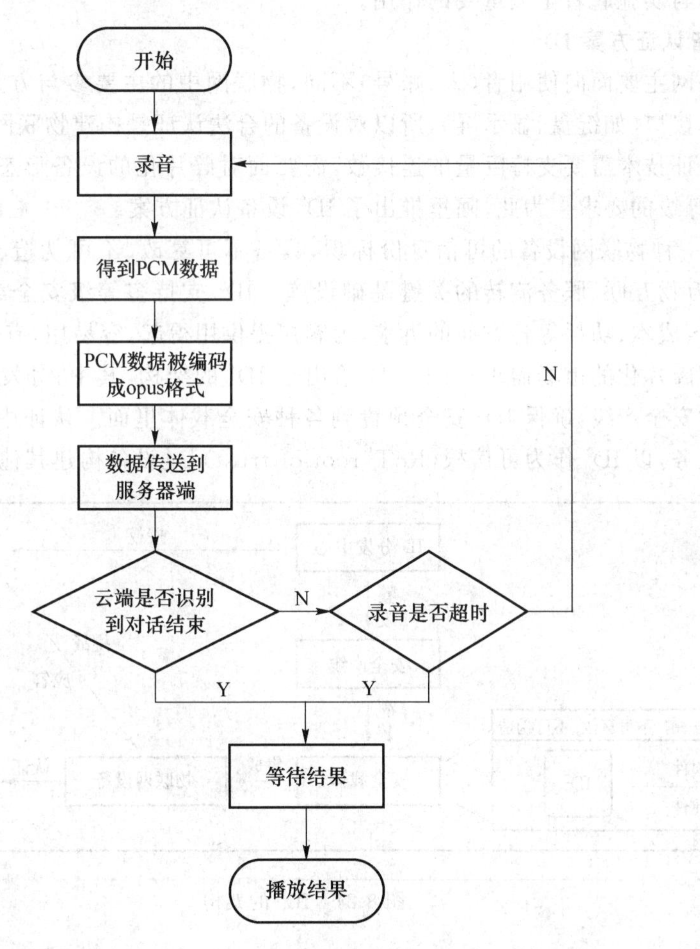

图 8-23　单次语音处理识别流程

8.4.8　安全支持

1. 物联网安全

安全本身是一个很广泛的概念，它涵盖人身安全、财产安全、信息安全等，本节主要从信息安全的角度来阐述物联网领域里的安全概念。物联网需要构建"端到端"的安全,涵盖设备(安全算法、芯片、操作系统、设备认证)、连接(传输)和云服务,以及在全流程中的安全管理(数据安全、组织安全、灾难恢复与业务连续性)。物联网安全可以应用互联网中很多成熟的概念和做法,但在实施的过程中人们发现,随着物联网设备数量的爆发、应用场景的快速增长,以及与人们工作和日常生活越来越紧密的结合,物联网安全事件频发且影响面很大。能否解决好安全问题,将成为物联网能否健康发展的关键性因素。

作为一个新兴事物,物联网安全在实施过程中遇到了很多问题:物联网产品多样化,成本和安全需要平衡,物联网厂商缺少安全基因,低级漏洞多,物联网安全产品零散,缺乏体系化的"端到端"的解决方案,物联网安全标准缺失、最低水位线模糊,以及在物联网发展初期,很多厂商将产品的推广、上量摆在首位而无暇顾及安全。所有这些问题的解决将对物联网安全的推广与实施起着至关重要的作用。

2. 设备认证方案 ID^2

与互联网主要面向使用者(人、账号)不同,物联网中的主要参与方是设备,很多设备甚至没有人机接口(如键盘、显示屏),所以对设备的合法认证是构建物联网安全的基石。物联网设备的认证技术需要支持巨量的连接数,需要面对碎片化的设备形态,以适应不同功耗、成本、安全等级的要求。为此,阿里推出了 ID^2 设备认证方案。

ID^2 是一种物联网设备的可信身份标识,具备不可篡改、不可伪造、全球唯一的安全属性,是实现万物互联、服务流转的关键基础设施。ID^2 支持多等级安全载体,合理地平衡物联网在安全、成本、功耗等各方面的诉求,为客户提供用得起,容易用,有保障的安全方案,以适应物联网碎片化的市场需求。图 8-24 给出了 ID^2 的架构,其中,分发中心通过和生态厂商合作构建安全产线,确保 ID^2 安全预置到各种安全载体里面。认证中心提供基于 ID^2 的安全认证服务,以 ID^2 作为可信根(RoT,root of trust),是设备构建其他安全业务的基石。

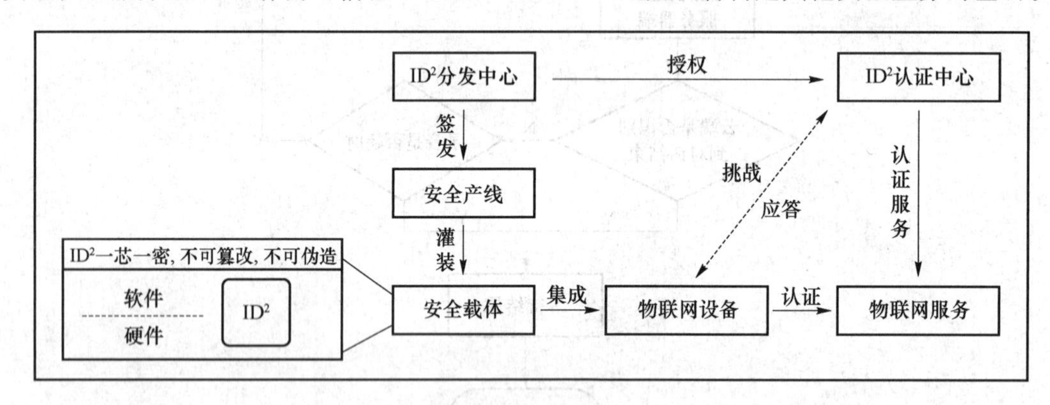

图 8-24 ID^2 的架构

图 8-25 是 ID^2 的使用场景示例。设备商通过集成支持 ID^2 的安全载体,只需在设备端和云端分别调用 ID^2 提供的接口,即可快速构建业务安全,而无须在云端和设备端搭建高成本的密钥管理系统和进行相关的安全设计与开发。

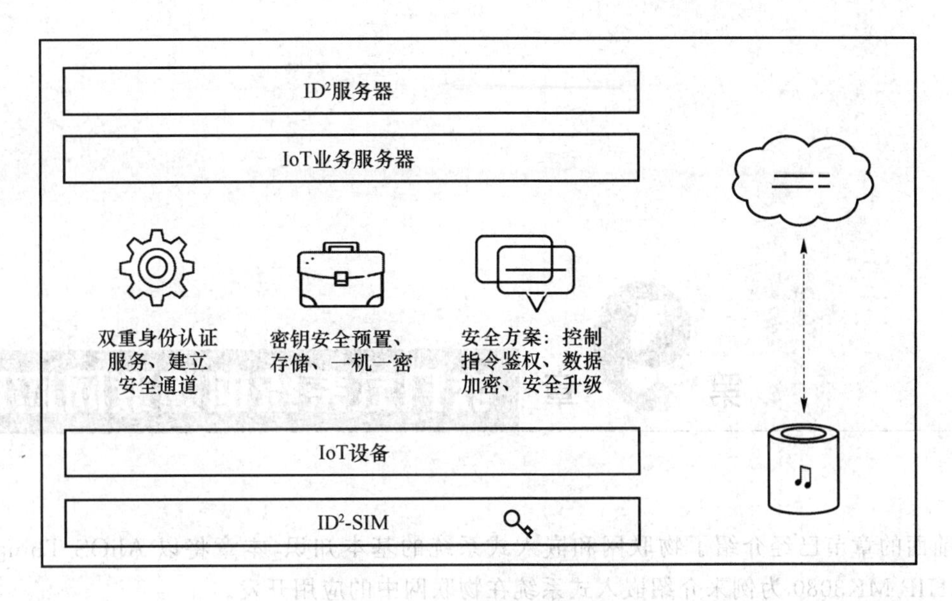

图 8-25 ID² 使用场景示例

用户对接 ID² 的步骤如下：首先，需要客户先做硬件的对接工作，并且由安全芯片厂商协助移植 ID² SDK 需要的 HAL 层和驱动；其次，阿里在客户提供的支持接口上完成 ID² SDK 的移植；然后进行业务服务器与 ID² 服务器的对接工作，通过测试 ID² 实现设备和服务器的联调测试。测试完成后就可以进行业务操作。

3. 安全连接协议 iTLS

在实际的物联网应用中，为了保证通信数据的安全，需要进行链路双向认证，建立安全通道，保证数据的私密性、完整性和不可抵赖性。在传统互联网领域，安全传输层协议(TLS)基于公钥基础设施(PKI)，通过证书交换和认证，保证通信双方的身份合法，建立安全通道，保证数据的私密性和完整性。在物联网(IoT)领域，一方面，很多 IoT 小设备由于资源和计算能力有限，无法满足证书的解析和认证要求；另一方面，标准 TLS 的认证报文较大，在一些低速网络中，传输的实时性较差，甚至不可用。因此，需要设计一种针对物联网的轻量级的安全连接协议，提供类似于标准 TLS 的安全能力，同时减少协议对设备和网络的依赖，满足物联网对连接安全的需求。

iTLS(ID² based TLS)的设计兼容标准 TLS 的握手流程和接口定义，除去不必要的证书解析和认证接口调用，接口的调用和使用流程保持和标准 TLS 一致。

iTLS 相比于标准 TLS，在代码大小、对内存的使用、数据报文的大小等方面均有极大的优化，对轻量级的物联网设备及低速网络通信均有很好的支持。

思考与习题

1. 什么是 AliOS Things 操作系统？其主要特性是什么？
2. 什么是异步事件框架？以 Yloop 为例谈谈你的理解。
3. AliOS Things 有哪些典型的组件？并简述各组件的原理和功能。

第9章 嵌入式系统的物联网应用

前面的章节已经介绍了物联网和嵌入式系统的基本知识，本章将以 AliOS Things 和 MXCHIP MK3080 为例来介绍嵌入式系统在物联网中的应用开发。

9.1 开发编译环境的搭建

9.1.1 获取 AliOS Things 源代码

安装 Git 后，从 GitHub 或者从国内镜像站点克隆 AliOS Things 源代码。

```
git clone https://github.com/alibaba/AliOS-Things.git
git clone https://gitee.com/alios-things/AliOS-Things.git
```

9.1.2 系统环境配置

1. Linux 下开发环境的安装方法

(1) 安装 python 和 aos-cube

aos-cube 是 AliOS Things 基于 Python 开发的项目管理工具包，依赖于 Python 2.7 版本。它主要分为两部分：python 和 pip 的安装；基于 pip 安装 aos-cube 及相关的依赖包。

首先安装 python 和 pip

```
$ sudo apt-get install -y python
$ sudo apt-get install -y python-pip
```

完成 python 和 pip 安装后，再安装依赖库和 aos-cube，步骤如下：

```
$ python -m pip install setuptools
$ python -m pip install wheel
$ python -m pip install aos-cube
```

请确认 pip 环境是基于 Python 2.7 的。如果遇到权限问题，可能需要 sudo 来执行。如果在安装 aos-cube 遇到网络问题，可使用国内阿里云镜像源：

```
### 安装/升级 pip
$ python -m pip install --trusted-host=mirrors.aliyun.com -i https://mirrors.aliyun.com/pypi/simple/ --upgrade pip

### 基于 pip 依次安装第三方包和 aos-cube
$ pip install --trusted-host=mirrors.aliyun.com -i https://mirrors.aliyun.com/pypi/simple/ setuptools
$ pip install --trusted-host=mirrors.aliyun.com -i https://mirrors.aliyun.com/pypi/simple/ wheel
$ pip install --trusted-host=mirrors.aliyun.com -i https://mirrors.aliyun.com/pypi/simple/ aos-cube
```

(2) 编译运行

aos-cube 安装成功后，进入 AliOS Things 代码目录，运行 make 进行代码编译，编译成功后，运行 helloworld 例程。

```
cd AliOS-Things
aos make helloworld@linuxhost
./out/helloworld@linuxhost/binary/helloworld@linuxhost.elf
```

(3) 运行效果

运行后，我们可以看见 app_delayed_action 在 1 秒时启动，每 5 秒触发一次。

```
$ ./out/helloworld@linuxhost/binary/helloworld@linuxhost.elf
[    1.000]<V> AOS [app_delayed_action#9] : app_delayed_action:9 app
[    6.000]<V> AOS [app_delayed_action#9] : app_delayed_action:9 app
[   11.000]<V> AOS [app_delayed_action#9] : app_delayed_action:9 app
[   16.000]<V> AOS [app_delayed_action#9] : app_delayed_action:9 app
```

2. Windows 下开发环境的安装方法

(1) aos-cube 的安装

aos-cube 是 AliOS Things 在 Python 下开发的项目管理工具包，依赖于 Python 2.7 版本。在 Python 官网下载对应的 2.7 版本的 Python MSI 安装文件，安装时，选择“pip”和“Add python.exe to Path”两个选项，如图 9-1 所示。注意：请将 Python 安装到不含空格的路径中。

安装配置完成 Python 后，使用 pip 安装 aos-cube：

```
pip install aos-cube
```

(2) 交叉工具链的安装

Windows 工具链可以通过在链接 GCC 官网中下载 Windows 的.exe 文件来安装，下载地址为 https://launchpad.net/gcc-arm-embedded/+download，如图 9-2 所示。

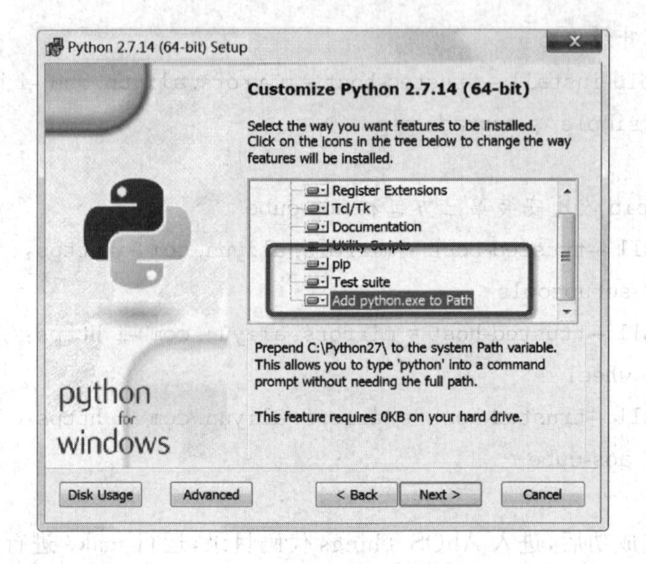

图 9-1　Python 的安装

5-2016-q3-update release from the 5.0 series released 2016-09-28

Release information

File	Description	Downloads
release.txt (md5)	Release notes	13,614 last downloaded today
gcc-arm-none-eabi-5_4-2016q3-20160926-win32.exe (md5)	Windows installer	564,181 last downloaded 24 hours ago
gcc-arm-none-eabi-5_4-2016q3-20160926-win32.zip (md5)	Windows zip package	247,975 last downloaded 24 hours ago
gcc-arm-none-eabi-5_4-2016q3-20160926-linux.tar.bz2 (md5)	Linux installation tarball	331,989 last downloaded today
[illegible] (md5)	Mac installation tarball	104,218 last downloaded 24 hours ago
[illegible] (md5)	Source package	[illegible] last downloaded 24 hours ago
How-to-build-toolchain.pdf (md5)	How to build	51,415 last downloaded 24 hours ago
readme.txt (md5)	README	72,091 last downloaded 24 hours ago
license.txt (md5)	Licenses	4,242 last downloaded 24 hours ago
	Total downloads:	1,511,138

图 9-2　GCC 交叉工具链的下载

在安装 GCC 交叉工具链时注意勾选“Add path to environment variable”选项，如图 9-3 所示。

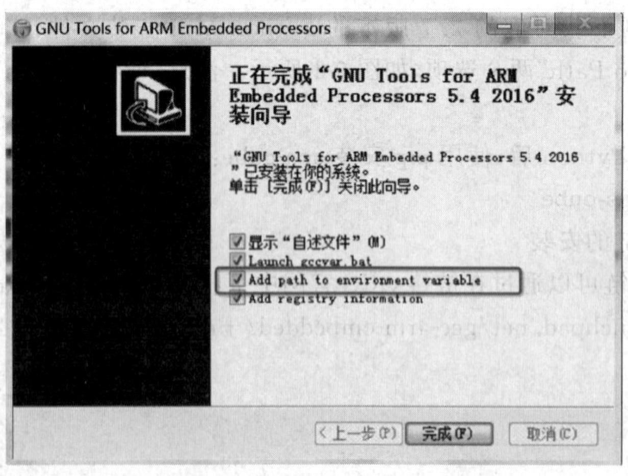

图 9-3　GCC 交叉工具链的安装

（3）编译代码

aos-cube 和交叉工具链安装完成后即可进行代码编译。进入 AliOS Things 目录，编译 mk3060 板子的 helloworld 示例程序。

```
aos make helloworld@mk3060
```

（4）串口驱动安装

FTDI 串口驱动，用户需在 FTDI 官网下载 Windows 驱动程序并安装它，下载地址为 https://www.ftdichip.com/Drivers/D2XX.htm。对应驱动安装完成后，连接设备，可通过计算机→设备管理→端口进入，以查看对应转换端口的状态，如图 9-4 所示。

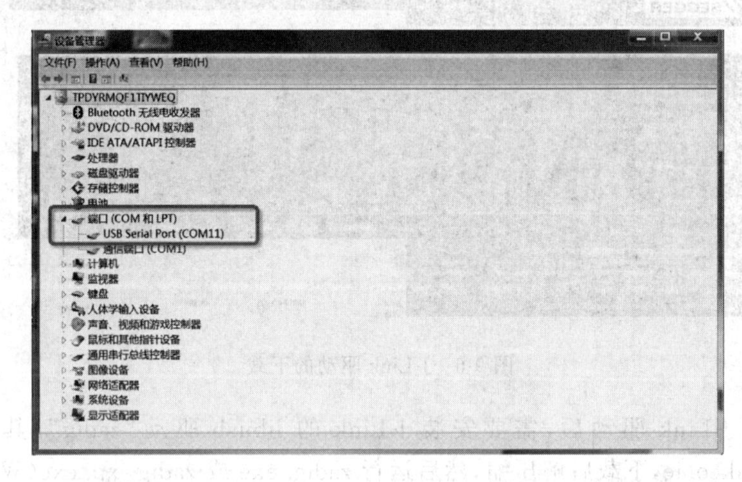

图 9-4　FTDI 串口驱动的安装

驱动安装完成后，连接串口线，配置串口参数。以 MK3080 为例，在 MobaXterm Personal Edition 下，点击工具栏“Session”图标，在新窗口中点击“Serial”按钮，然后在“Basic Serial settings”选项卡中，将 Serial port 选择为对应的 COM 端口，如 COM11，将波特率设为 115200，在“Advanced Serial setting”选项卡中，将 Software 选择为 Minicom (allow manual COM port setting)，如图 9-5 所示。

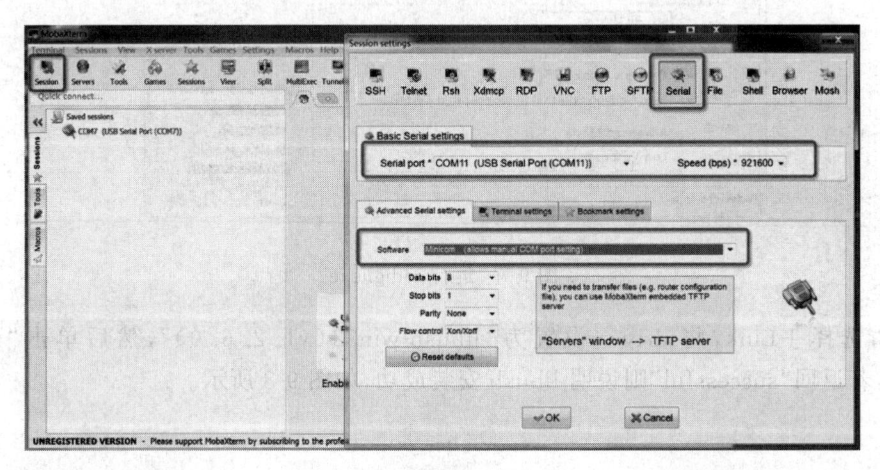

图 9-5　配置串口参数

对应参数配置好后，点击“OK”按钮，查看串口日志。

(5) J-Link 驱动安装

J-Link 驱动可在 SEGGER J-Link 驱动下载地址(https://www.segger.com/downloads/jlink)中进行下载，先选择“J-Link Software and Documentation Pack”，再选择“J-Link Software and Documentation pack for Windows”，然后下载安装，如图 9-6 所示。

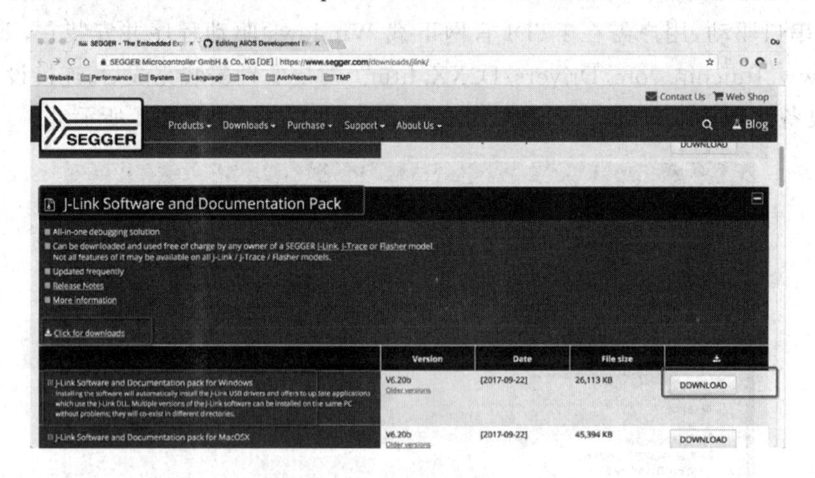

图 9-6 J-Link 驱动的下载

安装完成 J-Link 驱动后，需要安装 J-Link 的 libusb 驱动“zadig”，其下载地址为 http://zadig.akeo.ie，下载后解压缩，然后运行 zadig.exe 或 zadig_xp.exe(Window XP 系统)，如图 9-7 所示。

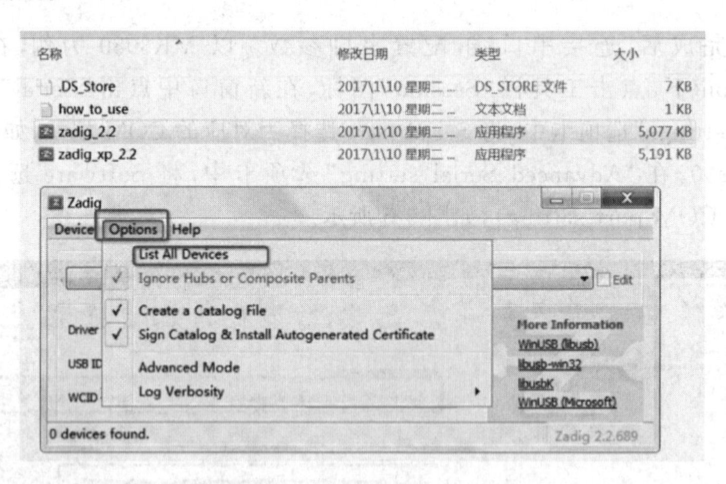

图 9-7 运行 zadig.exe

接着选择 J-Link，将 driver 设置为“libusb-win32(v1.2.6.0)”，然后单击“Replace Driver”，若返回“successful”则说明 libusb 安装成功，如图 9-8 所示。

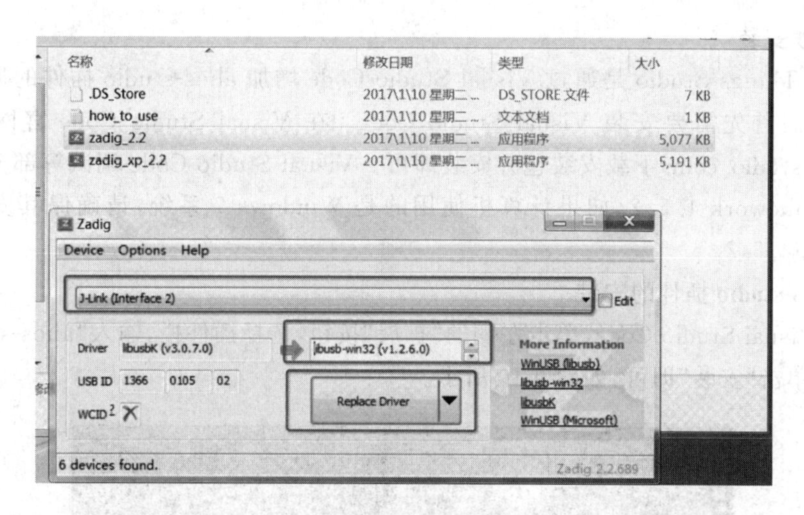

图 9-8 安装 libusb

libusb 安装成功后，关闭 zadig. exe，用户可通过"计算机→设备管理"来查看 J-Link 的识别状态，如图 9-9 所示，说明 J-Link 识别成功，用户可以使用 J-Link 连接开发板进行烧写或者调试程序。

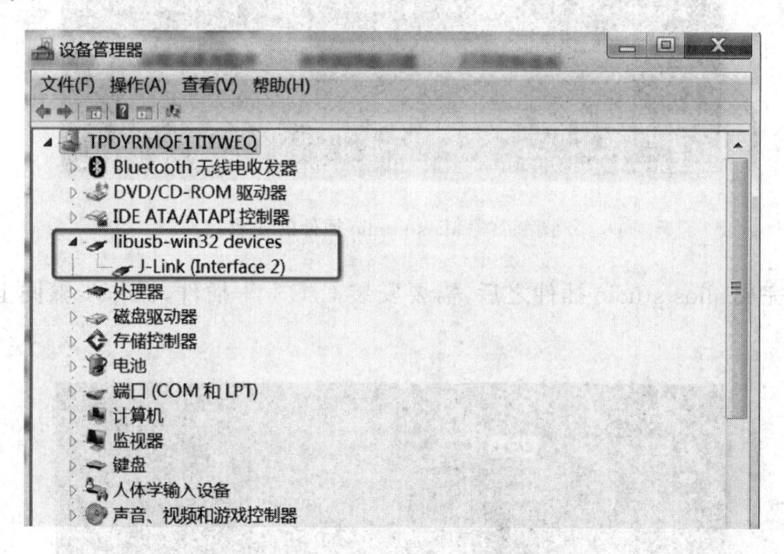

图 9-9 查看 J-Link 的识别状态

如果此时无法连接上 J-Link，或者烧写调试失败，可在选择 J-Link 的 libusb 驱动时，尝试选择 libusbK (v3. 0. 7. 0)〔由于不同厂家使用的 J-Link 固件版本不同，libusb-win32(v1. 2. 6. 0)可能无法正常驱动 J-Link〕。

9.1.3 IDE 的安装和配置

AliOS Things 提供了 AliOS Things Studio 集成开发环境，基于 AliOS Things Studio 进行应用开发会非常方便、快捷。AliOS Things Studio 提供了可供导入的应用模板，用户可以基于导入的模板来进行应用的开发。AliOS Things Sutdio 也支持编译、烧录、调试等。

1. 下载安装

AliOS Things Studio 是通过 Visual Studio Code 增加 alios-studio 插件的形式来运作的，所以我们首先需要安装 Visual Studio Code。在 Visual Studio Code 官网（https://code.visualstudio.com）下载安装包并安装即可。Visual Studio Code 调试等部分的功能依赖.Net Framework 4.5.2，如果计算机使用的是 Windows 7 系统，请确保其安装了.Net Framework 4.5.2。

2. alios-studio 插件的安装

打开 Visual Studio Code，单击左侧的“扩展”按钮，选择插件栏，输入“alios-studio”进行搜索，接着单击“安装”即可，如图 9-10 所示。

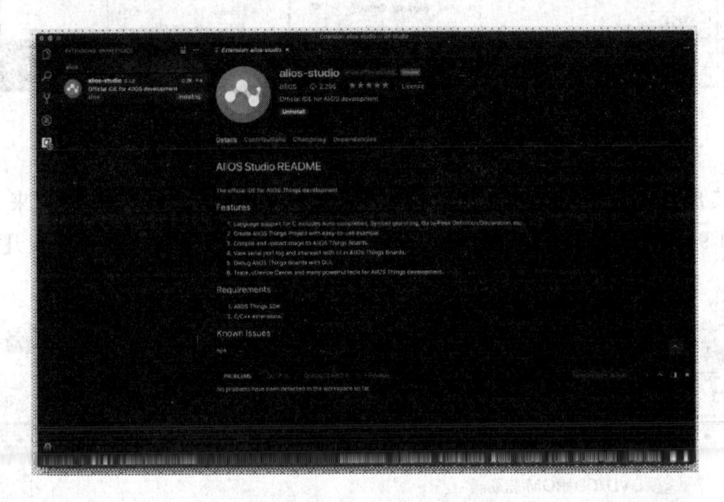

图 9-10　alios-studio 插件的安装

在安装完成 alios-studio 插件之后，需要安装 C/C++插件，操作步骤同上，如图 9-11 所示。

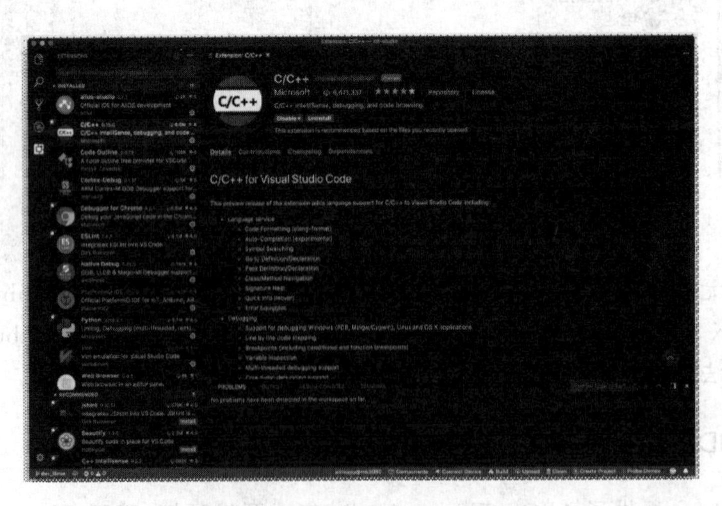

图 9-11　C/C++插件的安装

安装完成后，会提示重启 Visual Studio Code，重启后 alios-studio 插件即生效。

3. alios-studio 插件的功能

AliOS Things Studio 中所有的功能都集中在下方的工具栏中,如图 9-12 所示,小图标所代表的功能从左至右分别是编译、烧录、串口工具、清除。

图 9-12　alios-studio 工具栏

左侧的"helloworld@developerkit"是编译目标,遵循"应用名字@目标板名字"的格式,单击它可以依次选择应用和目标板。

4. AliOS Studio 命令列表

单击"Ctrl-Shift-P"打开 vscode 的命令面板,输入"alios-studio"可以看到 AliOS Studio 支持的命令,如图 9-13 所示。

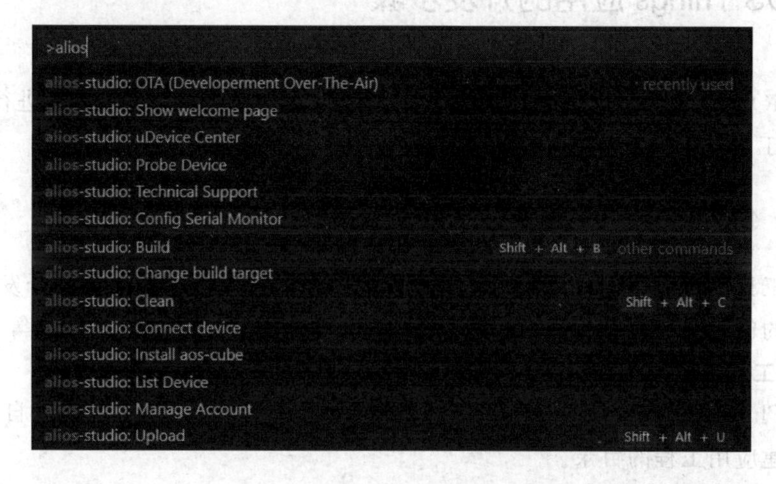

图 9-13　AliOS Studio 命令列表

各命令说明如表 9-1 所示。

表 9-1　AliOS Studio 命令说明

命令	描述	工具栏图标
Change build target	改变编译目标:app 和 board	
Build	编译:aos make app@board	
Upload	烧录:aos upload app@board	
Connect device	串口工具:aos monitor	
Clean	清除:aos make clean	
OTA(Developerment Over-The-Air)	一键 OTA 功能	
Show welcome page	显示 welcome 页面	
Probe Device	连接设备	

续 表

命令	描述	工具栏图标
Technical Support	打开钉钉	
Config Serial Monitor	配置串口参数	
Install aos-cube	AliOS Studio 一键安装 aos-cube	
List Device	列出所有串口	
Manage Account	管理阿里云账号	

9.2 AliOS Things 应用的开发步骤

基于 AliOS Things 可以很方便地进行应用开发,可以使用命令行工具进行开发,也可以使用 IDE 工具进行开发。

9.2.1 使用命令行工具进行开发

命令行工具主要适用于使用 Linux 的开发者。命令行工具下的应用的开发步骤主要包括工程目录的创建、工程 Makefile 编写、源码编写、工程编译、程序烧录、调试等步骤。

1. 创建工程目录

AliOS Things 的应用工程一般放在"example"目录下,用户也可以根据自身需要在其他目录下创建应用工程的目录。

2. 添加 Makefile

Makefile 用于指定应用的名称、使用到的源文件、依赖的组件、全局符号等。下面是 helloworld. mk 样例文件的内容:

```
NAME := helloworld ## 指定应用名称
$(NAME)_SOURCES := helloworld.c ## 指定使用的源文件
$(NAME)_COMPONENTS += cli ## 指定依赖的组件,本例使用 cli 组件
$(NAME)_DEFINES += LOCAL_MACRO ## 定义局部符号
GLOBAL_DEFINES += GLOBAL_MACRO ## 定义全局符号
```

3. 添加源码

所有的源码文件放置在应用工程目录下,开发者可以自行组织源码文件/目录。AliOS Things 的应用程序入口为 application_start,如:

```
#include <aos/aos.h>

static void app_delayed_action(void *arg)
{
    printf("%s:%d %s\r\n", __func__, __LINE__, aos_task_name());
```

```
    aos_post_delayed_action(5000, app_delayed_action, NULL);
}

int application_start(int arqc, char * argv[])
{
    aos_post_delayed_action(1000, app_delayed_action, NULL);
    aos_loop_run();
    return 0;
}
```

4. 编译运行

进入 AliOS Things 代码目录，运行 make 进行代码编译，编译成功后，运行 helloworld 例程。

```
cd AliOS-Things
aos make helloworld@linuxhost
./out/helloworld@linuxhost/binary/helloworld@linuxhost.elf
```

9.2.2 通过 IDE 工具进行开发

IDE 环境适合在 Windows 下使用。

1. 创建应用项目

在 Visual Studio Code 中打开下载好的 AliOS Things 代码目录，如图 9-14 所示，在“example”目录下或根据需要在其他目录下创建应用工程的目录。

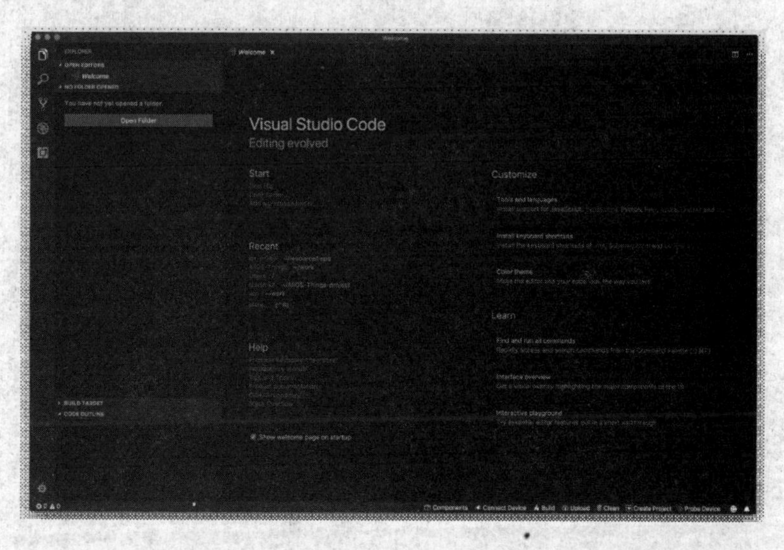

图 9-14 打开 AliOS Things 代码目录

2. 添加 Makefile 和源码文件

Makefile 用于指定应用的名称、使用到的源文件、依赖的组件、全局符号等。所有的源码文件都放置在应用工程目录下。图 9-15 所示为添加 Makefile 和源码文件的界面。

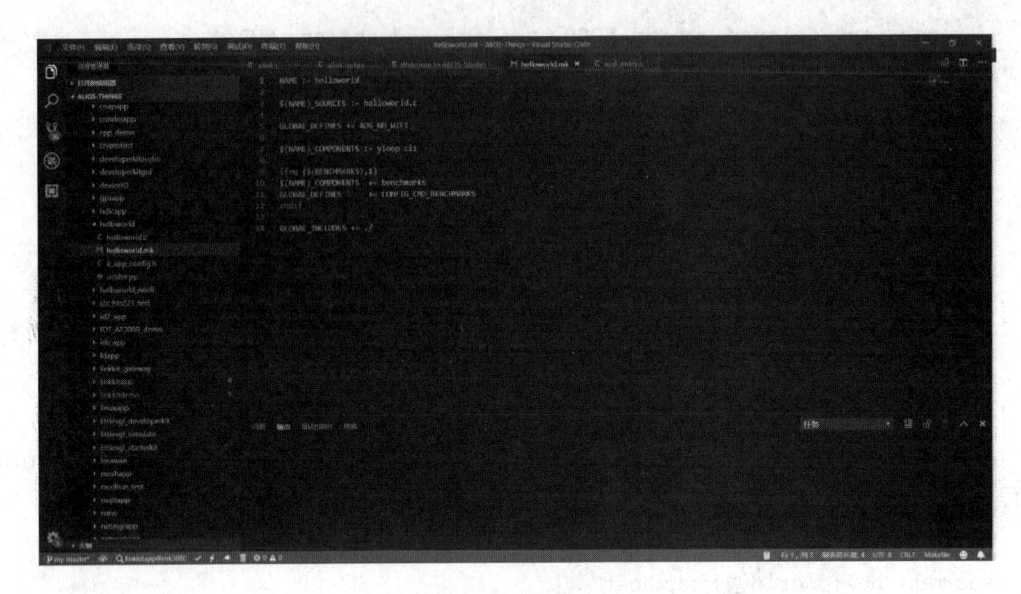

图 9-15　添加 Makefile 和源码文件

3. 编译

在 AliOS Things Studio 工具栏中，选择编译目标并确定以后，单击“✓”开始编译，编译过程如果发现缺少 toolchain 则会自动下载并解压到正确位置。编译完成后会显示各组件资源的占用情况，如图 9-16 所示。

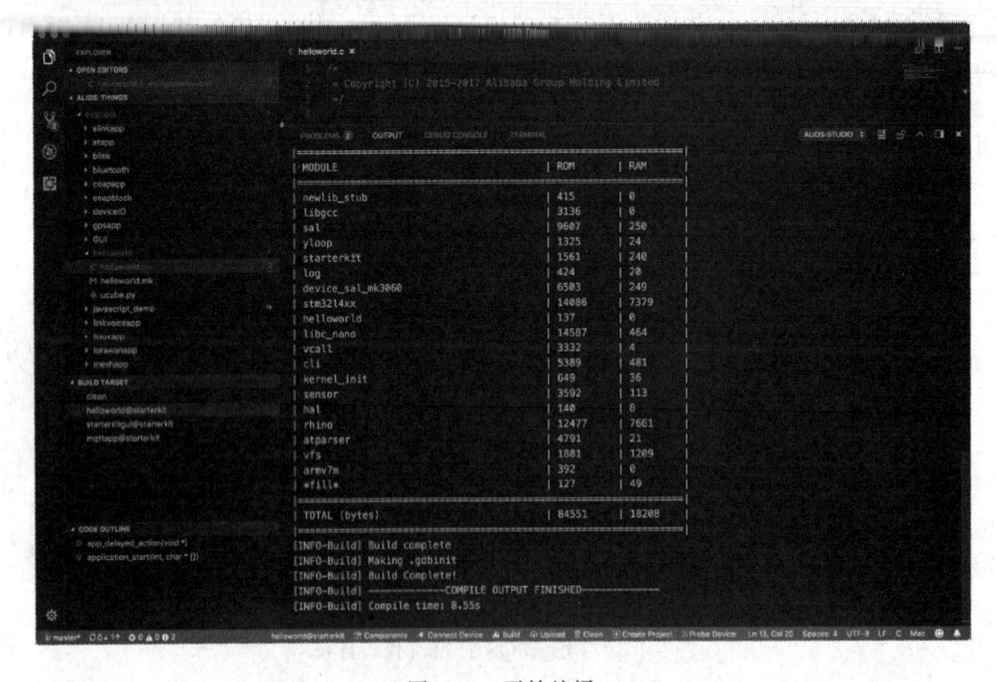

图 9-16　开始编译

4. 烧录到目标板

编译完成后，通过 USB Micro 线缆连接好开发板与电脑，单击下方工具栏中的“⚡”图标即可完成固件烧录,如图 9-17 所示。

图 9-17　目标编译

5. 调试

(1) 调试配置

点击左侧导航栏按钮切换到 Debug 标签页,选择调试配置项"Debug@Windows",并将 program 的路径修改为与已烧录固件对应的镜像文件,如图 9-18 所示。

图 9-18　调试配置

(2) 开始调试

单击左上方绿色三角按钮"▶"(或 F5)启动调试,启动调试以后程序会自动转到已设置的断点 application_start 函数处,同时上方会出现调试工具栏,提供常用的单步调试功能,如图 9-19 所示。

图 9-19　开始调试

选择需要调试的代码所在的行，单击右键选择“Run to Cursor”，即可运行到调试位置。在左侧视图区，可以对变量值进行观察。单击上方工具条中的红色停止键，即可结束调试。

9.3　MXCHIP MK3080 的简介

9.3.1　EMW3080 模组的简介

EMW3080 是单 3.3V 供电的，集成 Wi-Fi 和 Cortex-M4F MCU 的嵌入式 Wi-Fi 模块，最高可支持 133 MB 的主频和 256 KB 的 RAM，拥有强大的浮点运算，分为 A(硬件加密版)、B(标准版)两个版本。EMW3080(A)：内部集成加密芯片，为客户固件的完整性、合法性，以及与云端通信的安全性提供硬件加密保障。EMW3080(B)：无内部加密芯片，Memory、外设接口资源丰富，能满足大部分应用的需求和多云的要求。

9.3.2　EMW3080(B)模组的硬件架构

EMW3080(B)硬件架构如图 9-20 所示，其内部采用 SoC 设计，集成 133 MHz 的 Cortex-M4F MCU、256 KB 的 SRAM、512 KB 的 ROM 和支持 802.11b/g/n 标准的 2.4 GHz Wi-Fi 模块，同时具有 2 路 UART 串口、2 路 I^2C 接口、1 路 SPI 接口、6 路 PWM 接口、1 路 SWD 调试口和最多可达 13 路的 GPIO 接口，外设接口资源丰富。采用 SPI 扩充 2 MB 的 Flash 存储空间用于固件定制开发，满足了大部分物联网应用对存储的需求。其单电源工作电压为 3.0 V～3.6 V，天线采用 PCB 天线或使用外接天线。

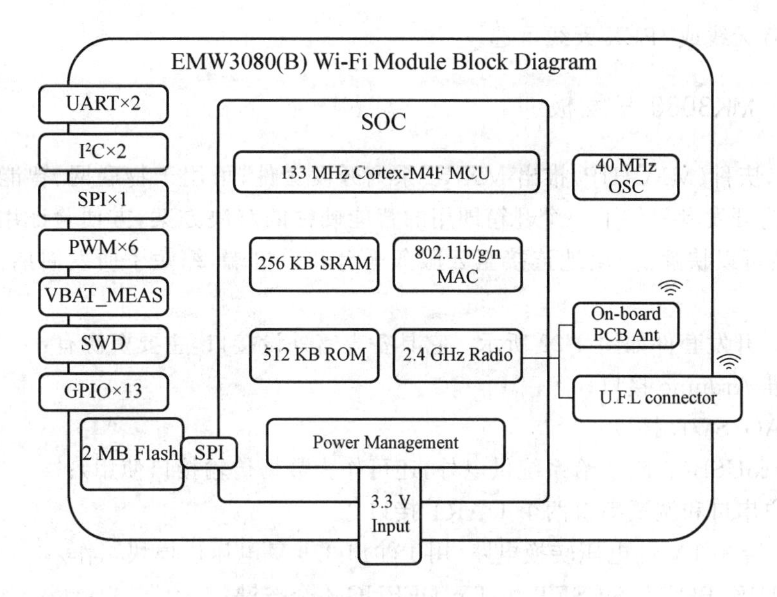

图 9-20　EMW3080(B)模组硬件架构

EMW3080(B)板子机械尺寸如图 9-21 所示，其板子尺寸小巧。

图 9-21　EMW3080(B)模组机械尺寸

9.3.3　EMW3080(B)模组的特性

（1）支持 802.11b/g/n 标准，集 ARM-CM4F、WLAN MAC、Baseband、RF 于一体。

（2）包含 256 KB RAM/2 MB Flash 配置。

（3）外设接口丰富，2×UART，2×I2C，1×SPI，1×SWD，6×PWM 等。

（4）使用 20 MHz 的带宽时，最大物理传输速率可达 72.2 Mbit/s；使用 40 MHz 的带宽时，最大物理传输速率可达 150 Mbit/s。

（5）复位重连时间约 1 秒。

（6）与 Wi-Fi 相关的特性：

① 支持 802.11b/g/n 标准 HT-40；

② 支持 Station，SoftAP，SoftAP＋Station 模式；

③ 支持 EasyLink，Alink，Joinlink 等多种配网。

（7）加密安全的 OTA 升级。

(8) PCB 天线或 IPEX 天线可选。

9.3.4 MK3080 开发板

2018 年,庆科(MXCHIP)推出 MXKit 系列开发套件,可用于物联网、智能硬件原型机的开发。它为开发者提供了一个开箱即用的智能硬件的解决方案,方便验证用户的软件和功能,使产品可以快速、安全地连接至云服务平台和手机端,缩短了研发周期,能迅速推向市场。

MK3080 开发套件如图 9-22 所示。它具备丰富外设接口,主要资源有:

(1) 标准 Arduino 接口;

(2) JTAG/SWD 接口;

(3) MicroUSB(它除了给系统供电外,还可作为数据传输接口使用);

(4) 用户串口和调试串口两个 UART 接口;

(5) 5 V 转 3.3 V 的电压转换电路(用于输出 3.3 V 电压供模块工作);

(6) ELINK、BOOT、RESET 和 TX_DEBUG 4 个按键;

(7) 自动控制电路(可通过上位机控制 CP2015 的 DTR_SCI 和 RTS_SCI,以实现自动控制系统的复位和 Bootloader 模式功能的进入)。

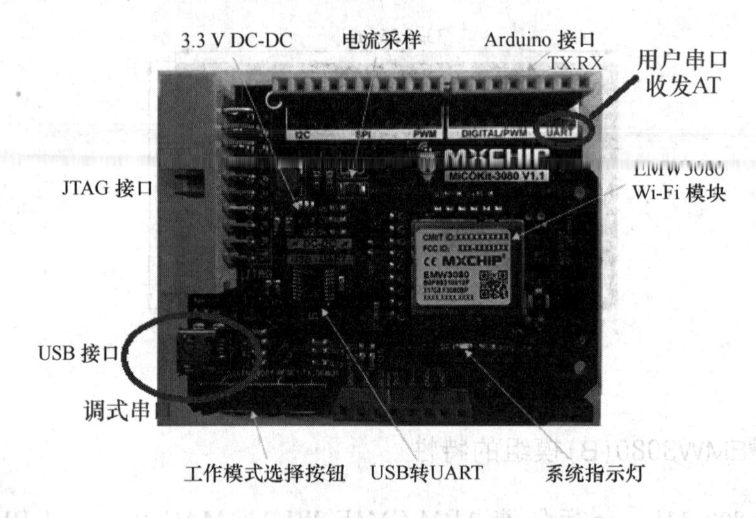

图 9-22 MK3080 开发套件

9.4 物联网应用开发实例

AliOS Things 目前支持各种类型的 MCU,可以用于各种需求的物联网应用的开发。我们使用庆科的 MK3080 开发板,结合阿里云生活物联网平台来演示一个具体的物联网开发实例。

9.4.1 物联网平台产品的定义

1. 创建产品

登录阿里云生活物联网平台(https://living.aliyun.com),用户可以实现零基础搭建智能化产品,首先创建项目,并输入项目名称“智能插座”,单击“确定”,如图 9-23 所示。

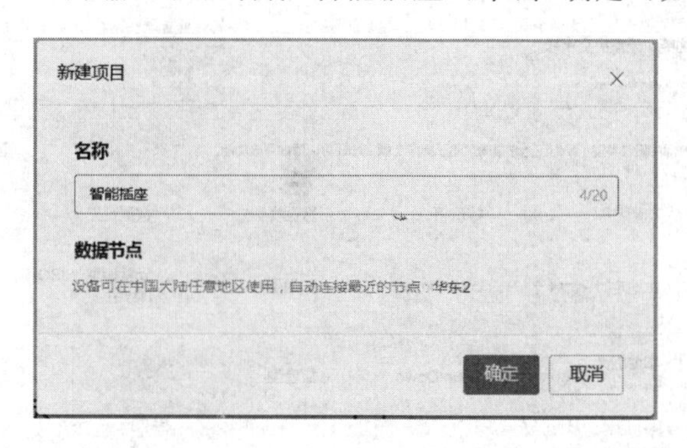

图 9-23 创建项目

在产品管理页面,单击“创建新产品”。输入产品名称“单孔插座”,然后选择所属分类为“电工照明/插座”,在功能定义中,用户可以查看插座产品的标准功能定义,并可以根据需要添加可选的功能或自定义功能。节点类型选择“设备”,是否接入网关选择“否”,联网方式选择“Wi-Fi”,数据格式选择“ICA 标准数据格式(Alink JSON)”,如图 9-24 所示,上述操作完成后即创建了一个智能插座产品。

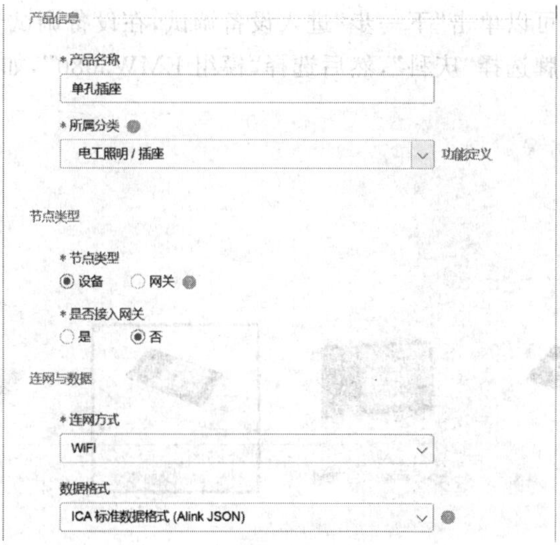

产品信息
* 产品名称
单孔插座
* 所属分类
电工照明 / 插座
功能定义
节点类型
* 节点类型
设备 网关
* 是否接入网关
是 否
连网与数据
* 连网方式
WiFi
数据格式
ICA 标准数据格式 (Alink JSON)

图 9-24 创建新产品

2. 功能定义

创建完产品后,即可显示功能定义页面,根据产品的设备类型,平台已自动创建了标准功能,如电源开关和故障上报功能等。设备开发者还可以新增可选功能,如本地定时、本地倒计时等功能，如图 9-25 所示。

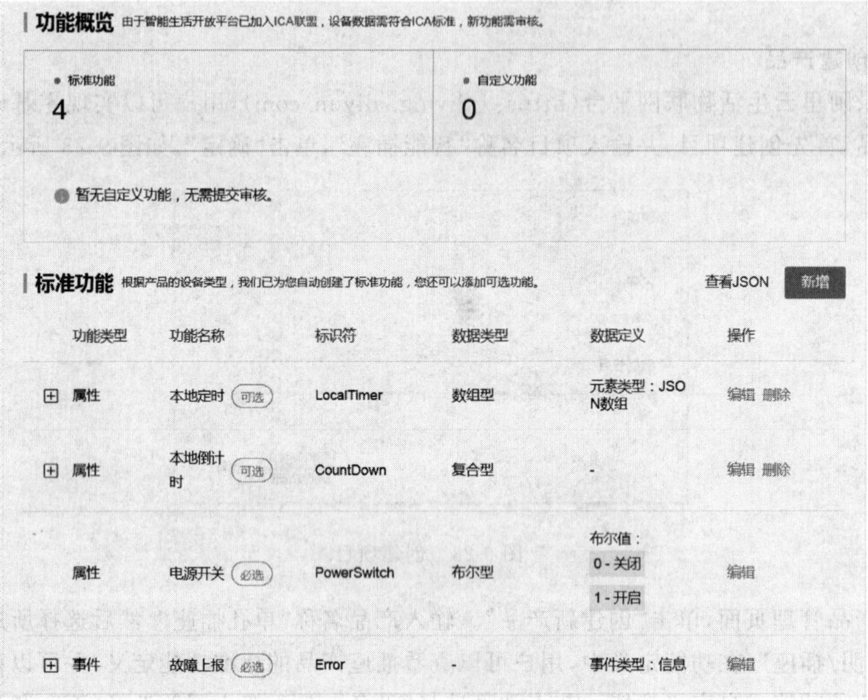

功能概览 由于智能生活开放平台已加入ICA联盟，设备数据需符合ICA标准，新功能需审核。

• 标准功能	• 自定义功能
4	0

暂无自定义功能，无需提交审核。

标准功能 根据产品的设备类型，我们已为您自动创建了标准功能，您还可以添加可选功能。 查看JSON 新增

功能类型	功能名称	标识符	数据类型	数据定义	操作
属性	本地定时（可选）	LocalTimer	数组型	元素类型：JSON数组	编辑 删除
属性	本地倒计时（可选）	CountDown	复合型	-	编辑 删除
属性	电源开关（必选）	PowerSwitch	布尔型	布尔值：0 - 关闭 1 - 开启	编辑
事件	故障上报（必选）	Error	-	事件类型：信息	编辑

图 9-25　功能定义

3. 设备调试

功能定义完成后，可以单击“下一步”进入设备调试，在设备调试步骤中，先选择“认证模组/芯片”，我们模组品牌选择“庆科”，然后选择“模组 EMW3080”，如图 9-26 所示。

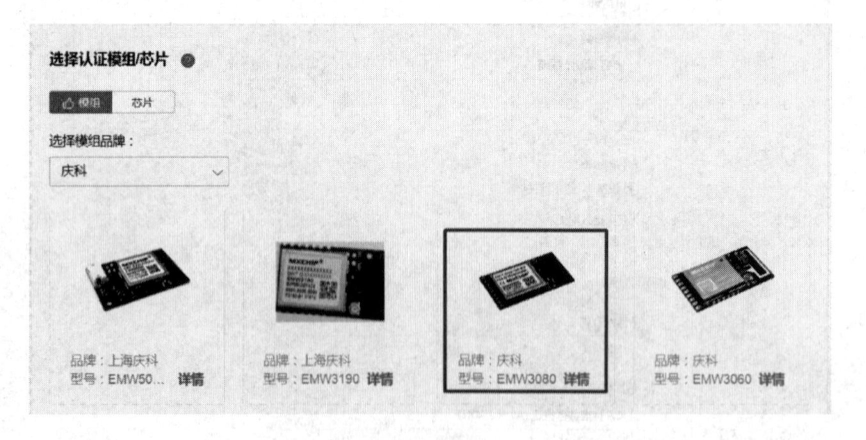

图 9-26　选择认证模组/芯片

之后，可以创建一个测试设备，单击如图 9-27 所示的“新增测试设备”按钮。

图 9-27 新增测试设备

平台将为测试设备分配设备身份信息，如图 9-28 所示，将图中的 ProductKey、DeviceName、DeviceSecret 复制到一个文件中待用，设备端产品的开发需要用到这些设备激活凭证。

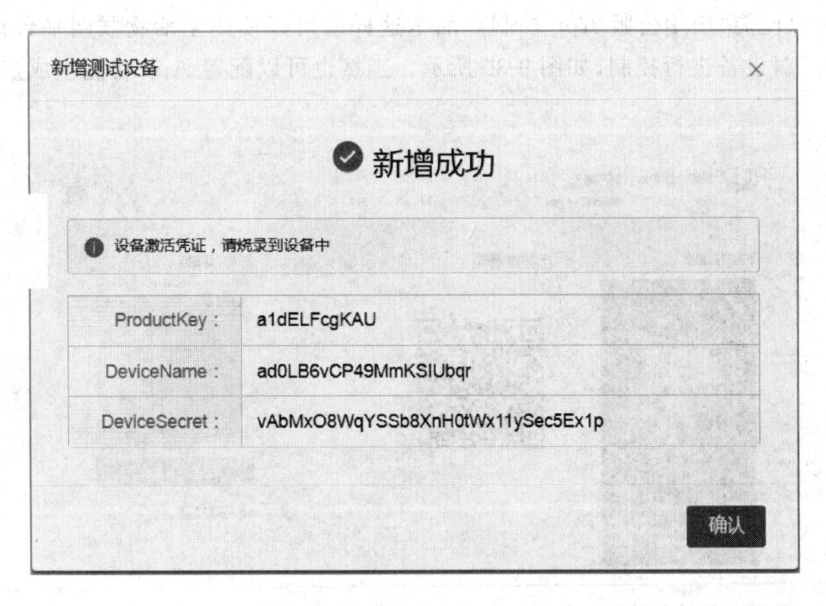

图 9-28 设备激活凭证

4. 人机交互

设备调试完成后，可以单击“下一步”进入人机交互，人机交互界面如图 9-29 所示。

图 9-29 人机交互

用户可以使能“使用公版 App 控制产品”，这样就可以使用生活物联网平台提供的“平台公版 App”对设备进行控制，如图 9-30 所示。当然也可以配置 App 功能生成定制的 App 控制产品。

图 9-30 生成公版 App

5. 批量投产

设备开发结束之后才会投产，开发阶段不要单击“完成开发”。

9.4.2 设备端产品的开发

使用 AliOS-Things 的 linkkit 组件可以连接到阿里云生活物联网平台，本实例使用 linkkit 组件实现设备端产品的开发。

1. 打开应用项目

在 Visual Studio Code 中打开下载好的 AliOS Things 代码目录，然后打开“example”目录下“linkkitapp”应用项目目录，如图 9-31 所示。

图 9-31　打开应用项目

2. 设备身份信息配置

在 linkkit_example_solo.c 的代码中设置设备的身份信息，需要用生活物联网开发平台上的设备身份信息替换测试设备的信息：

```
// for 智能插座>单孔插座
#define PRODUCT_KEY          "a1dELFcgKAU"
#define PRODUCT_SECRET       "vLrPw6cUyDx1Fgru"
#define DEVICE_NAME          "ad0LB6vCP49MmKSIUbqr"
#define DEVICE_SECRET        "vAbMxO8WqYSSb8XnH0tWx11ySec5Ex1p"
```

将设备身份信息设置到程序中之后，可以将代码进行编译并将固件烧写到 MK3080 开发板中，确保设备可以连接到阿里云物联网平台。当 MK3080 开发板连接到阿里云物联网平台后，调试串口将会输出类似于下面的信息提示：

```
[inf] iotx_mc_init(2183): MQTT init success!
[005220]< I > Loading the CA root certificate ...
[005228]< I >  ok (0 skipped)
[005230]< I > Connecting to /a1dELFcgKAU.iot-as-mqtt.cn-shanghai.aliyuncs.
```

```
com/1883...
    [005300]<I>  ok
    [005302]<I>   . Setting up the SSL/TLS structure...
    [005307]<I>  ok
    [005310]<I> Performing the SSL/TLS handshake...
    [005974]<I>  ok
    [005976]<I>   . Verifying peer X.509 certificate..
    [005982]<I> certificate verification result: 0x00
    [inf] iotx_mc_connect(2533): mqtt connect success!
```

在阿里云物联网平台我们可以看到这个设备已被激活，以及设备连接到物联网平台的时间信息，如图 9-32 所示。

图 9-32 设备在线激活

3. linkkit 服务程序的初始化

在 linkkit_example()函数中调用函数 linkkit_start()来完成 linkkit 服务例程的初始化，linkkit 服务例程的初始化需要在配网完成之后才能进行，linkkit 服务程序完成初始化后，即可进入事件分发处理，调用函数 linkkit_set_tsl()创建对象，并设置对象的 TSL 属性、上报云端。

```
int linkkit_example()
{
    <snip>
    if (-1 == linkkit_start(16, get_tsl_from_cloud, linkkit_loglevel_debug, &linkkit_ops, linkkit_cloud_domain_shanghai, &app_ctx)) {
        APP_TRACE("linkkit start fail");
        return -1;
    }
    <snip>
    if (!get_tsl_from_cloud) {
        linkkit_set_tsl(TSL_STRING, strlen(TSL_STRING));
    }
    <snip>
    /* linkkit end */
```

```
    linkkit_end();
    return 0;
}

int linkkit_start(int max_buffered_msg, int get_tsl_from_cloud, linkkit_loglevel_t log_level, linkkit_ops_t *ops, linkkit_cloud_domain_type_t domain_type, void *user_context)
{
    <snip>
    return SUCCESS_RETURN;
}
```

在阿里云物联网平台通过“设备调试→在线调试”可进入实时日志看到检测到设备上线，以及设备上报的实时数据，如图 9-33 所示。

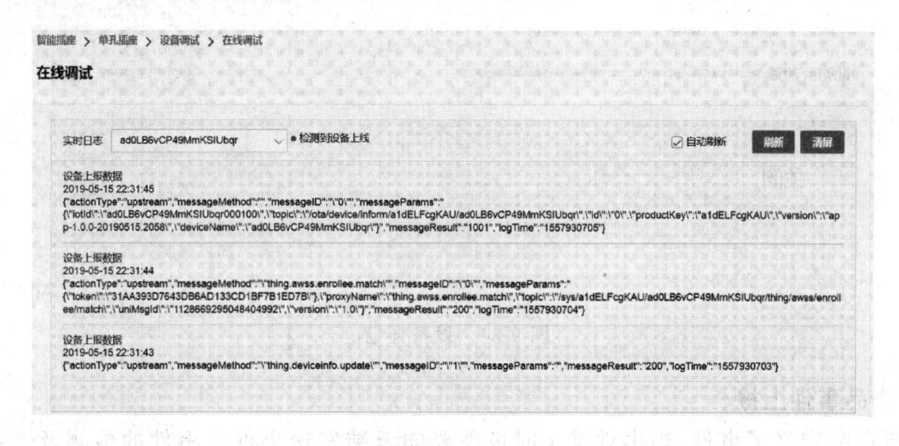

图 9-33　设备在线调试

4. 产品属性上报

产品的属性发生变化时，需要将变化后的数值上报到物联网平台。属性变化的检测及上报是由设备开发者定义和实现的。

用户可以在 linkkit_example()函数中调用函数 user_post_property()以定期上报相关属性。

```
int linkkit_example()
{
    <snip>
    while (! linkkit_is_try_leave()) {
        <snip>
        user_post_property();
        <snip>
    }
    <snip>
```

```
    /* linkkit end */
    linkkit_end();
    return 0;
}
```

在阿里云物联网平台，通过“设备调试→设备详情”，我们可以看到设备实时运行的状态，当有设备属性变化时，会显示设备有上报数据的最新属性值，我们也可以查看指定属性的历史数据，如图 9-34 所示。

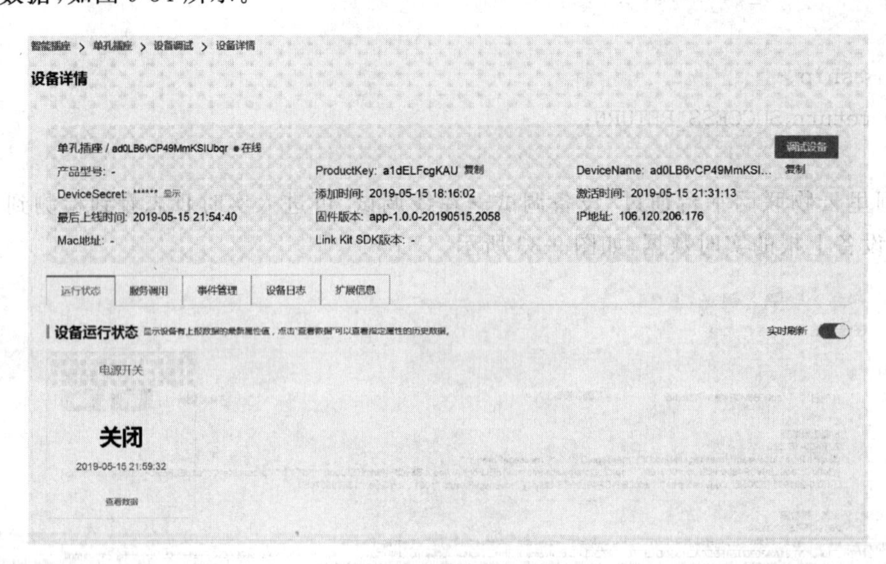

图 9-34　设备详情

5. 产品事件上报

如果产品定义了事件，当事件发生时也需要向云端发送事件。事件的检测及上报由设备开发者实现。

函数 linkkit_example()中的 linkkit_ops 定义了系统的各种事件处理函数，如下面的代码所示，当事件发生时可以通过调用自定义函数 user_post_event()来上报事件。

```
int linkkit_example()
{
    <snip>
    linkkit_ops_t linkkit_ops = {
        .on_connect         = on_connect,         /* connect handler */
        .on_disconnect      = on_disconnect,      /* disconnect handler */
        .raw_data_arrived = raw_data_arrived,
                                                  /* receive raw data handler */
        .thing_create       = thing_create,       /* thing created handler */
        .thing_enable       = thing_enable,       /* thing enabled handler */
        .thing_disable      = thing_disable,      /* thing disabled handler */
        .thing_call_service = thing_call_service, /* self-defined service
```

```
handler * /
            . thing _ prop _ changed  =  thing _ prop _ changed,/ *  property  set
handler * /
            . linkit _ data _ arrived  = linkit _ data _ arrived,/ *  transparent
transmission data handler * /
      };
      < snip >
      return 0;
  }
```

6. 主循环处理

在 linkkit_example()中存在一个循环，其中 linkkit_yield()必须周期调用，用于 linkkit 的业务处理。其中上报的所有属性、上报事件等逻辑代码可以包含在主循环处理中。

```
  int linkkit_example()
  {
      < snip >
      while (!linkkit_is_try_leave()) {
          < snip >
          linkkit_yield(100);
          linkkit_dispatch();
          < snip >

          / * Post Proprety Example * /
          if (user_master_dev_available()) {
              user_post_property();
          }

          / * Post Event Example * /
          if (user_master_dev_available()) {
              user_post_event();
          }

          < snip >
      }
      < snip >
      / * linkkit end * /
      linkkit_end();
      return 0;
  }
```

用户可以根据自己的物模型实际需求进行功能定义，完成自己物模型功能的代码编写之后，可以将固件编译出来并烧写到MK3080开发板上进行功能验证和调试。

思考与习题

1. AliOS Things基于Python开发的项目管理工具包是什么？
2. AliOS Things应用的开发步骤是什么？
3. 设备身份信息包括哪些？
4. 如何定义物联网设备模型。
5. 设备端产品的开发包括哪些步骤？

参考文献

[1] 常本超,夏宁,但唐仁. 嵌入式系统开发技术[M]. 北京:人民邮电出版社,2015.
[2] 宁杨,周毓林. 嵌入式系统基础及应用[M]. 北京:清华大学出版社,2012.
[3] LEE E A. 嵌入式系统导论:CPS方法[M]. 李仁发,译. 北京:机械工业出版社,2012.
[4] 彭力. 嵌入式物联网技术应用[M]. 西安:西安电子科技大学出版社,2015.
[5] 黄东军. 物联网技术导论[M]. 2版. 北京:电子工业出版社,2017.
[6] 刘云浩. 物联网导论[M]. 2版. 北京:科学出版社,2013.
[7] 王志良,王粉花. 物联网工程概论[M]. 北京:机械工业出版社,2011.
[8] 杨刚,沈沛意,郑春红,等. 物联网理论与技术[M]. 北京:科学出版社,2012.
[9] 熊茂华,熊昕. 物联网技术与应用开发[M]. 西安:西安电子科技大学出版社,2012.
[10] 郎为民. 大话物联网[M]. 北京:人民邮电出版社,2011.
[11] 朱近之. 智慧的云计算:物联网的平台[M]. 2版. 北京:电子工业出版社,2011.
[12] KAI H, FOX G C, DONGARRA J J. 云计算与分布式系统:从并行处理到物联网[M]. 武永卫,秦中元,李振宇,等译. 北京:机械工业出版社,2015.
[13] 张凯,张雯婷. 物联网导论[M]. 北京:清华大学出版社,2012.
[14] 王志良,石志国. 物联网工程导论[M]. 西安:西安电子科技大学出版社,2011.
[15] 曾宪武,高剑,任春年,等. 物联网通信技术[M]. 西安:西安电子科技大学出版社,2014.
[16] 佚名. 中国第一届物联网大会会议论文集[C]. 北京:中国电子学会,2010.
[17] ITU. ITU Internet Reports 2005:The Internet of Things[R]. Tunis:[s. n.],2005.
[18] Vladimir Oleshchuk. Internet of Things and Privacy Preserving Technologies[J]. Aalborg:IEEE, 2009.
[19] 俞建新,王健,宋健健. 嵌入式系统基础教程[M]. 2版. 北京:机械工业出版社,2015.
[20] 马洪连,李大奎,朱明,等. 嵌入式系统开发与应用实例[M]. 北京:电子工业出版社,2015.
[21] 严隽永. 8051微控制器和嵌入式系统[M]. 北京:机械工业出版社,2007.
[22] 陈志旺,等. STM32嵌入式微控制器快速上手[M]. 2版. 北京:电子工业出版社,2014.
[23] 邱铁. ARM嵌入式系统结构与编程[M]. 2版. 北京:清华大学出版社,2013.
[24] YIU J. The Definitive Guide to the ARM Cortex-M3 and Cortex-M4 Processors

[M]. 3th ed. Amsterdam: Elsevier Science Publishers, 2014.

[25] 葛超,王嘉伟,陈磊. ARM 体系结构与编程[M]. 北京:清华大学出版社,2012.

[26] 陆渊章. ARM 嵌入式系统基础与项目开发技术[M]. 北京:电子工业出版社,2014.

[27] 王恒,林新华,桑元俊,等. 深入剖析 ARM Cortex-A8[M]. 北京:电子工业出版社,2016.

[28] 苗凤娟,奚海蛟. ARM Cortex-A8 体系结构与外设接口实战开发[M]. 北京:电子工业出版社,2014.

[29] 秦山虎,刘洪涛. ARM 处理器开发详解:基于 ARM Cortex-A9 处理器的开发设计[M]. 北京:电子工业出版社,2016.

[30] 贾灵. 物联网/无线传感网原理与实践[M]. 北京:北京航空航天大学出版社,2011.

[31] 胡飞,曹小军. 无线传感器网络:原理与实践[M]. 北京:机械工业出版社,2015.

[32] 陈林星,曾曦,曹毅. 移动 Ad Hoc 网络:自组织分组无线网络技术[M]. 2 版. 北京:电子工业出版社,2012.

[33] 何小庆. 嵌入式操作系统风云录[M]. 北京:机械工业出版社,2016.

[34] 韦东山. 嵌入式 linux 应用开发完全手册[M]. 北京:人民邮电出版社,2010.

[35] LABROSSE J J. 嵌入式实时操作系统 uCOS-III[M]. 宫辉,曾鸣,等译. 北京:北京航空航天大学出版社,2012.

[36] NOERGAARD T. Embedded Systems Architecture[M]. 2nd ed. Amsterdam: Elsevier Science Publishers, 2012.

[37] GRACIOLI G. Real-Time Operating System Support for Multicore Applications [D]. Florianópolis:Federal University of Santa Catarina, 2014.

[38] DE SOUSA P M B. Real-Time Scheduling on Multi-core: Theory and Practice[D]. Proto:the Polytechnic Institute of Porto,2013.

[39] 刘连浩. 物联网与嵌入式系统开发[M]. 2 版. 北京:电子工业出版社,2017.

[40] 史治国,陈积明. 物联网操作系统 AliOS Things 探索与实践[M]. 杭州:浙江大学出版社,2018.